中等职业教育国家规划教材（专业基础课）

全国中等职业教育教材审定委员会审定

电工基础

（第3版）

王　英　丁金水　徐　宏　刘永军　主　编
孔晓华　周德仁　　　　　　　责任主编

U0259383

电子工业出版社

Publishing House of Electronics Industry

北京·BEIJING

内 容 简 介

本书是中等职业学校(三年制)电类专业通用电工基础教材,是依据教育部最新颁布的中等职业学校《电工基础》教学大纲编写的。

本书内容包括:电路的基本概念和基本定律、直流电阻电路、电容与电感、正弦交流电路、三相交流电路、磁路与变压器、信号传输与系统概述、瞬态过程等共八章。每章后均有小结,对本章内容做了归纳和总结,并有适量思考题和练习题,以帮助读者达到掌握概念、强化应用的目的。

本书内容浅显,语言通俗易懂,力求适应现代电气电子技术的发展,除可作为中等职业学校电类专业通用教材外,也可作为岗前培训和自学用书。本书另有一本《电工基础实验(第3版)》(书号18646)作为教学配套用书。

图书在版编目(CIP)数据

电工基础 / 王英等主编. —3 版. —北京:电子工业出版社,2014.8

中等职业教育国家规划教材. 专业基础课

ISBN 978－7－121－23899－4

Ⅰ. ①电… Ⅱ. ①王… Ⅲ. ①电工一中等专业学校一教材 Ⅳ. ①TM

中国版本图书馆 CIP 数据核字(2014)第 170220 号

策划编辑:杨宏利
责任编辑:杨宏利   特约编辑:赵红梅
印　　刷:三河市鑫金马印装有限公司
装　　订:三河市鑫金马印装有限公司
出版发行:电子工业出版社
　　　　　北京市海淀区万寿路 173 信箱　邮编　100036
开　　本:787×1 092　1/16　印张:14.5　字数:371.2 千字
版　　次:2001 年 7 月第 1 版
　　　　　2014 年 8 月第 3 版
印　　次:2024 年 6 月第 23 次印刷
定　　价:36.00 元

凡所购买电子工业出版社图书有缺损问题,请向购买书店调换。若书店售缺,请与本社发行部联系,联系及邮购电话:(010)88254888,88258888。

质量投诉请发邮件至 zlts@phei.com.cn,盗版侵权举报请发邮件至 dbqq@phei.com.cn。

本书咨询联系方式:(010)88254592,bain@phei.com.cn。

中等职业教育国家规划教材出版说明

为了贯彻《中共中央国务院关于深化教育改革全面推进素质教育的决定》精神，落实《面向 21 世纪教育振兴行动计划》中提出的职业教育课程改革和教材建设规划，根据《中等职业教育国家规划教材申报、立项及管理意见》（教职成〔2001〕1 号）的精神，教育部组织力量对实现中等职业教育培养目标和保证基本教学规格起保障作用的德育课程、文化基础课程、专业技术基础课程和 80 个重点建设专业主干课程的教材进行了规划和编写，从 2001 年秋季开学起，国家规划教材将陆续提供给各类中等职业学校选用。

国家规划教材是根据教育部最新颁布的德育课程、文化基础课程、专业技术基础课程和 80 个重点建设专业主干课程的教学大纲编写而成的，并经全国中等职业教育教材审定委员会审定通过。新教材全面贯彻素质教育思想，从社会发展对高素质劳动者和中初级专门人才需要的实际出发，注重对学生的创新精神和实践能力的培养。新教材在理论体系、组织结构和阐述方法等方面均做了一些新的尝试。新教材实行一纲多本，努力为学校选用教材提供比较和选择，满足不同学制、不同专业和不同办学条件的学校的教学需要。

希望各地、各部门积极推广和选用国家规划教材，并在使用过程中，注意总结经验，及时提出修改意见和建议，使之不断完善和提高。

教育部职业教育与成人教育司

前　言

　　为了培养学生应用知识、研究和探索知识的兴趣，本书在第3版中做了一些修改尝试。在思考题中增加了对知识的理解与应用的题目，使思考题与教材的联系更紧密，更贴近生产、生活实际。在每章最后还增加了"探索与研究性课题"，让学生应用所学的知识，通过实验的方法去探索、去研究，这样能启发学生多想多练，留给学生较大的思维空间和探索空间，较好地体现了职业教育以能力为本位的特色，增强了学生的工程意识和创新意识。为了便于教学，第2版还配备了一张多媒体课件光盘，该课件由南京港口中等专业学校周德仁、张明才、杨晓天老师制作。

　　书中第2章还增加了理想电源的串联与并联，可作为选学内容；同时目录中以"＊"标注的内容也可作为选学内容。

　　本书第1版与第2版在使用过程中得到了广大读者的厚爱，很多读者对书中的错误给予了指正，提出了一些很好的建议。在第3版中，编者对书中的错误做了更正与必要的修改，在此，编者向广大读者与专家表示深切的谢意。由于受编者水平限制，书中不可避免还会有一些错误，欢迎广大读者与专家提出宝贵意见。

　　由于本书的第1版主编有的退休，有的从事行政工作，为了让本书的修订更加符合当前教学实际，故第3版由南京市莫愁中专王英、南京高淳中专丁金水、镇江市信息中专徐宏和南京六合中专刘永军任主编，对本书进行了改编。最后全书由孔晓华、周德仁统稿。

　　为了便于教学，本书还配有教学指南、电子教案及习题答案（电子版），有需要的教师登录华信教育资源网（Http://www.hxedu.com.cn）下载或与电子工业出版社联系，我们将免费提供。

编　者

2014 年 7 月

电路的基本概念和基本定律

英语中,电这一词汇(Electricity)来源于希腊语的琥珀。公元前,人们就发现用毛皮摩擦过的琥珀能够吸引羽毛,因此有了摩擦起电这一名词。无论是摩擦起的静电,还是电池或发电机发的电,其本质是完全相同的。在现代科技日益进步的今天,电的使用非常广泛,电能不仅为工农业生产、交通运输、国防建设、广播通信以及各种科学技术提供了强大的动力,同时,电能在人们日常的文化和物质生活中也是必不可少的。在本章中我们着重介绍电路的概念、基本物理量、基本元件和基本定律,为学好电工知识打下基础。

1.1 电路

1.1.1 实际电路组成与功能

在日常的生产生活中广泛应用着各种各样的电路,它们都是实际器件按一定方式连接起来,以形成电流的通路。实际电路的种类很多,不同电路的形式和结构也各不相同。但简单电路一般都是由电源、负载、连接导线、控制和保护装置等四个部分按照一定方式连接起来的闭合回路。实际应用中电路是多种多样的,但就其功能来说可概括为两个方面。其一,是进行能量的传输、分配与转换,如电力系统中的输电电路。其二,是实现信息的传递与处理,如手机、计算机电路。

图 1-1(a)所示为日常生活中用的手电筒电路,它也由四部分组成。

1. 电源——干电池

电源是电路中电能的提供者,是将其他形式的能量转化为电能的装置(图 1-1 中干电池电源是将化学能转化为电能)。含有交流电源的电路叫交流电路,含有直流电源的电路叫直流电路。常见的直流电源有干电池、蓄电池、直流发电机等。

2. 负载——灯泡

负载即用电装置,它将电源供给的电能转换为其他形式的能量(图 1-1 中灯泡将电能转换为光能和热能)。

3. 控制和保护装置——开关

控制和保护装置是用来控制电路的通断,保证电路正常工作;或者电路发生故障时,自动分断电路,保护电路中的电气设备防止故障扩大。

4. 连接导体(导线)——金属体

连接导体有导线、触头、金属连接体等类型,是连接电路、输送和分配电能的。

1.1.2 电路模型

图 1-1(a)所示电路在分析器件的接法和原理时是很有用的,但它不便于对电路进行定量分析和计算时。所以通常用一些简单但却能够表征电路主要电磁性能的理想元件来代替实际

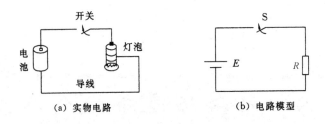

图 1-1　手电筒实物电路及其电路模型

部件。这样一个实际电路就可以由多个理想元件的组合来模拟，由理想元件组成的电路称为电路模型。

　　建立电路模型的意义十分重要。实际电气设备和器件的种类繁多，但理想电路元件只有有限的几种，因此建立电路模型可以使电路的分析大大简化。同时值得注意的是电路模型反映了电路的主要性能，而忽略了它的次要性能，因而电路模型只是实际电路的近似，二者不能等同。

　　关于实际部件的模型概念还需要强调说明几点：

　　（1）理想电路元件是具有某种确定的电磁性能的元件，是一种理想的模型，实际中并不存在，但其在电路理论分析与研究中充当着重要角色。

　　（2）不同的实际电路部件，只要具有相同的主要电磁性能，在一定条件下可用同一模型表示。如只表示消耗电能的理想电阻元件 R（电灯、电阻炉、电烙铁等）；只表示存储磁场能量的理想电感元件 L（各种电感线圈），只表示存储电场能量的理想电容元件 C（各种类型的电容器）。这三种最基本的理想元件可以代表种类繁多的各种负载。

　　（3）同一个实际电路部件在不同的应用条件下，它的模型也可以有不同的形式。如实际电感器应用在低频电路里，可以用理想电感元件 L 代替；应用在较高频率电路中，可以用理想电感元件 L 与理想电阻元件 R 串联代替；应用在更高频率电路中，则可以用理想电感元件 L 与理想电阻元件 R 串联后，再与理想电容元件 C 并联代替。

　　将实际电路中各个部件用其模型符号来表示，这样画出的图称做为实际电路的电路模型图，也称做电路原理图。如图 1-1(b) 所示就是图 1-1(a) 所示实际电路的电路原理图。

　　各种电气元件都可以用图形符号或文字符号来表示，根据国标规定，部分常用的电气元件符号见表 1.1。

表 1.1　常用电气元件符号

元件名称	符　号	元件名称	符　号
固定电阻		电容	
可调电阻		可调电容	
电池		无铁心电感	
开关		有铁心电感	
电流表		相连接的交叉导线	
电压表		不相连接的交叉导线	
电压源		接地	
电流源		熔丝	

如何建立一个实际电路的模型是较复杂的问题,本书主要讨论如何分析已经建立起来的电路模型。

1.1.3 电路的工作状态

电路的工作状态一般有三种:有载状态、短路状态和开路状态,分别如图 1-2 所示。

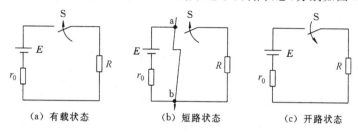

(a) 有载状态　　　　(b) 短路状态　　　　(c) 开路状态

图 1-2　电路的工作状态

1. 有载状态

在图 1-2(a)所示电路中,当开关 S 闭合后电源与负载接成闭合回路,电源处于有载工作状态,电路中有电流流过。

2. 短路状态

在图 1-2(b)所示电路中,当 a,b 两点接通,电源被短路,此时电源的两个极性端直接相连。电源被短路往往会造成严重后果,如导致电源因发热过甚而损坏,或因电流过大而引起电气设备的机械损伤,因而要绝对避免电源被短路。

3. 开路状态

在图 1-2(c)所示电路中,开关 S 断开或电路中某处断开,被切断的电路中没有电流流过。开路又叫断路。

 思考与练习题

1. 联系实例简述什么是电路?简单电路由哪几部分组成?各部分的作用是什么?

2. 什么是理想元件?什么叫电路模型?为什么要研究电路模型?

3. 电路通常有哪几种工作状态?各有什么特点?

4. 为防止短路事故的发生,一般在实际电路中安装熔断器。请观察、了解其构造和工作原理。

1.2　电路中的基本物理量

1.2.1 电流

电荷在电路中有规则的定向运动形成电流。不同的导电材料中,可以自由运动的电荷不同。在金属导体中,大量带负电荷的自由电子在外电场作用下,逆着电场方向运动,形成电流,如图 1-3 所示,图中 E 为电场强度。在某些电解液或气体中,电流则是正离子或负离子在外电场作用下有规则运动形成的。因此,产生电流必须具备两个基本条件:第一,导体内要有可作定向移动的自由电荷,这是形成电流的内因;第二,要有使自由电荷作定向移动的电场,这是形成电流的外因。两者缺一不可。

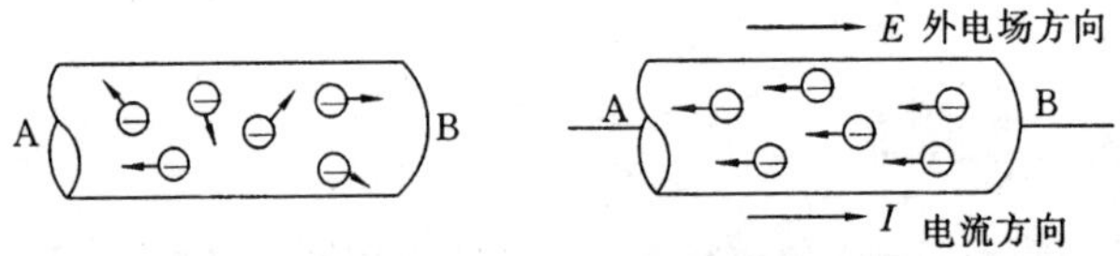

（a）金属导体中自由电子运动方向　　（b）金属导体中的电流

图 1-3　电流形成示意图

电流不仅表示一种物理现象,而且又是一个表示带电粒子定向运动强弱的物理量。实验结果证明:单位时间内通过导体横截面的电荷越多,流过导体的电流越强;反之,电流就越弱。电流的符号为 I,其数值等于单位时间 $t(s)$ 内通过导体横截面的电荷量 q,即

$$I = \frac{q}{t} \tag{1-1}$$

在国际单位制（称做 SI 制）中,电流的基本单位是安〔培〕,符号为 A,如果在 1 秒（s）内通过导体横截面的电荷量是 1 库〔仑〕（C）,则导体中的电流就是 1 安（A）。

如果需要使用较大或较小的单位,在基本单位前加上词头即可。表 1.2 所示为部分常用的 SI 词头。

表 1.2　几种常用的 SI 词头

所表示的因数	词头	符号	所表示的因数	词头	符号
10^{12}	太	T	10^{-1}	分	d
10^{9}	吉	G	10^{-2}	厘	c
10^{6}	兆	M	10^{-3}	毫	m
10^{3}	千	k	10^{-6}	微	μ
10^{2}	百	h	10^{-9}	纳	n
10^{1}	十	da	10^{-12}	皮	p

常用的电流单位还有千安（kA）、毫安（mA）、微安（μA）等,它们之间的换算关系如下:

1 千安（kA）$= 10^3$ 安（A）

1 毫安（mA）$= 10^{-3}$ 安（A）

1 微安（μA）$= 10^{-3}$ 毫安（mA）$= 10^{-6}$ 安（A）

电流不但有大小,而且有方向。正、负两种电荷的有规则运动都能形成电流。习惯上规定正电荷定向运动的方向为电流的方向。电流的方向是客观存在的,但具体分析电路时,往往很难判断某段电路中电流的实际方向。为解决这一问题,我们引入电流参考方向的概念。具体分析步骤如下:

（1）在分析电路前,可以任意假设一个电流的参考方向。

（2）参考方向一经选定,电流就成为一个代数量,有正、负之分。若计算电流结果为正值,表明电流的设定参考方向与实际方向相同,如图 1-4（a）所示;若计算电流结果为负值,表明电流的设定参考方向与实际方向相反,如图 1-4（b）所示。

（3）在未设定参考方向的情况下,电流的正负值是毫无意义的。

（4）今后电路中所标注的电流方向都是指参考方向,不一定是电流的实际方向。

此外,电流还有直流电流和交流电流之分。如图 1-5 所示,电流方向不随时间的变化而变

(a) $I>0$ (b) $I<0$

图 1-4 用箭头表示电流的参考方向

化称为直流电流,用大写字母 I 表示。大小和方向都不随时间变化的电流叫稳恒直流电流,大小随时间做周期性变化但方向不随时间变化的电流叫脉动直流电流。电流的大小和方向都随时间做周期性变化,称之为交流电流,用小写字母 i 表示。通常所说的直流电是指电流的方向和大小都不随时间而改变的稳恒直流电流。一个实际电路中的直流电流大小可以用电流表(安培表)来直接测量,测量时必须把电流表串接在电路中,并使电流从表的正端流入,负端流出,同时要选择好电流表的量程,使其大于实际电流的数值,否则可能烧坏电流表。

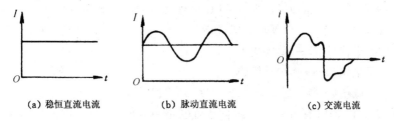

(a) 稳恒直流电流   (b) 脉动直流电流   (c) 交流电流

图 1-5 各种电流与时间关系曲线

例 1.1 如图 1-6 所示,请说明电流的实际方向。

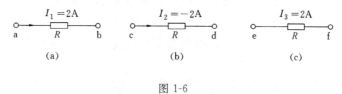

(a)   (b)   (c)

图 1-6

解:(1)图 1-6(a)中电流的参考方向由 a 到 b,$I_1=2A>0$,为正值,说明电流的实际方向和参考方向相同,即从 a 流到 b。

(2)图 1-6(b)中电流的参考方向由 c 到 d,$I_2=-2A<0$,为负值,说明电流的实际方向与参考方向相反,即从 d 到 c。

(3)图 1-6(c)不能确定,因为没有给出电流的参考方向。

例 1.2 5 分钟内均匀通过某导体横截面的电荷量为 6 库仑,求导体中流过的电流是多少?

解： $I=\dfrac{q}{t}=\dfrac{6}{5\times 60}=0.02A=20mA$

1.2.2 电压

在通常情况下,导体中的电荷运动方向是随机的,不能形成电流,要使导体中有电流通过,导体两端必须有电场力的作用。

在图 1-7 中,A,B 是两个电极,A 带正电,B 带负电,这样在 A 和 B 之间产生电场,方向由 A 指向 B。如果用导线将 A 和 B 两极通过灯泡连接起来,灯泡会发光,这说明灯丝中有电流

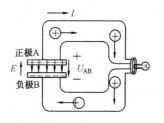

图 1-7　电压的概念

通过。那么电流是如何形成的呢？原来，在电场力的作用下，正电荷从 A 经过连接导线流向 B 形成电流，这说明电场力对电荷做了功。为了衡量电场力做功本领的大小，我们引入电压这一物理量。

所谓电压，即单位正电荷从 A 点移动到 B 点电场力所做的功，记作

$$U_{AB} = \frac{W}{q} \qquad (1\text{-}2)$$

式中，W——电场力由 A 点移动电荷到 B 点所做的功，单位焦耳（J）；

　　q——由 A 点移到 B 点的电荷量，单位库仑（C）；

　　U_{AB}——A，B 两点间的电压。

在国际单位制中，电压的单位是伏〔特〕，符号为 V，如果将 1 库仑（C）正电荷从 A 点移到 B 点，电场力所做的功为 1 焦耳（J），则 A 和 B 两点之间的电压为 1 伏（V）。

常用的电压单位还有千伏（kV）、毫伏（mV）、微伏（μV），它们之间的换算关系如下：

$$1 \text{ 千伏（kV）} = 10^3 \text{ 伏（V）}$$
$$1 \text{ 毫伏（mV）} = 10^{-3} \text{ 伏（V）}$$
$$1 \text{ 微伏（μV）} = 10^{-3} \text{ 毫伏（mV）} = 10^{-6} \text{ 伏（V）}$$

电压不但有大小，而且有方向。电压总是对电路中的两点而言，因而用双下标表示，其中前一个下标代表正电荷运动的起点，后一个下标代表正电荷运动的终点，电压的方向则由起点指向终点。在电路图中，电压的方向也称做电压的极性，用"＋"、"－"两个符号表示。和电流一样，电路中任意两点之间的电压的实际方向往往不能预先确定，因此同样可以任意设定该段电路电压的参考方向，并以此为依据进行电路分析和计算，若计算电压结果为正值，说明电压的设定参考方向与实际方向一致；若计算电压结果为负值，说明电压的设定参考方向与实际方向相反。

电压的参考方向有三种表示方法，如图 1-8 所示，这三种表示方式其意义相同，可以互相代用。

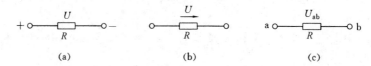

图 1-8　电压参考方向的三种表示法

对电路进行分析计算时，必须在电路图中标出电压的参考极性，否则电压的正负毫无意义，今后除非特别说明外，电路图中所标电压极性都是指参考极性。

电压的大小和极性可能随时间变动，也可能不随时间变动。随时间变的电压称为交变电压，用小写字母 u 表示；大小和极性都不随时间而变化的电压称为恒定电压或直流电压，用大写字母 U 表示。电压的数值也可通过电压表来测量，测量时应使电压表的正负极和被测电压一致并联在电路两端，同时应将电压表放在适当的量程上。

例 1.3　元件 R 上电压参考极性如图 1-9 所示，若 $U_1 = 5\text{V}$，$U_2 = -3\text{V}$，请说明电压的实际方向。

解：（1）因 $U_1 = 5\text{V} > 0$，为正值，说明电压实际方向和参考方向一致，即从 a 到 b。

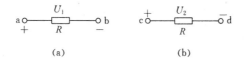

图 1-9 例 1.3 图

(2)因 $U_2 = -3V < 0$,为负值,说明电压的实际方向和参考方向相反,即从 d 到 c。

例 1.4 设一正电荷的电荷量为 0.003C,它在电场中由 a 点移到 b 点时,电场力所做的功为 0.06J,试求 a 和 b 两点间的电压? 另有一正电荷的电荷量为 0.04C,此电场力把它由 a 点移到 b 点,所做的功是多少?

解： $(1) U_{ab} = \dfrac{W_{ab}}{q} = \dfrac{0.06}{0.003} = 20V$

$(2) W_{ab} = q \cdot U_{ab} = 0.04 \times 20 = 0.8J$

1.2.3 电位

在电工工程与电子线路中,除了用电压物理量外,还经常用到的是电位的概念。电压和电位是密切联系的。在电路中任选一个参考点,电路中某一点到参考点的电压就叫做该点的电位。电位的符号用 V 表示,例如电路中某点 a 和参考点 O 间的电压 U_{aO} 称为 a 点的电位,记作 V_a,电位的单位也是伏特(V)。

参考点是计算电位的基准点,电路中各点电位都是针对这个基准点而言的。通常规定参考点的电位为零,因此参考点又叫零电位点,用接地符号"⊥"表示。零电位点(参考点)的选择是任意的,一般在电子线路中常选择很多元件的汇集处,而且常常是电源的一个极作为参考点;在工程技术中则选择大地、机壳,若把电器设备的外壳"接地",那么外壳的电位就为零。

由电位的定义可知,电位实际就是电压,只不过电压是指任意两点之间,而电位则是指某一点和参考点之间,电路中任意两点之间的电压即为此两点之间的电位差,如 a、b 之间的电压可记为

$$U_{ab} = V_a - V_b \tag{1-3}$$

根据 V_a 和 V_b 的大小,式(1-3)可以有以下三种不同情况:

(1)当 $U_{ab} > 0$ 时,说明 a 点的电位 V_a 高于 b 点电位 V_b。

(2)当 $U_{ab} < 0$ 时,说明 a 点的电位 V_a 低于 b 点电位 V_b。

(3)当 $U_{ab} = 0$ 时,说明 a 和 b 两点等电位,即 $V_a = V_b$。

引入电位的概念后,电压的方向可以看做为电位降低的方向,因此电压也叫电位降。

值得注意的是电路中各点的电位值是相对的,与参考点的选择有关,选择不同的参考点,电路中各点电位的大小和正负也就不同,即电位的多值性。但电路中任意两点之间的电压(电位差)是惟一的,与参考点的选择无关,即电压的单一性。

例如,$U_{ab} = 2V$,当选择 a 点为参考点时,$V_a = 0$,$V_b = V_a - U_{ab} = -2V$;当选择 b 点为参考点时,$V_b = 0$,$V_a = U_{ab} + V_b = 2V$。

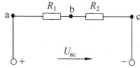

图 1-10 例 1.5 图

例 1.5 在图 1-10 所示电路中,已知 $U_{ac} = 3V$,$U_{ab} = 2V$,试分别以 a 点和 c 点作参考点,求 b 点的电位和 b,c 两点间的电压。

解： (1)以 a 点为参考点,则 $V_a = 0$,

已知 $U_{ab}=2V$，即 $U_{ab}=V_a-V_b=2V$

$\therefore V_b=V_a-2=0-2=-2V$

已知 $U_{ac}=3V$，即 $U_{ac}=V_a-V_c=3V$

$\therefore V_c=V_a-3=0-3=-3V$

b,c 两点间的电压 $U_{bc}=V_b-V_c=-2-(-3)=1V$

（2）以 c 点为参考点，则 $V_c=0$

已知 $U_{ac}=3V$，即 $U_{ac}=V_a-V_c=3V$

$\therefore V_a=V_c+3=0+3=3V$

已知 $U_{ab}=2V$，即 $U_{ab}=V_a-V_b=2V$

$\therefore V_b=V_a-2=3-2=1V$

b、c 两点间的电压 $U_{bc}=V_b-V_c=1-0=1V$

由上面的计算可见，参考点为 a 时，$V_b=-2V$；参考点为 c 点，$V_b=1V$。但 b 和 c 两点间的电压与参考点的选择无关，始终是 $U_{bc}=1V$。

1.2.4 电能

能量也是电路分析中的一个重要物理量。当在导体两端加上电压时，导体内就建立了电场。电场力在推动自由电子定向移动过程中要做功，假设导体两端的电压为 U，通过导体横截面的电荷量为 q，根据电压的定义可得出电场力对电荷量 q 所做的功，即电路所消耗的电能为

$$W = Uq \qquad (1\text{-}4)$$

由于

$$q = It$$

代入上式得

$$W = UIt \qquad (1\text{-}5)$$

式(1-5)表示，在一段电路中，电场力使电荷通过导体所做的功 W 与加在这段电路两端的电压 U 和通过导体的电流 I 以及通电时间 t 成正比。

在国际单位制中 W,U,I,t 的单位分别是焦耳(J)、伏特(V)、安培(A)、秒(s)。在实际应用中电能的另一个常用单位是千瓦小时(kW·h)，1kW·h 就是我们常说的 1 度电。

$$1 \text{ 度} = 1kW·h = 3.6 \times 10^6 J$$

电路消耗电能转化为其他形式能量的过程，就是电流做功的过程。例如：电流通过灯泡会发光，电能转换为光能；电流通过电炉会发热，电能转换为热能；电流通过酸、碱、盐溶液时会引起化学变化，电能转换为化学能等等。

例 1.6 一台直流电动机运行时，端电压为 220V，通过电动机线圈的电流为 10A，试求电动机运行 10h 消耗多少电能？

解： $W=UIt=220 \times 10 \times 10=22000W·h=22kW·h=22 \text{ 度}$

1.2.5 电功率

工程上常用功率这一名词。电功率是衡量电能转换为其他形式能量速率的物理量，即等于单位时间内电流所做的功，用字母 P 表示

$$P = \frac{W}{t} \qquad (1\text{-}6)$$

由于 $W=IUt$，代入上式得

$$P = IU \tag{1-7}$$

式中，P，U，I，t 的单位分别为瓦特(W)、伏特(V)、安培(A)、秒(s)，若电流在 1s 内所做的功为 1J，则电功率就是 1W。常用的电功率单位还有千瓦(kW)，毫瓦(mW)等。

$$1 \text{千瓦(kW)} = 10^{3} \text{瓦特(W)}$$

$$1 \text{毫瓦(mW)} = 10^{-3} \text{瓦特(W)}$$

要注意电能和电功率的区别。电能是指一段时间内电流所做的功，或者说一段时间内负载消耗的能量；电功率是指单位时间内电流所做的功，或者说是指单位时间内负荷消耗的电能。电功率用瓦特表测量，电能用瓦时表(即电能表)来计量。电能和电功率常用的单位分别是千瓦·小时和瓦(千瓦)，这是两个不同的概念，不要混淆。

 思考与练习题

1. 导体中产生电流的条件是什么？电流的方向是如何规定的？它和自由电子定向移动的方向有何区别？

2. 为什么导体中自由电子迁移的速率那么小，而只要电路一接通，电灯马上就亮起来？

3. 按大小和方向随时间的变化规律，可将电流分为几种？分别是什么？

4. 电压和电位之间有何区别和联系？如果电路中某两点的电位都很高，这两点之间的电压是否就很大？负电压与负电位各表示什么意义？

5. 简述对电路中电流、电压设参考方向的意义。

6. 用直流电流表测电流，直流电压表测量电压应注意些什么？

7. 电能和电功率有什么不同？瓦和度这两个单位有何区别？

1.3 电源与电源电动势

1.3.1 电源

当电流通过用电器(电灯、电炉、电动机等)时，用电器把电能转换成所需要的其他形式的能。为了能够向用电器连续不断地提供电能，需要一种可以把非电能转换成电能的装置，这种装置称为电源。电源的种类很多，常用的有电池和发电机。电池(干电池、蓄电池等)是把化学能转换成电能的装置，而发电机则是把机械能转换成电能的装置。

每个电源都有两个电极，电位高的极为正极，电位低的极为负极。为了使电路中能维持一定的电流，电源内部必须有一种非电场力(如在电池中，依靠化学力；在发电机中，依靠电磁力等)，能持续不断地把正电荷从电源的负极(低电位处)移送到正极(高电位处)去，以保持两极具有一定的电位差，我们称之为电源的端电压，有时也简称电源电压。电源具有的这种能力叫做电源力。电源中外力移送电荷的过程就是电源将其他形式的能量转换为电能的过程。在电路中，电源以外的部分叫外电路，电源以内的部分叫内电路。所以，电源的作用就是把正电荷由低电位的负极经内电路送到高电位的正极，内电路和外电路连接而成一闭合电路，

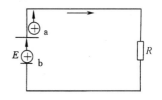

图 1-11 含有电源的电路

这样外电路中就有了电流，如图 1-11 所示。

1.3.2　电源的电动势

为了表示电源将非电能转换成电能的本领，引入电动势这个物理量。即电源力将单位正电荷从电源负极移到正极所做的功，用符号 E 表示。

$$E = \frac{W}{q} \tag{1-8}$$

电动势的单位也是伏特。若外力把 1 库仑(C)正电荷从电源的负极移到正极所做的功是 1 焦耳，则电源的电动势等于 1 伏特(V)。

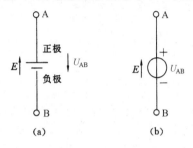

图 1-12　电源的电动势与端电压方向

电动势不仅有大小而且有方向，电动势在数值上等于电源电极两端的电位差，方向规定为电源力推动正电荷运动的方向，即电位升高的方向，所以电动势与电压的实际方向相反。电源的电动势与端电压的方向表示以及直流电源的常用画法如图 1-12(a)或图 1-12(b)所示。

电源电动势的大小只取决于电源本身的性质，对于同一电源，它移动单位正电荷所做的功是一定的，但对于不同的电源，把单位正电荷从电源负极搬运到电源正极所做的功则不同。每个电源都有一定的电动势，例如干电池的电动势是 1.5V，而铅蓄电池则是 2V。电源的电动势与外电路的性质以及是否接通外电路无关。

1.3.3　电动势与电压的区别

电动势和电压的单位都是伏特，但两者是有区别的。

（1）电动势与电压具有不同的物理意义。电动势表示非电场力（外力）做功的本领，而电压则表示电场力做功的本领。

（2）对于一个电源来说，既有电动势又有电压。但电动势仅存于电源内部，而电压不仅存在于电源内部，而且也存在于电源外部。电源的电动势在数值上等于电源两端的开路电压（即电源两端不接负载时的电压）。

（3）电动势与电压的方向相反。电动势是从低电位指向高电位，即电位升的方向；而电压是从高位指向低电位，即电压降的方向。

阅读材料

常 用 电 池

一般把化学能、机械能、太阳能等与电能相互转换的装置称为电池。通常把电池分为电化学电池、飞轮电池、太阳能电池等。

电化学电池是指把化学能与电能相互转化的装置。飞轮电池是指把电能与飞轮的机械动能相互转化的装置。太阳能电池是指把太阳能与电能相互转化的装置。

通常电化学电池又分如下四类：

（1）原电池。也称一次性电池，其活性物质用尽后不能用充电的方法使之恢复，只能废弃，如日常用的大部分干电池。

（2）蓄电池。也称二次电池，其活性物质用尽后可用充电的方法使之恢复。按其电解液的不同分为酸性蓄电池和碱性蓄电池两大类，如铅酸电池、镍镉电池、镍氢电池、锂电池等。

（3）储备电池。平时将电池的某一重要组成和其他组成分开，当使用时迅速加入该重要组成，使电池放电。这类电池可长期保存。

（4）燃料电池。平时将燃料（如氢气、甲醇等）和氧化剂（如氧气）分别作为电池两极的活性物质保存在电池的本体之外，当使用时连续通入电池体内，使电池放电。

无论是蓄电池、燃料电池、飞轮电池还是太阳能电池，它们都具有释放能量又能储存能量的功能，均属于广义二次电池，其中部分蓄电池有比较成熟的产品，而其他的因受技术、价格等条件的限制，离实用化还有一段距离，目前正处于研究开发之中。下面介绍几种蓄电池。

1. 镍镉电池（Ni-Cd）电池

（1）镍镉电池的结构。镍镉电池的结构如图 1-13 所示，电池正极由氢氧化镍 $Ni(OH)_3$、石墨、添加剂钡或钴等活性物质组成，负极由镉及其氧化物、氧化铁、石墨、变压器油等活性物质组成，正负电极用橡胶或塑料板栅隔离，电池槽（外壳）用钢质或塑料组成，槽内盛放氢氧化钾（KOH）电解液，若干个单体电池构成一定型号的电池。单体电池的标称电压为 1.2V。一般完全充电 6 小时左右，可以快速充电，循环使用寿命达 2000 多次，可在 $-40℃ \sim +60℃$ 条件下工作。

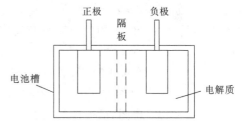

图 1-13　镍镉电池

（2）镍镉电池的优缺点。

优点：快速充电性能好，循环使用寿命较长，高低温性能好，密封式镍镉电池长期免维护。

缺点：成本较高，有"记忆"效应，由于金属镉有毒，因此废电池必须回收。

2. 镍氢（Ni-MH）电池

（1）镍氢电池的结构。镍氢电池的结构同镍镉电池，主要部件有正极、负极、电解质、隔板、电池槽、端子等。镍氢电池的负极是由以具有吸、脱氢能力的储氢合金和氢气组成，正极是由氢氧化镍 $Ni(OH)_3$ 及其添加剂等组成，正负电极用橡胶或塑料板栅隔离，电池槽（外壳）用钢质或塑料组成，槽内盛放氢氧化钾（KOH）电解液。若干个单体电池构成一定型号的电池。单体电池的标称电压为 1.2V，循环使用寿命超过 6000 次，工作温度为 $-18℃ \sim +80℃$。

（2）镍氢电池的优缺点。

优点：快速充电性能好，循环使用寿命长，不像镍镉电池那样存在金属污染问题，免维护，被称为"绿色电池"。

缺点：成本较高，有"记忆"效应。有自放电损耗。

3. 锂电池

锂电池结构同一般蓄电池一样，主要部件有正极、负极、电解质、隔板、电池槽、端子等。

锂电池最大优点是输出电能高，但其循环使用寿命较短（约 1000 次左右），价格很高。

思考与练习题

1. 试说明电源电动势的意义。
2. 电动势与电压有何异同？电源内部电子移动和电源外部电子移动的原因是否一样？

1.4　电阻

1.4.1　电阻

自然界中的各种物质，按其导电性能来分，可分为导体、绝缘体、半导体三大类。其中，导电性能良好的物质叫做导体，导体内部有大量的自由电荷；导电性能很差的物体称为绝缘体，绝缘体中，几乎没有自由电荷存在。导电性能介于导体和绝缘体之间的物质叫做半导体。

金属导体中有大量自由电子，因而具有导电的能力。但这些自由电子在受电场力作用作定向移动时，除了会不断地相互碰撞外，还要和组成导体的原子相互碰撞，这些碰撞阻碍了自由电子的定向移动，即表现为导体对电流的阻碍作用，我们称之为电阻。电阻用 R 表示，单位为欧〔姆〕，符号为 Ω。常用的电阻单位还有千欧（kΩ）和兆欧（MΩ），它们之间的换算关系如下：

$$1 千欧（kΩ）=10^3 欧（Ω）$$
$$1 兆欧（MΩ）=10^3 千欧（kΩ）=10^6 欧（Ω）$$

任何物体都有电阻，而导体的电阻是由它本身的性质所决定的。它不随导体两端电压大小而变化，即使没有加上电压，导体仍有电阻。实验证明：在一定温度下，截面均匀的导体的电阻与导体的长度成正比，与导体的横截面积成反比，还与导体的材料有关，即

$$R = \rho \cdot \frac{l}{S} \tag{1-9}$$

式中，ρ——导体的电阻率（或电阻系数），单位为欧·米（Ω·m）；

l——导体的长度，单位米（m）；

S——导体的横截面积，单位米^2（m^2）；

R——导体的电阻，单位欧（Ω）。

电阻率与导体材料的性质和所处温度有关，而与导体的几何尺寸无关。不同材料导体的电阻率是不相同的；同一材料在不同温度下其电阻率也是不相等的。表 1.3 列出了部分常见材料在 20℃时的电阻率（为近似数据）。银的电阻率最小，是最好的导电材料。铜、铝次之，但由于银的价格昂贵，工程上普遍采用铜和铝作为制造导线的材料。在另一些场合，则需要使用电阻率较大的材料，如用钨丝来制作各种灯泡的灯丝，镍铬合金用来制作电炉和电烙铁的发热元件等。为了安全，电工用具上都安装有橡胶、木头等电阻率很大的绝缘体制做的把、套。

电阻率的大小，反映了导体导电性能的好坏。一般把电阻率在 $10^{-6} \sim 10^{-8}$（Ω·m）的材料叫做导体，电阻率在 $10^{11} \sim 10^{16}$（Ω·m）的材料称为绝缘体。还有一种材料，它们的电阻率介于导体和绝缘体之间，我们称之为半导体。关于半导体材料将在有关课程中介绍。

表 1.3 部分常见材料的电阻率和电阻温度系数

材料名称		20℃时的电阻率 $\rho(\Omega \cdot m)$	电阻温度系数 α $\dfrac{(0℃\sim100℃)}{(1/℃)}$
导 体	银	1.6×10^{-8}	3.6×10^{-3}
	铜	1.7×10^{-8}	4.1×10^{-3}
	铝	2.9×10^{-8}	4.2×10^{-3}
	钨	5.3×10^{-8}	5×10^{-3}
	铁	9.78×10^{-8}	6.2×10^{-3}
	镍	7.3×10^{-8}	6.2×10^{-3}
	铂	1.0×10^{-7}	3.9×10^{-3}
	锡	1.14×10^{-7}	4.4×10^{-3}
	锰铜(铜86%、锰12%、镍2%)	4×10^{-7}	2×10^{-5}
	康铜(铜54%、镍46%)	5×10^{-7}	4×10^{-5}
	镍铬(镍80%、铬20%)	1.1×10^{-6}	7×10^{-5}
半导体	纯净锗	0.6	
	纯净硅	2300	
绝 缘 体	橡胶	$10^{13}\sim10^{16}$	
	塑料	$10^{15}\sim10^{16}$	
	玻璃	$10^{10}\sim10^{14}$	
	陶瓷	$10^{12}\sim10^{13}$	
	云母	$10^{11}\sim10^{15}$	
	琥珀	5×10^{14}	
	熔凝石英	75×10^{16}	

例 1.7 欲制作一个小电炉,需炉丝电阻为 30Ω,现选用直径为 0.5mm 的镍铬丝,试计算所需镍铬丝的长度?

解:查表得镍铬丝的电阻率 $\rho=1.1\times10^{-6}(\Omega \cdot m)$

根据公式

$$R = \rho \cdot \frac{l}{S}$$

得

$$l = \frac{R \cdot S}{\rho} = \frac{R(\pi r^2)}{\rho} = \frac{30\times3.14\times\left(\dfrac{0.5}{100}\right)^2}{1.1\times10^{-6}} = 2141\text{m}$$

即所需镍铬丝的长度为 2141 米。

1.4.2 电阻与温度的关系

实验证明:在通常温度下,几乎所有金属导体的电阻值 R 与温度 t 之间都有以下近似关系。

$$R_2 = R_1[1+\alpha(t_2-t_1)] \tag{1-10}$$

即

$$\alpha = \frac{R_2 - R_1}{R_1(t_2 - t_1)} \tag{1-11}$$

式中，R_1 和 R_2 分别是温度为 t_1 和 t_2 时导体的电阻；

　　α 是电阻的温度系数，它等于温度升高 1℃时，导体电阻所产生的变动值与原电阻值的比值，单位是 1/℃。

　　在通常情况下几乎所有金属材料的电阻率都随温度的升高而增大，即 $\alpha > 0$（见表 1.3），当导体工作温度很高时，电阻的变化也是很显著的，不容忽视。但有些材料（如碳、石墨、电解液等）在温度升高时，导体的电阻值反而减小，如多数热敏电阻元件就具有这种特性，这在一些电气设备中可以起自动调节和补偿的作用。还有某些合金材料如锰铜、康铜的电阻温度系数很小，用它们制成的电阻差不多不随温度变化，所以常用来制作标准电阻、电阻箱以及电工仪表中的分流电阻和附加电阻。

　　此外，某些稀有材料及其合金在超低温下（接近于绝对零度），电阻完全消失，即处于 $\rho = 0$ 的导电状态，这种现象叫超导现象，这个温度叫转变温度。具有超导性质的物体叫做超导体。超导体及超导技术在电子通信、医疗卫生、交通运输等方面具有重要作用，随着对超导材料研究的不断深入，转变温度的不断提高，超导技术将有越来越广泛的应用。

阅读材料

常用电阻器

　　利用导体的电阻性能，将一些电阻率较高的材料制成具有一定阻值的实体元件，如电子电路中所用的电阻，用它来控制电路中的电流、电压的大小，我们称之为电阻器，有时也简称电阻，它是构成电路的最基本元件之一。

　　电阻是一种标准元件，有国家规定的各种精度的标准系列产品。它的品种很多，结构、规格也都不一样。按其阻值是否可调，分为固定电阻和可调电阻（又称为电位器）；按其构造和材料特性分成线绕电阻和非线绕电阻，后者又分为膜式和实芯型两种。根据用途分类，电阻器又可分为通用电阻器、高阻电阻器、高压电阻器、高频电阻器、精密电阻器五类。

　　常用电阻器外形如图 1-14 所示。

　　图 1-14（a）、图 1-14（b）、图 1-14（c）所示分别为碳膜电阻、金属膜电阻和线绕电阻的外形，它们都是固定电阻，符号为　　　　　　　。图 1-14（d）、图 1-14（e）所示分别为滑线变阻器和电位器的外形，它们都是可调电阻。符号为　　　　　　　。

1. 电阻器和电位器的主要特性参数

　　电阻器和电位器的主要特性参数有：标称电阻值、容许偏差（误差）、额定功率和最高工作电压等。

　　（1）标称阻值及容许误差的表示法。

　　a. 直标法。直接把标称阻值和容许偏差印在电阻上。在有些老产品中，容许偏差用罗马数字表示，Ⅰ代表±5%，Ⅱ代表±10%，Ⅲ或不标出时代表±20%。如 100Ω±5% 表示 100欧，容许偏差为±5%；50kΩⅡ表示 50 千欧，容许偏差为±10%；2MΩ 表示 2 兆欧，容许偏

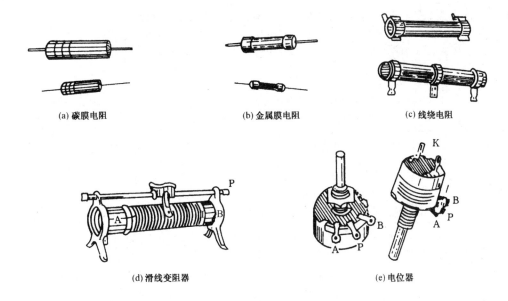

(a) 碳膜电阻　　　　　　　　(b) 金属膜电阻　　　　　　　(c) 线绕电阻

(d) 滑线变阻器　　　　　　　　　　(e) 电位器

图 1-14　常见电阻器外形

为 20％。

　　b. 文字符号法。将标称阻值和容许偏差用文字、数字符号或两者有规律组合标志在电阻表面上。

　　c. 色标法。用色"圈"或"环"和色点来表示电阻器的标称阻值及容许偏差，各种颜色表示的数值应符合表 1.4 的规定。

表 1.4　电阻器的色标

颜色	A(第一位数)	B(第二位数)	C(倍乘数)	D(容许偏差)
黑	0	0	×1	
棕	1	1	×10	±1％
红	2	2	×10^2	±2％
橙	3	3	×10^3	
黄	4	4	×10^4	
绿	5	5	×10^5	±0.5％
蓝	6	6	×10^6	±0.2％
紫	7	7	×10^7	±0.1％
灰	8	8	×10^8	
白	9	9	×10^9	
金			×0.1	±5％
银			×0.01	±10％
无色				±20％

　　示例：① 在电阻值的一端标以彩色环，电阻的色标是由左向右排列，图 1-15 的电阻为 27000Ω±5％。

　　② 精密电阻器的色环标志用五个色环表示，第 1 至第 3 色环表示电阻的有效数字，第 4

色环表示倍乘数，第5色环表示容许偏差，图1-16的电阻为 $17.5\Omega\pm1\%$。

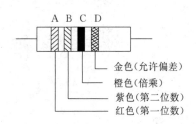

金色（允许偏差）
橙色（倍乘）
紫色（第二位数）
红色（第一位数）

图 1-15　表示 $27000\Omega\pm5\%$

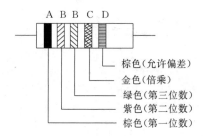

棕色（允许偏差）
金色（倍乘）
绿色（第三位数）
紫色（第二位数）
棕色（第一位数）

图 1-16　表示 $17.5\Omega\pm1\%$

（2）额定功率。电阻器的额定功率是指电阻器在正常大气压力和规定温度条件下，长期连续工作所允许承受的最大功率，额定功率一般用文字和符号直接标在电阻器上，常见也有用规定符号表示的，如图1-17。

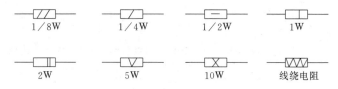

| 1/8W | 1/4W | 1/2W | 1W |

| 2W | 5W | 10W | 线绕电阻 |

图 1-17　电阻器功率的通用符号

要根据电路或设备的实际要求来选用电阻器。一般主要是根据阻值和额定功率来选择适用的电阻器，也就是说，电阻值应和电路要求相符，电阻器的额定功率要大于它在电路中实际消耗的功率，以免电阻器过热而损坏。

（3）最高工作电压。它是指电阻器长期工作不发生过热或电击穿损坏时的电压。如果电压超过规定值，电阻器内部就会产生火花，引起噪声，甚至损坏。

2. 电阻器的型号

国产电阻器的型号，国家有统一规定，见表1.5。

表 1.5　国产电阻器的型号与符号

顺序	第一位	第二位	第三位
类别	主称	导体材料	形状及性能
名称及符号	电阻器 R 电位器 RP	碳膜 T 金属膜 J 金属氧化膜 Y 线绕 X	大小 X 精密 J 测量 L 高功率 G

例如，RX 表示线绕电阻器，RT 表示碳膜电阻器，RJ 表示金属膜电阻器，RS 表示实心电阻器等。

3. 如何选用电阻器和电位器

（1）按用途选用合适的型号。对于一般用途，可选择通用型电阻器。对于特殊用途，应选用专用型电阻器。例如：对精密的电子设备，应选用误差小，精度高的碳膜、金属膜电阻和线绕电阻。对用于湿度高的地方，应选用防潮被釉线绕电阻。

（2）正确选取阻值及精度。应按照电路的要求选取合适阻值及误差，在精度要求高的场合,应选用精密电阻器。

（3）额定功率的选择,应选得比计算消耗的实际功率大,对于电位器要注意它的阻值调到最小时,其电流最大,应满足它所承受的功率不能超过额定功率。

（4）注意最高工作电压。每个电阻器都有一定的耐压能力,超过最高电压,电阻器就会损坏。在高压场合下使用时,高阻值电阻器的使用电压值更应小于最高工作电压。

阅读材料

电工材料

电工材料的性能对保证电气设备的可靠运行起着决定性的作用,因此,在电气设备的安装、维修过程中应重视对电工材料的选择。电工材料的品种较多,新产品也不断出现。电工材料主要包括绝缘材料、导电材料、磁性材料、滚动轴承和润滑油脂等,下面着重介绍常用绝缘材料和导电材料。

1. 绝缘材料

绝缘材料又称电介质,它在外加电压作用下,只有微小的电流通过,基本上可以忽略而认为其不导电,其电阻率大于 $10^{11}\Omega\cdot m$。

（1）绝缘材料的种类。绝缘材料的种类繁多,一般分为:

① 气体绝缘材料:常用的有空气、氮气、二氧化碳等。

② 液体绝缘材料:常用的有变压器油、断路器油、电容器油、电缆油等。

③ 固体绝缘材料:常用的有绝缘漆、胶、纸板等绝缘材料制品,以及漆布、漆管等绝缘浸渍纤维制品、云母制品、电工塑料、陶瓷、橡胶等。

（2）绝缘材料的作用。其主要作用是隔离不同电位的导体,使电流能按一定的方向流动。其次是在不同的电工产品中,根据电工产品技术要求的需要,还起着散热冷却、灭弧、机械支撑、防晕、防潮、防霉以及保护导体等不同作用。

（3）绝缘材料的选用。绝缘材料的好坏,一般以它的电气、机械、物理和化学性能来衡量。各种绝缘材料具有不同的特性,主要根据其击穿强度、绝缘电阻、耐热性和机械性能来选择,同时在实际选用时,绝缘材料的损耗、老化、吸湿性,液体绝缘材料的粘度、酸值和干燥时间等也都是一些重要的性能,应予以考虑。

2. 导电材料

导电材料绝大部分是金属,但不是所有的金属都可以作为导电材料的,用作导电材料的金属通常具备下列五个特点:

（1）导电性能好(即电阻率小)。

（2）有一定的机械强度。

（3）不易氧化和腐蚀。

（4）容易加工和焊接。

（5）资源丰富,价格便宜。

铜和铝基本上符合上述要求,因此它们是最常用的导电材料。但在某些特殊的场合,也需要用其他的金属或合金作为导电材料。如架空线需具有较高的机械强度,常选用铝镁硅合金;

熔丝需具有易熔的特点,选用铅锡合金;电热材料需具有较大的电阻率,常选用镍铬合金或铁铬铝合金;电光源的灯丝要求熔点高,需选用钨丝作为导电材料等。

导电材料分为一般导电材料（电线电缆）和特种导电材料。

一般导电材料是指专门用于传导电流的金属材料,主要用于制造电线电缆和导电结构件。这些导电材料大部分是铜和铝。在产品型号中,铝的标志是 L,铜的标志是 T。铜的电线电缆标志 T 有时也可以省略。另外,根据材料的软硬程度,在 T 或 L 后面还标志 R（表示软的）或Y（表示硬的）。

特殊导电材料是指在某些特殊场合,需要用其他的金属或合金作为导电材料。常用的特殊导电材料有:电阻合金、电热材料及元件、电触头材料、双金属片材料、熔体材料和电碳刷等。

 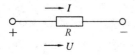

思考与练习题

1. 导体为什么会存在电阻？导体的电阻与哪些因素有关？

2. 导体的电阻是 8Ω,把它对折起来作为一根导线用,电阻变为多少？如果把它均匀地拉长到原长度的 3 倍,电阻又是多少？

3. 什么是电阻器？电阻器分为哪几类？如何选用电阻器？

4. 绝缘材料有何用途？试举例说明。

5. 导电材料分为哪几类？它们各有什么作用？

1.5　欧姆定律

欧姆定律是电路分析中的基本定律之一,用来确定电路各部分的电压与电流的关系。

1.5.1　部分电路欧姆定律

德国科学家欧姆（1789～1854）从大量实验中得出结论:在一段不包括电源的电路中,电路中的电流 I 与加在这段电路两端的电压 U 成正比,与这段电路的电阻 R 成反比。这一结论叫做欧姆定律,它揭示了一段电路中电阻、电压、电流三者之间的关系。

图 1-18　部分电路

如图 1-18 所示为一段电阻电路,电压、电流参考方向如图示,则 I,U,R 三者之间满足:

$$I = \frac{U}{R} \tag{1-12}$$

式中,I——电路中的电流,单位为安培（A）;

　　　U——电路两端的电压,单位为伏特（V）;

　　　R——电路的电阻,单位为欧姆（Ω）。

由图 1-18 所示电路可以看出,电阻两端的电压方向是由高电位指向低电位,并且电位是逐点降落的,因而通常把电阻两端的电压称为"电压降"或"压降"。

根据式(1-12),如果已知电压 U 和电流 I,就可以利用 $R = \frac{U}{I}$ 求得电阻值。有一些电阻在一定条件下它们的阻值是常数,不随其两端的电压和通过的电流的改变而改变,这样的电阻叫线性电阻,例如金属膜电阻、绕线电阻和碳膜电阻。线性电阻的阻值只与元件本身的材料和尺寸有关。另有一些电阻,它们的阻值随着电压或电流的变化而变化,不是常数,这样的电阻叫非线性电阻,如半导体二极管就是非线性电阻。

除了数学表达式,电阻元件的电压和电流关系还可以用图形表示。在笛卡儿坐标系中,以电压 U 为横坐标,以电流 I 为纵坐标,画出电压与电流的关系曲线,这条曲线叫做元件的伏安特性曲线,也叫外特性曲线。

线性电阻的伏安特性曲线是经过坐标原点的一条直线,如图 1-19(a)示;非线性电阻的伏安特性曲线不是一条直线,图 1-19(b)所示为半导体二极管的伏安特性曲线。二极管的端电压和电流的比值不是一个常数,二极管的电阻随电压或电流的大小甚至方向的改变而改变。

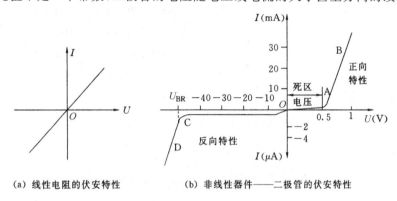

（a）线性电阻的伏安特性　　　　（b）非线性器件——二极管的伏安特性

图 1-19　电阻伏安特性曲线

严格地讲,绝对线性的电阻是不存在的。绝大多数金属导体的电阻都随温度的变化而变化,这样,它们的电阻便不再是常数,但这种变化是很小的(除温度特别高以外),可以忽略不计,因此,这些电阻可以被看做是线性电阻。由线性电阻及其他线性元件组成的电路称为线性电路。含有非线性元件的电路叫做非线性电路。今后除特别指出外,所有电阻均指线性电阻。

例 1.8　有一电灯泡接在 220V 的电压上,通过灯丝的电流是 0.88A,求灯丝的热态电阻?

解:根据欧姆定律

$$R = \frac{U}{I} = \frac{220}{0.88} = 250\Omega$$

即灯丝的热态电阻为 250Ω。

例 1.9　如果人体最小的电阻为 800Ω,已知通过人体的电流为 50mA 时,就会引起呼吸困难,不能自主摆脱电源,试求安全工作电压。

解:由式(1-12)得

$$U = I \cdot R = 0.05 \times 800 = 40V$$

即人的安全工作电压≤40V。

通常对于不同的人体、不同的场合,安全电压的规定是不相同的。我国有关标准规定,12V、24V 和 36V 三个电压等级为安全电压级别。是否安全与人体电阻、触电时间长短、工作环境、人与带电体的接触面积和接触压力等都有关系。所以即使在规定的安全电压下工作,也不可粗心大意。

1.5.2　全电路欧姆定律

含有电源的闭合电路,叫做全电路。图 1-20 所示电路是最简单的全电路。图中虚线框中部分表示电源,电流通过电源内部时与通过外电路一样,要受到阻碍,也就是说电源内部也有电阻,叫做电源的内阻,一般用符号 r_0 表示。为了看起来方便,通常在图上可把内电阻 r_0 单独画出(如图 1-20)。

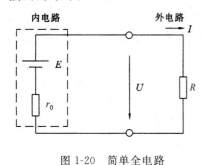

图 1-20　简单全电路

电源内部的电路称为内电路,电源外部的电路称为外电路。全电路欧姆定律的内容是:全电路中的电流 I 与电源的电动势 E 成正比,与电路的总电阻(外电路的电阻 R 和内电路的电阻 r_0 之和)成反比,即

$$I = \frac{E}{R + r_0} \tag{1-13}$$

式中,I——电路中的电流,单位安培(A);

E——电源的电动势,单位伏特(V);

R——外电路电阻,单位欧姆(Ω);

r_0——电源内阻,单位欧姆(Ω)。

由式(1-13)可得

$$E = IR + Ir_0 = U + Ur_0 \tag{1-14}$$

即

$$U = E - Ir_0 \tag{1-15}$$

上式中 U 是外电路中的电压降,也是电源两端的电压,称为路端电压,Ir_0 是电源内部的电压降。

例 1.10　在图 1-20 所示电路中,已知电源电动势 $E=24V$,内阻 $r_0=2\Omega$,负载电阻 $R=10\Omega$,求(1)电路中的电流;(2)电源的端电压;(3)负载电阻 R 上的电压;(4)电源内阻上的电压降。

解:根据全电路欧姆定律,有如下关系式:

(1) 电路中的电流 $I = \dfrac{E}{R+r_0} = \dfrac{24}{10+2} = 2A$

(2) 电源的端电压 $U = E - Ir_0 = 24 - 2 \times 2 = 20V$

(3) 负载 R 上的电压 $U = IR = 2 \times 10 = 20V$

(4) 电源内阻上的电压降 $Ur_0 = Ir_0 = 2 \times 2 = 4V$

1.5.3　电源的外特性

式(1-15)表示了电源的端电压 U 随负载电流 I 变化的关系,称为电源的外特性。

在通常情况下,电源的电动势 E 及内阻 r_0 都可以认为是不变的,而且 $r_0 \ll R$,因而电路中电流的大小主要受 R 的变化的影响。外电阻 R 大,输出电流小,表示负载轻;外电阻 R 小,输出电流大,表示负载重。

由式 $I = \dfrac{E}{R+r_0}$ 可知,当 R 增大时,I 就减小,当 $R \to \infty$,即外电路开路(断路)时,$I=0$,此时端电压 $U=E$,即路端电压等于电源的电动势。一般电压表(伏特表)的内阻很大,所以平常用电压表直接接到电源的两极测得的电压,近似等于电源的电动势。

同理,当 R 变小时,电路中的电流 I 就增大,内电压降 Ir_0 随着增大,根据式 $U = E - Ir_0$ 可知,端电压 U 随着电流 I 增加而减小。当 $R \to 0$ 时,端电压 $U \to 0$,这种情况叫做短路,短路电流 I 很大,可能损坏电源和其他设备。为了防止发生短路事故,应在电路中串接熔丝(熔断

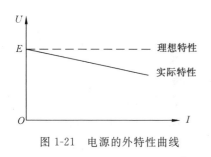

图 1-21　电源的外特性曲线

器),同时绝对不可以将一根导线或一个电流表(其内阻很小)直接接在电源的两端上。图1-21所示为电源外特性曲线。

电源端电压的高低不仅和负载电阻 R 有密切关系,而且与电源的内阻大小有关,当电源内阻为零,也就是理想情况下(这时电源称为理想电源),端电压不再随负载电流变化且 $U=E$,如图 1-21 中虚线所示特性。

1.5.4　电阻元件上消耗的能量与功率

电能转化为其他形式能的过程,就是电流做功的过程,因此消耗多少电能,可以用电流所做的功来度量,式(1-5)是计算部分电路中电流做功的公式,即

$$W = UIt$$

如果电路的负载是电阻时,根据欧姆定律 $I=\dfrac{U}{R}$,可得电阻 R 上吸收的电能为

$$W = I^2 Rt \tag{1-16}$$

或

$$W = \frac{U^2}{R}t \tag{1-17}$$

在国际单位制中,U,I,R,t,W 的单位分别是伏〔特〕(V)、安〔培〕(A)、欧〔姆〕(Ω)、秒(s)、焦耳(J)。

同理,根据式(1-6)$P=UI$,可得电阻 R 上吸收的电功率为

$$P = \frac{U^2}{R} \tag{1-18}$$

或

$$P = I^2 R \tag{1-19}$$

在国际单位制中,P 的单位是瓦〔特〕(W)。

从物理概念看,电阻吸收的电能转换为非电能(热能、光能等),因此,通常把电阻吸收的电能说成电阻消耗的电能,与此相应,把电阻吸收的功率也说成电阻消耗的功率。

通常用电器(如电灯泡、电烙铁、电炉)上都标明了它的额定电流、额定电压和额定功率,它表示电器设备所允许的最大电流、电压和功率。例如,一只灯泡上标明"220V　40W",即说明这只灯泡接 220V 电压,消耗功率为 40W。若所接电压超过 220V,灯泡消耗功率将大于 40W,就有可能将灯泡烧坏;如果所接电压低于 220V,灯泡消耗功率小于 40W(较暗),则使用不正常,所以在实际设计装配电路时,不但应按所需电阻值大小来选择电阻,还应根据电阻所消耗的功率适当选择电阻额定功率,一般其额定功率应比实际消耗的功率大 1.5～2 倍,以保证元器件的可靠、耐用。

例 1.11　有一标有"220V　25W"的电灯,接在 220V 的电源上,求通过电灯的电流和电灯的电阻? 如果每晚用 4 小时,问一个月消耗电能多少?(一个月以 30 天计算)

解:根据公式 $P=UI=\dfrac{U^2}{R}$,得

$$I = \frac{P}{U} = \frac{25}{220} = 0.114\mathrm{A}$$

$$R = \frac{U^2}{P} = \frac{(220)^2}{25} = 1936\Omega$$

一个月消耗电能为

$$W = Pt = 25 \times 10^{-3}\mathrm{kW} \times 4\mathrm{h} \times 30 = 3\mathrm{kW \cdot h} = 3\ \text{度}$$

例 1.12　有一标有"100Ω　$4\mathrm{W}$"字样的电阻器,问使用时所允许的最大电压和最大电流为多少?

解:根据公式 $P = \dfrac{U^2}{R}$,得

$$U = \sqrt{PR} = \sqrt{4 \times 100} = 20\mathrm{V}$$

则

$$I = \frac{U}{R} = \frac{20}{100} = 0.2\mathrm{A}$$

即电阻器允许的最大电压为 $20\mathrm{V}$,最大电流为 $0.2\mathrm{A}$。

 思考与练习题

1. 在一段电阻电路中,如果电阻不变,当增大电压时,电流将怎样变化? 如果电压不变,增加这段电路的电阻值,电流又将如何变化?

2. 什么是欧姆定律? 写出表示欧姆定律的公式? 由 $R = \dfrac{U}{I}$ 可知,电阻两端的电压越高、电阻越大,即电阻是随电压线性增加的,这句话对吗?

3. 白炽灯的灯丝烧断后搭上,反而更亮,为什么?

4. 把电压表接到电源的两端,可以近似测得电源的电动势,为什么? 能不能把电流表接到电源的两端,为什么?

5. 什么是用电器的额定电压和额定功率? 当加在用电器上的电压低于额定电压时,用电器的实际功率还等于额定功率吗?

6. 一个标称值为"$6\mathrm{V}$　$0.9\mathrm{W}$"的小灯泡的额定电流是多少? 若把它误接到 $15\mathrm{V}$ 的电压上使用,会产生什么后果?

1.6　负载获得最大功率的条件

任何一个实际电源都具有电动势 E 和内阻 r_0,在式(1-14)两边同乘以 I,则

$$EI = UI + U_{r_0}I \tag{1-20}$$

上式称为电路的功率平衡方程式。它表明:电源产生的电功率等于电源的输出电功率与内阻上消耗的电功率之和。其中 EI 是电源产生的电功率,UI 是电源的输出电功率(即负载吸取的电功率),$U_{r_0}I$ 是内阻上消耗的电功率。

在电源给定的条件下,负载功率的大小与负载电阻本身有关。当负载电阻 R 很大,电路接近于开路状态,或当负载电阻 R 很小,电路接近于短路状态,这两种状态都不能使负载获得最大功率。那么在什么条件下,负载可以获得最大功率呢?

如图 1-22 所示电路中,根据全电路欧姆定律

$$I = \frac{E}{R + r_0}$$

所以电源输出的功率即负载 R 上获得的功率应为

$$P = I^2 R = \left(\frac{E}{R+r_0}\right)^2 R = \frac{E^2 R}{R^2 + 2Rr_0 + r_0{}^2}$$

$$= \frac{E^2 R}{(R-r_0)^2 + 4Rr_0} = \frac{E^2}{\dfrac{(R-r_0)^2}{R} + 4r_0}$$

对于同一电源,上式中的 E 和 r_0 都可以看成常量,那么 P 是随负载的变化而变化的,P 随 R 变化的曲线如图 1-23 所示,要使负载获得功率最大,只有在 $R-r_0=0$ 的情况下,也就是当 $R=r_0$ 时,上式分母最小,P 值最大。

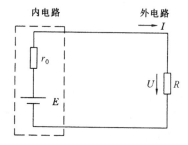

图 1-22 含内阻的电源与负载相接

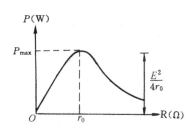

图 1-23 负载的功率曲线

由此可见,负载电阻从电源获得最大功率的条件是:负载电阻 R 等于电源内电阻 r_0。由于负载获得的最大功率就是电源输出的最大功率,因而这一条件也是电源输出最大功率的条件。此时负载获得的最大功率为

$$P_{max} = \frac{E^2}{4R} = \frac{E^2}{4r_0} \tag{1-21}$$

负载电阻 R 与电源内阻 r_0 相等,因而使负载获得最大功率,这称为负载与电源匹配。负载虽然获得最大功率,但是这时电源内阻上消耗的功率和负载获得的功率是相等的,因此在匹配时,电源的效率只有甚至低于 50%,这样的效率显然是不高的。在电子技术或一些控制、通信电路中,效率高低属于次要问题,主要关心的是使负载获得最大功率,这就要求负载与电源达到匹配,使电路尽可能工作在 $R=r_0$ 附近。在电力系统中恰好相反,主要问题是输电效率,希望尽可能减少电源内部损失以节省电力,这时必须使得 $I^2 r_0 \ll I^2 R$,即 $r_0 \ll R$,因而不能工作在匹配状态。

例 1.13 在图 1-22 所示电路中,电源电动势 $E=40\text{V}$,内阻 $r_0=30\Omega$,当负载电阻 R 分别等于 10Ω,30Ω,770Ω 时,求负载功率和电源效率。

解:(1)当 $R=10\Omega$ 时

$$P = \left(\frac{E}{R+r_0}\right)^2 R = \left(\frac{40}{10+30}\right)^2 \times 10 = 10\text{W}$$

电源效率为

$$\eta = \frac{I^2 R}{I^2 R + I^2 r_0} \times 100\% = \frac{10}{10+30} \times 100\% = 25\%$$

(2)当 $R=30\Omega=r_0$ 时,负载获得功率最大。

$$P_{max} = \left(\frac{E}{R+r_0}\right)^2 R = \left(\frac{40}{30+30}\right)^2 \times 30 = 13.3\text{W}$$

电源效率为

$$\eta = \frac{I^2 R}{I^2 R + I^2 r_0} \times 100\% = \frac{30}{30 + 30} \times 100\% = 50\%$$

（3）当 $R = 770\Omega$ 时

$$P = (\frac{E}{R + r_0})^2 R = (\frac{40}{770 + 30})^2 \times 770 = 1.925\text{W}$$

电源效率为

$$\eta = \frac{I^2 R}{I^2 R + I^2 r_0} \times 100\% = \frac{770}{770 + 30} \times 100\% \approx 96.1\%$$

 思考与练习题

1. 在什么条件下，负载可以获得最大功率？此时负载获得的最大功率是多少？
2. 电源的开路电压为 120V，短路电流为 2A，问负载从该电源能获得的最大功率是多少？
3. 由 $P = I^2 R$ 可知，R 越大，获得的功率越大，对吗？为什么？

1.7 焦耳—楞次定律

电源通过导体使导体内自由电子在电场力作用下定向运动，不断与原子发生碰撞而产生热量，并使导体温度升高，电能转化为热量，这种现象叫做电流的热效应，其原因是导体有电阻。

英国物理学家焦耳和俄国科学家楞次各自做了大量的实验，证明了这种电流的热效应现象，称为焦耳—楞次定律。它的内容是：电流流过导体产生的热量 Q 与电流 I 的平方成正比，与导体的电阻 R 成正比，与通电的时间 t 成正比，即

或

$$\left.\begin{array}{l} Q = I^2 Rt \\ Q = IUt \\ Q = \frac{U^2}{R} t \end{array}\right\} \quad (1\text{-}22)$$

上式中电流的单位为安培（A），电压的单位为伏特（V），电阻的单位为欧姆（Ω），时间的单位为秒（s），则热量 Q 的单位是焦耳（J）。

应当注意，焦耳定律只适用于纯电阻电路，此时电流所做的功 W 将全部转变成热量 Q，即 $Q = W$。如果不是纯电阻电路，如电路中还包含有电动机、电解槽等用电器，那么，电能除部分转化为内能使温度升高外，还要转化为机械能、化学能等其他形式的能。这时，电功仍等于 IUt，生成的热量也仍等于 $I^2 Rt$，只是 $IUt > I^2 Rt$，在这种情况下，不能再用 $I^2 Rt$ 或 $\frac{U^2}{R} t$ 来计算电功了，而只能用 IUt 计算电源的电功。

电流的热效应有广泛的应用，如电炉、电烙铁、电烘箱等电热设备就是利用电流的热效应来产生足够的热量；白炽灯则是通过使钨丝发热到白炽状态而发光。但电流的热效应在很多情况下也是有害的，例如会使通电导线温度升高，加速绝缘材料的老化变质，导致漏电，甚至烧毁设备等等。电动机、变压器等在运行中会产生温升，温升过高会危害这些设备的安全，所以应想方设法把产生的热量及时散发出来，以延长设备的使用寿命。

为了使电器元件和电器设备能长期安全工作,一般规定一个最高工作温度。其工作温度取决于热量,而热量是由电流、电压或电功率决定的。因而在使用电器时,要首先了解电器设备铭牌上标出的各种额定值,使运行中的实际值不超过额定值。当通过电器设备的电流或所加的电压超过额定值时,可能会造成电气设备的损坏,反之,当通过电器设备的电流或所加的电压比额定值小很多时,会使电气设备工作不正常(如电压过低,使电灯亮度不够),不能充分利用电器设备的工作能力。

例1.14　有一功率为1000W的电热丝,问5分钟中产生的热量是多少?

解:　$Q=IUt=Pt=1000\times5\times60=3\times10^5$J

即产生的热量是3×10^5焦耳。

 思考与练习题

1. 什么是电流的热效应? 举例说明电流的热效应有何应用?

2. 焦耳—楞次定律的内容是什么? 说明它的适用范围。

 本章小结

一、基本概念

1. 电路

简单电路一般都是由电源、负载、连接导线、控制和保护装置等四个部分按照一定方式连接起来的闭合回路。电路的作用是进行能量的传输、分配与转换,实现信息的传递与处理。

2. 电路模型

由多个理想元件的组合来模拟的实际电路称为电路模型。

二、基本物理量

名称	意义	单位
电流	单位时间t(s)内通过导体横截面的电荷量q(C)。$I=\dfrac{q}{t}$	安培(A)
电压	a和b两点间的电压等于单位正电荷从a点移到b点时电场力所做的功。$U_{ab}=\dfrac{W_{ab}}{q}$	伏特(V)
电位	某一点的电位就是该点与参考点之间的电压。$U_{ab}=V_a-V_b$	伏特(V)
电能	电流在一段时间内所做的功。$W=UIt$	焦耳(J)
电功率	电流在单位时间内所做的功。$P=\dfrac{W}{t}=UI$	瓦特(W)
电动势	单位正电荷在电源内部从负极移到正极时非电场力所做的功。$E=\dfrac{W}{q}$	伏特(V)
电阻	反映导体对电流起阻碍作用的物理量。$R=\rho\cdot\dfrac{l}{S}$	欧姆(Ω)

三、基本定律

1. 欧姆定律

(1) 部分电路欧姆定律。流过这段电路电流的大小与电路两端所加的电压成正比,与这段电路的电阻成反比。

$$I = \frac{U}{R}$$

（2）全电路欧姆定律。闭合电路中的电流与电源的电动势成正比，与电路的总电阻成反比。

$$I = \frac{E}{R + r_0}$$

2.焦耳—楞次定律

电流通过导体产生的热量，与电流的平方、导体的电阻和通电时间成正比。

$$Q = I^2 Rt$$

习题 1

1.1 若通过某导线中的电流为 10A，求在 5s 内通过导线的横截面的电荷量。

1.2 在 1 分钟内通过某电炉丝的电荷量是 150C，求电炉丝中的电流是多少 A？多少 mA？多少 μA？

1.3 在电场中，把 $q = 10^{-5}$C 的正电荷从 a 点移到 b 点时，外力做功 10^{-2}J，求 a 和 b 两点间的电压 U_{ab}，并指出哪一点的电位高？

1.4 在图 1-24 所示电路中，当设 c 点为参考点时，已知 $V_a = -6$V，$V_b = -2$V，$V_d = -3$V，$V_e = -4$V，求 U_{ab}，U_{bc}，U_{cd}，U_{de} 各是多少？

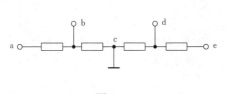

图 1-24

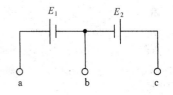

图 1-25

1.5 根据图 1-25 所示 $E_1 = 4$V，$E_2 = 2$V，计算后将各电位填入下表中（单伏为 V）。

参考点	V_a	V_b	V_c	U_{ac}
a				
b				

1.6 一台抽水用的电动机，功率为 2.5kW，每天运行 6 小时，问一个月（按 30 天计算）消耗多少度电？

1.7 在图 1-26 中，请标出电动势和端电压的方向。若电动势为 4V，则 U_{ab} 等于多少？

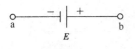

图 1-26

1.8 某车间有 12 只"220V 60W"照明灯和 20 把"220V 45W"的电烙铁，平均每天使用 8h，问每月（按 30 天计算）该车间用电多少 kW·h？

1.9 有一条输电铝线，全长 100km，线的横截面积为 17mm²，求这条输电线的电阻是多少？

1.10 用横截面积为 0.5mm² 的金属线制作电阻为 100Ω 的电炉，如果所用的材料分别为铜、铁、康铜,问各需要的长度是多少?

1.11 有一铜质漆包线绕成的线圈,在 20℃时,测得电阻为 4Ω,使用 4h 后,测得线圈的电阻为 5Ω,问此时线圈的温度是多少?

1.12 电源的电动势为 1.5V,内阻为 0.2Ω,外电路的电阻为 1.3Ω,求电路中的电流和外电路电阻两端的电压。

1.13 电动势为 3V 的电源与 9Ω 的电阻接成闭合回路,电源端电压为 1.8V,求电源的内电阻。

1.14 有一电池同 3Ω 的电阻连接时,电源端电压为 6V;同 5Ω 的电阻连接时,电源端电压为 8V,求电源的内电阻和电动势。

1.15 一个 10Ω 的电阻通过 0.5A 的电流,电阻消耗的电功率是多少? 一个 20Ω 的电阻接在 16V 的电压上,电阻所消耗的电功率又是多少?

1.16 现有两只灯泡,它们的额定值分别为 220V/40W 和 220V/25W,问接上 220V 的电压,哪个灯泡亮? 哪一个灯泡的电阻大? 为什么?

1.17 在一段电路中,如果没有电压,就没有电流;如果没有电流,也就没有电压。这种说法对吗? 为什么?

1.18 一个"40kΩ/1W"的电阻,使用时两端所允许加的最大电压是多少? 允许通过的最大电流是多少?

1.19 一个蓄电池的电动势为 20V,内阻是 2Ω,外接负载的电阻为 8Ω。试求蓄电池发出的功率、负载获取的功率以及内阻损耗的功率。

1.20 一闭合回路,电源电动势 $E=6V$,内阻 $r_0=2Ω$,负载电阻 $R=16Ω$,试求:(1)电路中的电流;(2)电源的端电压;(3)负载上的电压降;(4)电源内阻上的电压降;(5)电源提供的总功率;(6)负载消耗的功率;(7)电源内部损耗的功率。

1.21 有一把电阻为 1210Ω 的电烙铁,接在 220V 的电源上,问使用 2h 能产生多少热量?

[探索与研究]

1. 热敏电阻的测试

试使用灯泡和普通型万用表做热敏电阻的测试。

① 接上 220V 的灯泡,等待灯泡稍微变暖。

② 用欧姆表的表笔连接热敏电阻,使用切换开关,使欧姆表的指针大致调整到刻度盘的中间位置。

③ 使灯泡靠近热敏电阻,观察指针偏转情况。

④ 思考、了解正温度系数热敏电阻和负温度系数热敏电阻在生产、生活中的应用。

2. 家用电器能力的调查

家用电器所标称的"瓦数"是表示电器正常工作用电的容量,当然,如果将瓦数乘以使用时间就是所用的电能。试根据下表的电器参考品名,结合具体情况调查本人家庭家用电器消耗电能情况。

品名	消耗功率(kW)	日均使用时间(h)	月均消耗电能(kW·h)（每月按30天计算）
电冰箱			
电饭煲			
电热水器			
照明用电灯			
⋮			

　　如果按消耗电能 1.00 元/度,大致计算你的家庭月均消耗电能支出费用?

　　3.取一 12V 的交流小白炽灯及适当的交流电流表、电压表与交流电压源进行实验,要求改变白炽灯两端的电压,描绘出电阻的伏安特性曲线,确定白炽灯的电阻是线性还是非线性的。

第2章

直流电阻电路

第1章中,已经介绍了电路的基本概念和基本定律。本章重点对直流电阻电路进行分析、研究。直流电路是电路分析的入门课,也是进一步学习交流电路及以后各章内容的基础。直流电阻电路的基本特点是电流、电压大小和方向都不随时间变化。本章所涉及的定理、定律以及各种分析方法,不仅适用于直流电路,也适用于以后各章讨论的电路,必须深刻理解,熟练掌握。

2.1 电阻串联电路及应用

在电路中,电阻的连接形式是多种多样的,其中最常见的是电阻的串联连接、并联连接和混联连接。

2.1.1 电阻的串联电路

在电路中,若干个电阻依次连接,中间没有分岔支路的连接方式,叫做电阻的串联连接。

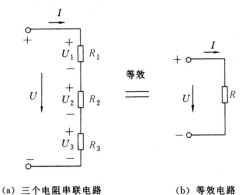

（a）三个电阻串联电路　　　（b）等效电路

图 2-1　电阻串联电路

如图 2-1(a)所示为三个电阻 R_1,R_2 和 R_3 组成的电阻串联电路。

电阻串联的实例很多,例如,圣诞节期间挂在圣诞树上的灯泡,能使光忽灭忽亮,就是把灯泡一个接一个地串联连接起来,如图 2-2 所示,在其中的一个灯泡内装有使用双金属片(用热膨胀系数高的金属和热膨胀系数低的金属粘在一起成为一块金属板)的自动开关。当双金属片因灯丝发热而变形程度不同时,双金属片脱开,灯泡就全部熄灭;冷却后双金属片则复原,电路重新接通,圣诞树的电灯泡就一会儿熄灭,一会儿点亮。

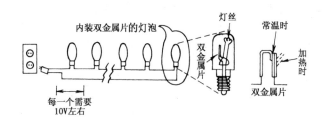

图 2-2　圣诞节电灯泡

电阻串联电路具有以下特点:

1. 在电阻串联电路中，不论各电阻的数值是否相等，通过各电阻的电流为同一电流，这是判断电阻串联的一个重要依据

即

$$I = I_1 = I_2 = I_3 = \cdots = I_n (I_n \text{ 表示第 } n \text{ 个电阻上流过的电流})\quad (2\text{-}1)$$

2. 根据全电路欧姆定律，串联电阻电路两端的总电压等于各电阻两端分电压之和

即

$$U = U_1 + U_2 + U_3 + \cdots + U_n \quad (2\text{-}2)$$

上式表示串联电阻电路的总电压大于任何一个分电压。

3. 串联电路的总电阻（等效电阻）等于各串联电阻之和

因为

$$U = U_1 + U_2 + U_3 \cdots + U_n$$

即

$$IR = I_1 R_1 + I_2 R_2 + I_3 R_3 + \cdots + I_n R_n$$

而

$$I = I_1 = I_2 = I_3 = \cdots = I_n$$

所以

$$R = R_1 + R_2 + R_3 + \cdots + R_n \quad (2\text{-}3)$$

式(2-3)表示串联电阻电路的总电阻大于任何一个分电阻。

这里介绍一下电路等效的一般概念。所谓两个电路 A 与 B 互相等效，是指结构、元件可以完全不相同的两个电路 A 与 B，而它们端钮处的电压、电流关系相同，如图 2-3 所示。

图 2-3 相互等效的两部分电路

相互等效的两部分在电路中可以相互代换，代换前的电路与代换后的电路对任意外电路（即端钮外）中的电流、电压、功率是等效的。等效是电路理论中很重要的概念，在分析计算时，常用等效电路代替原电路，使计算得到简化。如图 2-1(b)所示电路为图 2-1(a)所示电路的等效电路。

电阻的串联、并联和混联等效电阻是无源二端元件的等效化简，本章中我们还要介绍有源二端元件电压源和电流源的等效电路，理想电压的串联、并联等效化简等。

4. 电阻串联电路中，各电阻上的电压与它们的阻值成正比

根据欧姆定律

$$I_1 = \frac{U_1}{R_1}, \quad I_2 = \frac{U_2}{R_2}, \quad I_3 = \frac{U_3}{R_3}, \quad \cdots, \quad I_n = \frac{U_n}{R_n}$$

又

$$I_1 = I_2 = I_3 = \cdots = I_n$$

所以

$$\frac{U_1}{R_1} = \frac{U_2}{R_2} = \frac{U_3}{R_3} = \cdots = \frac{U_n}{R_n} = \frac{U}{R} = I$$

即

$$U_n = R_n \frac{U}{R} = R_n \frac{U}{R_1 + R_2 + R_3 + \cdots + R_n} \tag{2-4}$$

上式表明电阻串联时,电阻越大分配到的电压越大,电阻越小分配到的电压越小,这就是串联电阻电路的分压原理。通常把式(2-4)叫做电阻串联的分压公式 。

如果只有三个电阻相串联,各个电阻的电压分别为

$$U_1 = \frac{R_1}{R_1 + R_2 + R_3} U$$

$$U_2 = \frac{R_2}{R_1 + R_2 + R_3} U$$

$$U_3 = \frac{R_3}{R_1 + R_2 + R_3} U$$

5. 串联电阻电路的总功率 P 等于消耗在各串联电阻上的功率之和,且电阻值大者消耗的功率大

由于

$$P = I^2 R = I^2 (R_1 + R_2 + R_3 + \cdots + R_n) = I^2 R_1 + I^2 R_2 + I^2 R_3 + \cdots + I^2 R_n$$

所以

$$P = P_1 + P_2 + P_3 + \cdots + P_n (P_n \text{为消耗在第 } n \text{ 个电阻上的功率}) \tag{2-5}$$

例 2.1　如图 2-1(a)所示电阻串联电路,已知 $R_1 = 2\Omega$,$R_2 = 4\Omega$,$U_1 = 6V$,$U = 21V$。求:(1)通过 R_1,R_2,R_3 的电流 I_1,I_2,I_3;(2)R_2 和 R_3 两端的电压;(3)电阻 R_3;(4)等效电阻 R。

解:(1)根据欧姆定律有

$$I_1 = \frac{U_1}{R_1} = \frac{6}{2} = 3A$$

由于是电阻串联电路,所以

$$I_1 = I_2 = I_3 = 3A$$

(2)R_2 两端的电压

$$U_2 = I_2 R_2 = 3 \times 4 = 12V$$

由于

$$U = U_1 + U_2 + U_3$$

所以

$$U_3 = U - U_1 - U_2$$

即 R_3 两端的电压

$$U_3 = 21 - 6 - 12 = 3V$$

(3)电阻 $R_3 = \dfrac{U_3}{I_3} = \dfrac{3}{3} = 1\Omega$

(4)等效电阻 $R = R_1 + R_2 + R_3 = 2 + 4 + 1 = 7\Omega$

2.1.2　串联电阻的应用——电压表扩大量程

串联电阻的分压原理应用非常广泛。工程实际中常用来降压,例如额定电压为 110V 的灯泡要接在 220V 的电源上,可以将两个功率相同的电灯串联起来。电子线路中经常用到的电位器也是利用电阻串联的分压原理工作的。图 2-4 所示为电位器的原理电路,它实际上是

一个带有滑动触头的三端电阻器，输入电压 U 施加于 R_P 两端，输出电压 U_2 从 R_2 两端取出，R_2 的大小由滑动触头的位置决定，触头上移，R_2 变大，触头下移，R_2 变小。因此，改变触头的位置，就可以改变 U_2 的大小，从而得到从零到 U 连续可调的输出电压。

串联电阻的分压原理还可以用来扩大电压表的量程。平时所使用的电压表的表头一般多采用微安级的电流表表头，表头有两个重要的参数——表头内阻 r_g 和满刻度电流 I_g。当有电流 I_g 通过表头时，在内阻上产生电压降 $U_g = I_g r_g$，也就是说，可以用表头来测量电压，因此表头也可作为电压表使用，不过它所能直接测量的电压很小，一般为毫伏级，如果要测量较高电压，通过表头的电流 I 将会超过 I_g，这样会烧毁表头内的线圈。如果合理选择一个电阻 R（R大于 r_g）和表头串联后，R 将承担大部分被测电压，这样，表头的电压即可被限制在允许的数值以内，从而达到扩大电压表量程的目的。串联电阻 R 越大，扩大的量程就越大。

图 2-5(a)所示为单量程电压表的示意图。如果要制成多量程的电压表，串联不同的分压电阻即可。图 2-5(b)所示为双量程电压表的示意图，图中端钮"－"为电压表的公共端，它的工作原理如下：当 U_1 和"－"两个端钮与外电路相连接时，表头内阻 r_g 和 R_1 串联分压，电压表的量程为 U_1；当 U_2 和"－"两个端钮与外电路相连接时，表头内阻 r_g 和(R_1+R_2)串联分压，电压表的量程为 U_2。

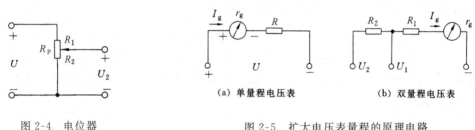

图 2-4　电位器　　　　　　　　(a) 单量程电压表　　　　(b) 双量程电压表

图 2-5　扩大电压表量程的原理电路

例 2.2　有一内阻 $r_g = 1000\Omega$，量程 $I_g = 100\mu A$ 的电流表，如果要将其改装成量程为 5V 的电压表，问应串联多大的电阻 R？

解：电流表测量的最大电压为

$$U_g = r_g I_g = 1000 \times 100 \times 10^{-6} = 0.1V$$

要改装成量程为 5V 的电压表，即 $U = 5V$，根据分压公式

$$U_g = \frac{r_g}{R + r_g} U$$

$$0.1 = \frac{1000}{R + 1000} \times 5$$

解得

$$R = 49000\Omega = 49k\Omega$$

所要串联的电阻为 49kΩ。

 思考与练习题

1. 电流表是串联接在电路中测量电流的，要使测量结果准确些，应选择内阻大还是内阻小的电流表？

2. 一个电流为 0.2A，电压为 1.5V 的小灯泡，接到 4.5V 的电源上，应该串联多大的电阻，才能使小灯泡正常发光？

3. 一只"110V　100W"的电灯泡和一只"110V　60W"的电灯泡串联接在220V的电源上,这种接法行不行? 如果是两只"110V　60W"的灯泡,是否可以这样使用?

2.2　电阻并联电路及应用

2.2.1　电阻的并联电路

在电路中,将若干个电阻的一端共同连在电路的一点上,把它们的另一端共同连在电路的另一点上,这种连接方式叫做电阻的并联。如图2-6(a)所示为三个电阻的并联电路,图2-6(b)所示为其等效电路。

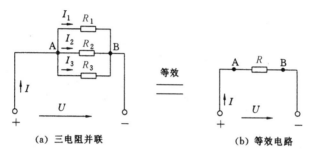

(a) 三电阻并联　　　　　(b) 等效电路

图2-6　电阻并联电路

电阻并联的实例也很多,如图2-7所示家庭中电灯泡的连接方式即为并联,即使一个灯泡断路,其他灯泡仍可正常工作。

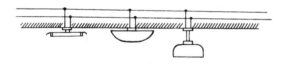

图2-7　家庭的电灯泡

电阻并联电路具有以下特点。

1. 加在各并联电阻两端的电压为同一电压,即电阻两端电压相等

即

$$U = U_1 = U_2 = U_3 = \cdots = U_n \tag{2-6}$$

2. 电路的总电流等于各并联电阻分电流之和

即

$$I = I_1 + I_2 + I_3 + \cdots + I_n \tag{2-7}$$

如图2-6(a)所示,由于形成电流的运动电荷不会在电路中停留,所以流入A点的总电流,始终等于从B点流出的电流(即各支路电流之和)。这个结论可以用电流表测量总电流和各支路电流的大小予以验证。式(2-7)说明并联电路的总电流大于任何一个分电流。

3. 电路的总电阻(等效电阻)R的倒数等于各电阻的倒数之和

即

$$\frac{1}{R} = \frac{1}{R_1} + \frac{1}{R_2} + \frac{1}{R_3} + \cdots + \frac{1}{R_n} \tag{2-8}$$

式(2-8)表示并联电路的总电阻比任何一个并联电阻的阻值都小。

根据欧姆定律,有

$$I = \frac{U}{R}, \quad I_1 = \frac{U}{R_1}, \quad I_2 = \frac{U}{R_2}, \quad I_3 = \frac{U}{R_3}, \quad \cdots \quad I_n = \frac{U}{R_n}$$

代入式(2-7)得

$$\frac{U}{R} = \frac{U}{R_1} + \frac{U}{R_2} + \frac{U}{R_3} + \cdots + \frac{U}{R_n}$$

所以

$$\frac{1}{R} = \frac{1}{R_1} + \frac{1}{R_2} + \frac{1}{R_3} + \cdots + \frac{1}{R_n}$$

如果只有两个电阻并联,通常记为

$$R_1 \,/\!/\, R_2$$

$$R = R_1 \,/\!/\, R_2 = \frac{R_1 R_2}{R_1 + R_2}$$

4. 流过各并联电阻上的电流与其阻值成反比

根据欧姆定律,有

$$U_1 = I_1 R_1, \quad U_2 = I_2 R_2, \quad U_3 = I_3 R_3, \quad \cdots \quad U_n = I_n R_n$$

又

$$U_1 = U_2 = U_3 = \cdots = U_n = U$$

所以

$$I_1 R_1 = I_2 R_2 = I_3 R_3 = \cdots = I_n R_n = IR$$

即

$$I_n = \frac{R}{R_n} I \tag{2-9}$$

上式表明电阻并联时,阻值越大的电阻分配到的电流越小,阻值越小的电阻分配到的电流越大,这就是并联电阻电路的分流原理。通常把式 (2-9)叫做电阻并联的分流公式。

如果只有两个电阻相并联,则 I_1、I_2 与总电流 I 的关系为

$$I_1 = \frac{\dfrac{R_1 R_2}{R_1 + R_2}}{R_1} I = \frac{R_2}{R_1 + R_2} I$$

$$I_2 = \frac{\dfrac{R_1 R_2}{R_1 + R_2}}{R_2} I = \frac{R_1}{R_1 + R_2} I$$

5. 并联电阻电路的总功率 P 等于消耗在各并联电阻上的功率之和,且电阻值大者消耗的功率小

由于

$$P = IU = (I_1 + I_2 + I_3 + \cdots + I_n)U = I_1 U + I_2 U + I_3 U + \cdots + I_n U$$

又

$$U_1 = U_2 = U_3 = \cdots = U_n = U$$

所以

$$P = P_1 + P_2 + P_3 + \cdots + P_n \tag{2-10}$$

2.2.2 并联电阻的应用——电流表扩大量程

并联电路的应用十分广泛,例如照明电路以及工作电压相同的负载,都处在同一电源电压

的作用下,是并联使用的,这样可使任一负载的工作情况不会影响其他的负载。在电工测量中,也可用并联电阻的方法来扩大电流表的量程。

我们知道电流表表头的满度电流很小,不能用来测量较大的电流。为了使它能测量较大的电流,可以合理选择一个分流电阻 R(使之小于 r_g),并与表头并联,R 将承担大部分被测电流,通过表头的电流只是被测电流的若干分之一,从而达到扩大量程的目的。分流电阻 R 越小,扩大的量程越大。

图 2-8(a)所示为单量程电流表的示意图。如果要制成多量程电流表,并联不同的分流电阻即可。图 2-8(b)所示为双量程电流表的示意图,图中端钮"－"为电流表的公共端,它的工作原理如下:当 I_1 和"－"两个端钮与外电路相连接时,表头内阻 r_g 和 R_2 串联后再与 R_1 分流,电流表的量程为 I_1,当 I_2 和"－"两个端钮与外电路相连接时,表头内阻 r_g 和 (R_1+R_2) 分流,电流表的量程为 I_2。

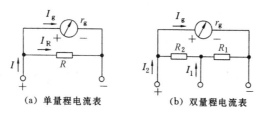

图 2-8　扩大电流表量程的原理电路

例 2.3　有一只电流表,它的最大量程 $I_g=100\mu A$,内阻 $r_g=1k\Omega$,如果要改装成量程为 1.1mA 的电流表,问应并联多大的分流电阻 R?

解:流过分流电阻的电流

$$I_R = I - I_g = 1.1 - 0.1 = 1mA$$

分流电阻两端电压

$$U_R = U_g = I_g r_g = 100 \times 10^{-6} \times 1 \times 10^3 = 0.1V$$

根据欧姆定律,分流电阻为

$$R = \frac{U_R}{I_R} = \frac{0.1}{1 \times 10^{-3}} = 100\Omega$$

即应并联 100Ω 的分流电阻。

 思考与练习题

1. 电压表是并联在某段电路两端测量电压的,要使测量结果准确些,应选择内阻大还是内阻小的电压表?

2. 额定值为"220V　100W"和"220V　40W"的两个灯泡并联接在 220V 的电源上使用。问:(1)它们实际消耗的功率为多少? 是否等于额定值? 为什么? (2)如果将它们串联接在 220V 的电源上使用,结果又将如何?

2.3　电阻混联电路

在实际应用中,电路里所包含的电阻常常不是单纯的串联或并联,而是既有串联又有并联，电阻的这种连接方式，叫做电阻的混联。图2-9所示为电阻的混联电路，R_1和R_2先串联，然后与R_3并联，最后与R_4串联。

电阻混联电路的形式多种多样，有的混联电路比较直观，能一下子就看清各电阻之间的串、并联关系，而有的混联电路则比较复杂，不是一下子就能看清各电阻之间的串、并联关系，这就需要仔细观察分析，电阻相串联的部分具有电阻串联电路的特点，电阻相并联的部分具有电阻并联电路的特点。利用电阻串、并联公式逐步化简电路，最终求出电阻混联电路的等效电路。

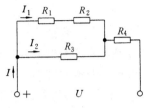

图2-9　电阻的混联电路

求电阻混联电路的等效电路的步骤：

（1）先把电阻的混联分解成若干个串联和并联，按照串、并联电路的特点进行计算，分别求出它们的等效电阻。

（2）用已求出的等效电阻去取代电路中的串、并联电阻，得到电阻混联电路的等效电路。

（3）如果所求得的等效电路中仍然包含着电阻的串联或并联，可继续用上面的方法来化简，求得最简单的等效电路。

（4）利用已化简的等效电路，根据欧姆定律算出通过电路的总电流，再算出各支路上的电流，各电阻两端的电压、功率等。

例2.4　如图2-10(a)所示电路，$U=24\text{V}$，求等效电阻R_{ab}及电路的总电流I。

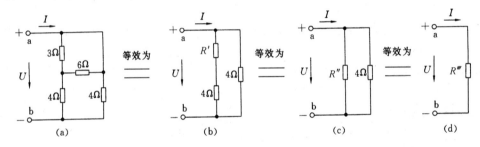

图2-10　电阻混联电路的等效变换

解：(1)由图2-10(a)所示电路知3Ω与6Ω这两个电阻是并联，其等效电阻为$R'=\dfrac{3\times 6}{3+6}=2\Omega$

（2）由图2-10(b)所示电路知，R'与4Ω这两个电阻是串联，其等效电阻为$R''=2+4=6\Omega$

（3）由图2-10(c)所示电路知，R''与4Ω这两个电阻是并联，其等效电阻为$R'''=\dfrac{6\times 4}{6+4}=2.4\Omega$

即$R_{ab}=2.4\Omega$

（4）根据欧姆定律，电路的总电流$I=\dfrac{U}{R_{ab}}=\dfrac{24}{2.4}=10\text{A}$

例2.5　如图2-11(a)所示为电阻混联电路，$I=10\text{A}$，$R_1=3\Omega$，$R_2=1\Omega$，$R_3=4\Omega$，$R_4=R_5=2\Omega$，求电路等效电阻R_{ab}及各电阻上的电流I_1，I_2，I_3，I_4，I_5。

解：(1)由图2-11(a)所示电路知，R_4与R_5是串联，其等效电阻$R_{45}=R_4+R_5=4\Omega$

（2）由图2-11(b)所示电路知，R_3与R_{45}是并联，其等效电阻$R_{345}=\dfrac{R_3R_{45}}{R_3+R_{45}}=\dfrac{4\times 4}{4+4}=2\Omega$

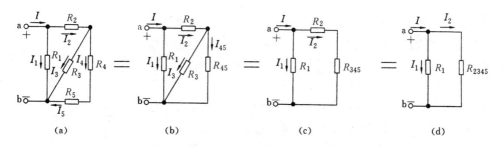

图 2-11 电阻混联电路的等效变换

（3）由图 2-11(c)所示电路可知，R_2 与 R_{345} 是串联，其等效电阻 $R_{2345}=R_2+R_{345}=1+2=3\Omega$

（4）由图 2-11(d)所示电路知 R_1 与 R_{2345} 是并联，其等效电阻 $R_{12345}=\dfrac{R_1 R_{2345}}{R_1+R_{2345}}=\dfrac{3\times3}{3+3}=$ 1.5Ω

即电路等效电阻 $R_{ab}=1.5\Omega$。

（5）求出等效电阻后，再逆着原来的简化过程返回到各电路图中，求出各电阻上的电流。

由图 2-11(c)所示电路根据并联电阻的分流公式可得

$$I_1=\frac{R_{ab}}{R_1}I=\frac{1.5}{3}\times10=5\text{A}$$

$$I_2=\frac{R_{ab}}{R_2+R_{345}}=\frac{1.5}{3}\times10=5\text{A}$$

由图 2-11(b)所示电路根据并联电阻的分流公式得

$$I_3=\frac{R_{345}}{R_3}I_2=\frac{2}{4}\times5=2.5\text{A}$$

$$I_{45}=\frac{R_{345}}{R_{45}}I_2=\frac{2}{4}\times5=2.5\text{A}$$

因为 R_4 和 R_5 是串联，所以 $I_4=I_5=I_{45}=2.5\text{A}$。

 思考与练习题

1. 若给你一个电源和三根相同阻值的电热丝 R_1,R_2,R_3，一桶待加热的水。试问：加热桶中水时(1)这三根电热丝有几种连接方法？（2)用哪种连接方法对这桶水供热最快？为什么？

2. 混联电路中的总功率是否等于各电阻上功率的总和？为什么？

2.4　基尔霍夫定律

2.4.1　电路结构中的几个名词

直流电阻电路的结构形式很多，有些电路只要运用欧姆定律和电阻串、并联电路的特点及其计算公式，就能对它们进行分析和计算，我们称之为简单直流电路。然而有的电路(含有一个或多个直流电源)则不然，不能单纯用欧姆定律或电阻串、并联的方法化简，如图 2-12 所示，我们称之为复杂直流电路。

分析与计算复杂电路之前，先介绍一下有关电路结构中的几个名词。

（1）支路：电路中每个流过同一个电流的分支叫做支路。如图 2-12 中，adc，abc，aR_3c 分别组成三条支路，支路 adc，abc 中有电源，称为有源支路，aR_3c 中没有电源，称为无源支路。

（2）节点：三条或三条以上支路的公共连接点叫做节点。如图 2-12 中，a 和 c 都是节点，而 b 和 d 则不算节点。

（3）回路：电路中任一闭合的路径叫做回路。图 2-12 中 aR_3cba，abcda，aR_3cda 都是回路。只有一个回路的电路叫单回路。

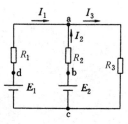

图 2-12　复杂直流电路

（4）网孔：内部不含有支路的回路叫网孔。图 2-12 中 aR_3cba 和 abcda 两个回路中均不含支路，是网孔。而回路 aR_3cda 中含有支路 abc，因而不是网孔。网孔一定是回路，但回路不一定是网孔。

本节将介绍两个重要定律：基尔霍夫电流定律和基尔霍夫电压定律，这两个定律是由德国科学家基尔霍夫于 1845 年提出的。

2.4.2　基尔霍夫电流定律

基尔霍夫电流定律简称为 KCL，又称节点电流定律，它是反映电路中与同一节点相连的各支路中电流之间关系的定律。其基本内容是：在任意瞬间，流进任一节点的电流之和恒等于流出这个节点的电流之和，即

$$\sum I_入 = \sum I_出 \tag{2-11}$$

上式称为节点电流方程，简写为 KCL 方程。

如图 2-13 所示电路中对于节点 A，应用基尔霍夫电流定律可写出

$$I_1 + I_4 = I_2 + I_3 + I_5$$

如果规定流入节点的电流为正值，流出节点的电流为负值，上式可改写为

$$I_1 + I_4 - I_2 - I_3 - I_5 = 0$$

写成一般形式为

$$\sum I = 0 \tag{2-12}$$

即在任意瞬间通过电路中任一节点的电流代数和恒等于零。这是 KCL 的另一种表达形式。为便于记忆通常采用式(2-11)。

在应用基尔霍夫电流定律时，需要说明以下几点：

（1）KCL 具有普通意义，它通常用于电路中的节点，也可以将节点推广到电路中的一个闭合支路与电路的其余部分（未画出）相连接，那么流入封闭面的电流等于流出封闭面的电流，即 $I_A + I_B = I_C$

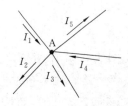

图 2-13　基尔霍夫电流定律

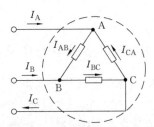

图 2-14　基尔霍夫电流定律的推广

（2）应用 KCL 列写节点或闭合面电流方程时，首先要设定每一条支路电流的参考方向，然后依据参考方向是流入或流出列写出 KCL 方程，当某支路电流的参考方向与实际方向相同时电流为正值，否则为负值。

（3）节点电流定律对于电路中每个节点都适用。如果电路中有 n 个节点，即可得到 n 个方程，但其中只有 $(n-1)$ 个方程是独立的。

例 2.6 在图 2-15 所示电路中，电流的参考方向如图所示，已知 $I_1=4\text{A}$，$I_2=7\text{A}$，$I_4=10\text{A}$，$I_5=25\text{A}$，求 I_3，I_6。

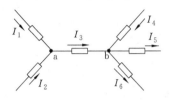

图 2-15 例 2.6 图

解：对于节点 a
$$I_1+I_2=I_3$$
$$I_3=4+7=11\text{A}$$
对于节点 b
$$I_3+I_4=I_5+I_6$$
$$I_6=I_3+I_4-I_5=11+10-25=-4\text{A}$$

电流 I_6 为负值，表示 I_6 的实际方向与假设方向相反，所以电流 I_6 的大小为 4A，方向应是流入节点 b。

2.4.3 基尔霍夫电压定律

基尔霍夫电压定律简称 KVL，又称回路电压定律，它反映了回路中各电压间的相互关系。其基本内容是：在任意瞬间，沿电路中任一回路绕行一周，各段电压的代数和恒等于零，即

$$\sum U=0 \tag{2-13}$$

上式称为回路电压方程，简写为 KVL 方程。

KVL 规定了电路中任一回路内电压必须服从的约束关系，至于回路内是些什么元件与定律无关。因此，无论是线性电路还是非线性电路，无论是直流电路还是交流电路，定律都是适用的。在应用 KVL 列电压方程时，首先要选取回路绕行方向，可按顺时针方向，也可按逆时针方向，通常选择前者；其次确定各段电压的参考方向。这里规定，凡电压的参考方向和回路绕行方向一致时，该电压取正值，反之，则取负值。

如图 2-16，选取绕向为顺时针方向，KVL 可表示为
$$U_1+U_2+U_3-U_4-U_5=0$$
由于
$$U_1=I_1R_1, \quad U_2=I_2R_2, \quad U_3=I_3R_3,$$
$$U_4=E_1, \quad U_5=E_2$$
分别代入上式解得
$$I_1R_1+I_2R_2+I_3R_3=E_1+E_2$$
写成一般形式为
$$\sum E=\sum IR \tag{2-14}$$

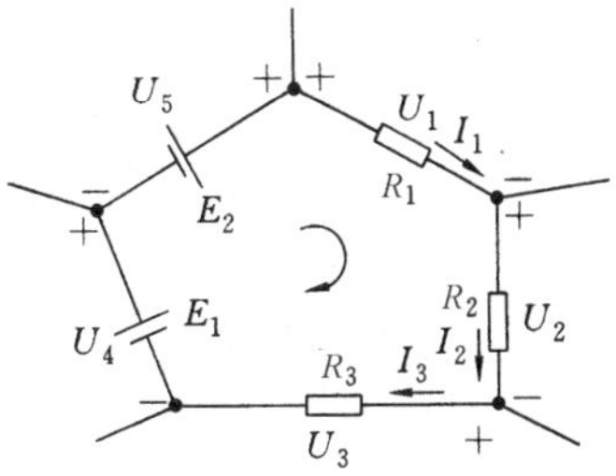

图 2-16 基尔霍夫电压定律

即在任一回路中，电动势的代数和恒等于各电阻上电压降的代数和，这是 KVL 的另一种表达形式。

关于 KVL 的应用，也应注意以下几点：

（1）应用 KVL 列回路电压方程时，会涉及两套符号的确定：一套是各部分电压相对绕行

方向确定的；一套是参考方向对实际方向确定的。当起点电位高于终点电位时，所取电压为正值；而当起点电位低于终点电位时，所取电压为负值。电阻上两端点电位的高低由通过电阻的电流方向确定，电阻上的电流是由高电位流向低电位的；而电源上两端点的电位高低则可直接由电源的正、负极确定，正极是高电位，负极是低电位。

（2）KVL 不仅可以应用于任一闭合回路，而且还可以应用于任一不闭合的电路，如图 2-17 所示电路，其中 a、b 两处没有闭合，此时不妨把原电路看做一闭合回路，假设其间有一个电压 U_{ab}，此电压与该回路的其他电压仍满足基尔霍夫电压定律。

沿 abcd 方向绕行，可得

$$U_{ab} + I_2R_2 + I_3R_3 - E_1 + E_2 + I_1R_1 = 0$$

则

$$U_{ab} = E_1 - E_2 - I_1R_1 - I_2R_2 - I_3R_3$$

上式是根据 KVL 得出的一个重要公式，它表明：电路中某两点 a 和 b 之间的电压等于从 a 点到 b 点所经路径上全部电压的代数和。

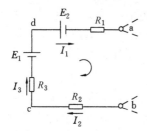

图 2-17　基尔霍夫电压定律
　　　　　应用于不闭合电路

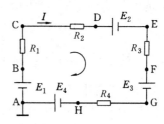

图 2-18　例 2.7 图

例 2.7　如图 2-18 所示，已知 $R_1 = R_2 = R_3 = R_4 = 10\Omega$，$E_1 = 12V$，$E_2 = 9V$，$E_3 = 18V$，$E_4 = 3V$，用基尔霍夫电压定律求回路中的电流及 E、A 两端的电压？

解：（1）这是单回路，电路中各元件通过同一电流 I（参考方向如图示），按顺时针绕行方向，列出 KVL 方程为

$$-E_1 + IR_1 + IR_2 + E_2 + IR_3 + E_3 + IR_4 - E_4 = 0$$

$$I = \frac{E_1 - E_2 - E_3 + E_4}{R_1 + R_2 + R_3 + R_4} = \frac{12 - 9 - 18 + 3}{4 \times 10} = -0.3A$$

因为 I 计算结果为负值，所以回路中电流实际方向与参考方向相反，数值等于 0.3A。

（2）计算 U_{EA} 可以通过两条路径

通过 EFGHA：$U_{EA} = IR_3 + E_3 + IR_4 - E_4 = -0.3 \times 10 + 18 - 0.3 \times 10 - 3 = 9V$

通过 EDCBA：$U_{EA} = -E_2 - IR_2 - IR_1 + E_1 = -9 + 0.3 \times 10 + 0.3 \times 10 + 12 = 9V$

由以上计算看出，沿两条不同路径计算时，其结果是一样的，但在实际计算时，一般尽量选取较短的路径，以简化计算。

 思考与练习题

1. 什么叫做电路的节点、支路、回路和网孔？
2. 试述基尔霍夫定律的内容，说明它应用的条件范围，应用基尔霍夫定律时怎样确定电

阻上电压的"＋"、"－"。

3. 指出图 2-19 所示电路的支路数、节点数、回路数和网孔数。并列出节点 b 和 c 的电流方程及回路Ⅰ、Ⅱ、Ⅲ的电压方程。

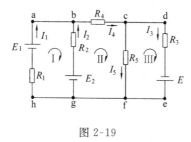

图 2-19

2.5　支路电流法

不论是在简单或复杂电路中，基尔霍夫定律所阐明的各支路电流之间和回路中各电压之间的基本关系都是普遍适用的。下面介绍应用基尔霍夫定律来解复杂电路的一种最基本也是最直接的方法——支路电流法。

2.5.1　支路电流法

分析计算电路的目的是了解电路的工作状态，而电流、电压、电功率是描述电路工作状态的物理量。如能求出各支路的电流，则各支路的电压，电功率也就容易求出。

对于一个复杂电路，在已知电路中各电阻和电动势的前提下，以各条支路电流为未知量，再根据基尔霍夫定律列出方程联立求解的分析方法叫支路电流法。

现以图 2-20 所示电路为例，说明支路电流法的应用。该电路有三条支路 $b=3$，即 abd，acd，aR_3d；两个节点，$n=2$，即 a 和 d；两个网孔，$m=2$，即 aR_1bdR_3a，aR_2cdR_3a。若以三条支路电流为未知量，则需要列出三个方程。

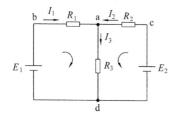

图 2-20　支路电流法分析用图

（1）根据 KCL 列节点电流方程。

设各支路电流分别为 I_1,I_2,I_3，参考方向如图所示。

对于节点 a：$I_1+I_2-I_3=0$　　　①

对于节点 d：$-I_1-I_2+I_3=0$　　　②

观察式①和式②可见，对于节点 a、d 列出的 KCL 方程实际是相同的，即 a、d 节点中只有一个节点电流方程是独立的，因此对具有两个节点的电路，只能列出一个独立的 KCL 方程。

（2）再根据 KVL 补足所缺的两个电压方程。该电路共有三个回路，列 KVL 方程时，可以从中任选两个，但为方便起见，通常选择网孔，网孔的绕行方向如图所示。

对于网孔 aR_1bdR_3a：　$R_1I_1+R_3I_3=E_1$　　　③

对于网孔 aR_2cdR_3a：　$R_2I_2+R_3I_3=E_2$　　　④

式①、式③、式④是包含了三条支路电流的三个独立方程，将它们联立求解，即可求得各支路电流。

对于一般的电路，其支路数 b、网孔数 m、节点数 n 间存在如下关系：$b=m+(n-1)$。即应用支路电流法列方程时，只要根据 KCL 列出$(n-1)$个节点电流方程，再根据 KVL 列出 m 个网孔电压方程，总可以得到 b 个独立方程，把它们联立求解，即可求得各支路电流。

2.5.2 支路电流法解题步骤

综上分析，用支路电流法求解电路的方法、步骤可归纳如下：

（1）分析电路的结构，有几条支路、几个网孔，选取并标出各支路电流的参考方向，网孔或回路电压的绕行方向。

（2）根据 KCL 列出$(n-1)$个独立节点的电流方程。

（3）根据 KVL 列出 m 个网孔的电压方程，当电阻的电流方向与回路方向一致时，电阻上的电压取正，反之取负。

（4）代入已知的电阻和电动势的数值，联立求解以上方程得出各支路电流值。

（5）由各支路电流可求出相应的电压和功率。

例 2.8　电路如图 2-21 所示，用支路电流法计算各支路电流。

解：（1）各支路电流参考方向如图所示。$b=3,n=2,m=2$。

（2）根据 KCL 列出独立节点的电流方程

$$I_1 + I_3 - I_2 = 0$$

（3）按顺时针绕行方向，根据 KVL 列网孔电压方程

网孔 Ⅰ：　$15I_1 - I_3 = 15 - 9 = 6$

网孔 Ⅱ：　$1.5I_2 + I_3 = 9 - 4.5 = 4.5$

（4）联立以上方程 $\begin{cases} I_1 + I_3 - I_2 = 0 \\ 15I_1 - I_3 = 6 \\ 1.5I_2 + I_3 = 4.5 \end{cases}$

求解得

$$I_1 = 0.5\text{A}, I_2 = 2\text{A}, I_3 = 1.5\text{A}$$

所得电流均为正值，表明电流的实际方向和参考方向一致。

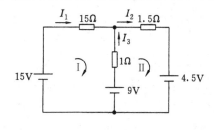

图 2-21　例 2.8 图

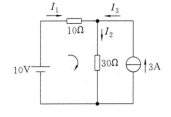

图 2-22　例 2.9 图

例 2.9　电路如图 2-22 所示，求各支路电流。

解：（1）指定各支路的参考方向如图所示，$b=3,n=2,m=2$。

（2）根据 KCL 列出独立节点的电流方程。

$$I_1 - I_2 + I_3 = 0$$

其中理想电流源的电流 $I_3=3$A，所以

$$I_1 - I_2 + 3 = 0$$

（3）根据 KVL 列网孔电压方程

$$10I_1 + 30I_2 = 10$$

（4）联立方程 $\begin{cases} I_1 - I_2 + 3 = 0 \\ 10I_1 + 30I_2 = 10 \end{cases}$

解得

$$\begin{cases} I_1 = -2\text{A} \\ I_2 = 1\text{A} \end{cases}$$

各支路电流分别为

$$I_1 = -2\text{A}, \quad I_2 = 1\text{A}, \quad I_3 = 3\text{A}$$

其中，I_1 为负值，表明其实际方向与参考方向相反。

 思考与练习题

1．叙述支路电流法的解题步骤。

2．电路如图 2-23 所示，列出支路电流法的求解方程。

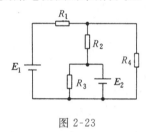

图 2-23

2.6 电路中各点的电位

电路中的每一点都有一定的电位，电位的高低可以直接反映电路的工作状态。因此分析各点电位成为电路分析的重要环节之一。本节介绍电位的计算方法。

2.6.1 参考点的选择

电路中各点的电位是针对参考点而言的。因此，计算电位时，必须首先选择电路中的某点作参考点。一般规定多个元件汇集的公共点为参考点（零电位点）。

参考点在电路图中用符号"⊥"表示。一个电路只能有一个参考点。

2.6.2 电路中各点电位的计算

电路中零电位点规定后，电路中任一点对零电位点的电位差（电压）就是该点的电位。因此分析计算电路中某点电位的问题都可以转化为分析计算某点与参考点之间电压的问题来处理。下面通过例题的分析，总结归纳电路中各点电位的计算方法和步骤。

例 2.10 图 2-24 所示电路中，已知 $R_1 = 1\Omega$，$R_2 = 2\Omega$，$E_1 = 2\text{V}$，$E_2 = 10\text{V}$，求以 d 点为参考点时，V_a，V_b，V_c 及 U_{ab}，U_{bc} 各为多少？

解：因为 d 点为参考点，所以 $V_d = 0$。

由图可知，电路为单回路结构，利用 KVL 可求出其中的电流，即

$$R_1I + R_2I - E_2 - E_1 = 0$$

$$I = \frac{E_2 + E_1}{R_1 + R_2} = \frac{2 + 10}{1 + 2} = 4A$$

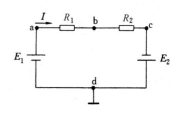

a 点的电位：　　　$V_a = U_{ad} = E_1 = 2V$

b 点的电位：　　　$V_b = U_{bd} = R_2 I - E_2 = 2 \times 4 - 10 = -2V$

c 点的电位：　　　$V_c = U_{cd} = -E_2 = -10V$

图 2-24　例 2.10 图

计算 U_{ab} 和 U_{bc} 时，可利用电位差的概念，也可以应用欧姆定律，即

$$U_{ab} = V_a - V_b = 2 - (-2) = 4V$$

$$U_{bc} = V_b - V_c = -2 - (-10) = 8V$$

或

$$U_{ab} = IR_1 = 4 \times 1 = 4V$$

$$U_{bc} = IR_2 = 4 \times 2 = 8V$$

以上求 a，b，c 各点的电位是分别通过三条最简单的路径得到的，其实路径的选择是任意的。例如 a 点的电位还可以沿 abcd 求得，即

$$V_a = U_{ab} + U_{bc} + U_{cd} = IR_1 + IR_2 - E_2 = 4 \times 1 + 4 \times 2 - 10 = 2V$$

这个计算结果与前面是一致的，为了计算方便，计算各点的电位应尽量选取最简单的路径。

例 2.11　上例中，若将参考点改为 a，其余条件不变，计算 V_b，V_c，V_d 及 U_{ab}，U_{bc} 各为多少？

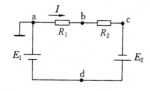

解：因为 a 为参考点，所以 $V_a = 0$

$V_b = U_{ba} = R_1 \times (-I) = 1 \times (-4) = -4V$

$V_c = U_{ca} = -E_2 - E_1 = -10 - 2 = -12V$

$V_d = -E_1 = -2V$

$U_{ab} = V_a - V_b = 0 - (-4) = 4V$

$U_{bc} = V_b - V_c = -4 - (-12) = 8V$

图 2-25　例 2.11 图

以上计算结果表明：

（1）电路中各点电位的值是相对参考点而言的，它与参考点的选择有关，参考点改变了，各点电位也随之改变，即电位的多值性。

（2）无论参考点怎样变化，电路中任意两点之间的电压是不会改变的，电压的值是惟一的，即电压的单值性。

（3）电路中的电位取值可正可负。因为参考点的电位为零，所以规定比参考点高的电位为正值，叫正电位；比参考点低的电位为负值，叫负电位。

综上分析，归纳出计算电路中各点电位的方法和步骤如下：

（1）首先确定电路中的参考点。一般来说，参考点的选择是任意的，但一个电路只能有一个参考点。通常规定大地电位为零，与接地机壳相接的点或许多元件汇集的公共点都可确定为参考点。

（2）计算某点的电位，就是计算此点与参考点之间的电压。只要选择从此点绕行到参考点的一条捷径（以元件数少为佳），那么此点电位即为此捷径上各部分电压的代数和。

（3）列出选定路径上各部分电压代数和的方程，以确定该点电位，但要注意每部分电压的正、负值。

例 2.12 电路如图 2-26 所示,计算 V_a,V_b 及 U_{ab} 的值。

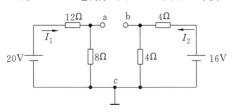

图 2-26 例 2.12 图

解: 根据图示电流参考方向,列出以下关系式

$$I_1 = \frac{20}{12+8} = 1A$$

$$V_a = U_{ac} = 8 \times I_1 = 8V$$

$$I_2 = \frac{16}{4+4} = 2A$$

$$V_b = U_{bc} = 4 \times I_2 = 8V$$

$$U_{ab} = U_a - U_b = 8 - 8 = 0V$$

计算结果表明,a 和 b 两点的电位相等,我们称之为等电位点。两个等电位点之间的电压为零,在这种情况下如果用一根导线或任意电阻将这两点连接起来,导线或电阻支路中没有电流通过,对电路的工作状态没有任何影响。

 思考与练习题

1. 如何计算电路中某点的电位?

2. 求图 2-27 中各电路中 A 点电位。

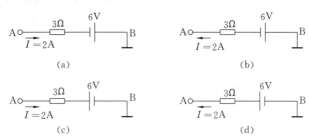

图 2-27

2.7 电压源和电流源及其等效变换

任何一种实际电路必须有电源持续不断地向电路提供能量。电源有多种,如干电池、蓄电池、光电池、发电机及电子线路中的信号源等。在电路理论中任何一个实际电源都可以用电压源或电流源这两种模型来表示。

2.7.1 电压源

任何一个实际电源,都可以用恒定电动势 E 和内阻 r_0 串联的电路来表示,我们称之为电压源,如图 2-28 虚线框内所示。

电压源是以输出电压的形式向负载供电的,输出电压的大小可由下式求出

$$U = E - Ir_0 \tag{2-15}$$

由于式中 E 和 r_0 均为常数,所以随着 I 的增加,内阻 r_0 上的电压降增大,输出电压 U 就降低,因此要求电压源的内阻越小越好。如果电源内阻 $r_0 = 0$,电源始终输出恒定电压,即 $U = E$。

我们把内阻 $r_0 = 0$ 的电压源叫做理想电压源,电路符号如图 2-29(a)所示。直流理想电压源也常用图 2-29(b)表示。

电压源对外电路所呈现的特性,简称外特性,也即伏安特性。实际电压源的外特性曲线是在 $U\text{-}I$ 平面上的一条下降直线,如图 2-30 中实线所示。而理想电压源的外特性曲线是一条平行于电流轴的直线,如图 2-30 虚线所示,它表明理想电压源的端电压不因与电压源相连接的外电路的不同而变化,其端电压始终是 E,流过它的电流是任意的,电流的数值由与之相连接的外电路来决定。

定义理想电压源是有重要理论价值和实际意义的,但理想的电压源在实际中是不存在的。因为任何电源总是存在内阻,实际电压源的内阻越小,就越接近理想电压源。通常情况下,性能良好的干电池、蓄电池、直流发电机都可以看做是理想电压源。

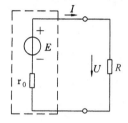

图 2-28　实际电压源

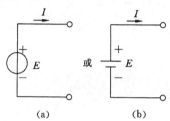

图 2-29　理想电压源

当实际电压源开路时,电流 $I = 0$,其端电压就等于理想电压源的电压,即 $U = E$;当实际电压源短路时,其端电压 $U = 0$,而实际电压源的内阻一般较小,所以短路电流将会很大,严重时会烧坏电源,所以实际电压源绝不能在短路状态下工作。

2.7.2　电流源

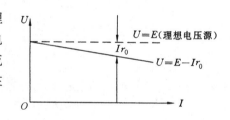

图 2-30　电压源伏安特性曲线

电流源是一种不断向外电路输出电流的装置。光电池可作为例子,在具有一定照度的光线照射下,光电池将被激发产生一定值的电流,电流大小与照度成正比。实际电流源的电流总有一部分在电池内部流动,而不能全部流出,实际电流源如图 2-31(a)虚线框内电路所示,I_S 为电流源的定值电流,r_0 为内阻。

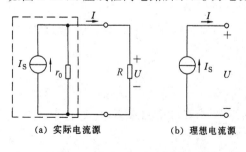

(a) 实际电流源　　　(b) 理想电流源

图 2-31　实际电流源与理想电流源

根据 KCL 可得

$$I = I_S - \frac{U}{r_0} \tag{2-16}$$

式中,I_S——电流源的定值电流;

$\dfrac{U}{r_0}$——内阻上的电流;

I——电流源的输出电流。

当电流源定值电流 I_S 及内阻 r_0 一定时,随着输出电压的增大,内阻分流增大,使输出电流减小。

实际电流源的特性曲线是一条下降的直线,如图 2-32 中实线所示。实际电流源内阻越大,内部分流越小。当 $r_0 = \infty$ 时,则输出电流 I 接近于定值电流 I_S,即与输出电压无关,这种情况的电流源称为理想电流源,电路符号如图2-31(b)所示,它的特性曲线如图 2-32 中虚线所示,是一条水平直线。

理想电流源输出电流是一定值 I_S,与端电压无关,即不因与其相连接的外电路的不同而变化。理想电流源的端电压是任意的,其大小由与之连接的外电路来决定。

当然,理想电流源也是不存在的。但是,一些实际电流源在一定条件下,可近似用理想电流源代替。当实际电流源被短路时,端电压 $U=0$,输出电流 I 最大,就等于理想电流源的电流,即 $I=I_S$;当实际电流源开路时,输出电流 $I=0$,I_S 全部通过内阻,在这种情况下,内部损耗较大,因此 ,实际电流源不能工作在开路状态。

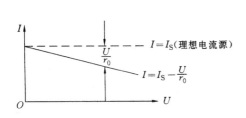

图 2-32 电流源伏安特性曲线

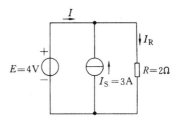

图 2-33 例 2.13 图

例 2.13 电路如图 2-33 所示,求电压源、电流源的功率。

解:电阻 R 两端的电压由电压源 E 决定。因此

$$I_R = \frac{E}{R} = \frac{4}{2} = 2A$$

通过电压源的电流 I 由与之相连接的电流源 I_S 和 I_R 决定,

$$I + I_S = I_R$$

即

$$I = I_R - I_S = 2 - 3 = -1A$$

电压源的功率为

$$P_E = -EI = -4 \times (-1) = 4W(消耗功率)$$

电流源两端电压由电压源决定,为

$$P_{IS} = -EI_S = -4 \times 3 = -12W(产生功率)$$

*2.7.3 理想电源的串联与并联

在实际电路中,常常需要多个电源以串联或并联的形式供电。这种以多个电源供电的电路,可以利用等效的概念进行化简,使电路仅含一个电源,将电路的分析和计算简化。

1. 理想电压源串联

多个理想电压源串联,可用一个等效电压源替代,这时其等效源的端电压等于相串联理想电压源端电压的代数和,即

$$U = U_1 \pm U_2 = E_1 \pm E_2(代数和) \tag{2-17}$$

分别如图 2-34(a)和图 2-34(b)所示。

注意:只有电压值相等、方向一致的理想电压源才允许并联,数值不同的理想电压源不能并联,否则电压低的电压源将会烧坏。数值相同的理想电压源并联等效后得到的一个电压源其值仍为原值。

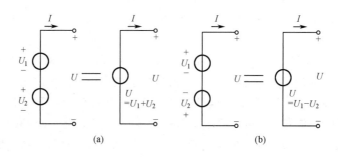

图 2-34　理想电压源串联等效

2. 理想电流源并联

多个理想电流源并联，可用一个等效电流源替代，这时其等效源的输出电流等于相并联理想电流源输出电流的代数和，即

$$I_S = I_{S1} \pm I_{S2}（代数和）\tag{2-18}$$

分别如图 2-35(a)和图 2-35(b)所示。

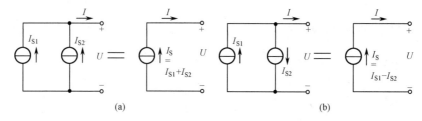

图 2-35　理想电流源并联等效

注意：只有电流值相等、方向一致的理想电流源才允许串联，数值不同的理想电流源不能串联，否则电流源可能会烧坏或者处于被充电状态。数值相同的理想电流源串联，等效后得到的一个电流源数值仍为原值。

3. 任意电路元件（当然也包含理想电流源）与理想电压源并联

根据理想电压源的性质，电压源输出的电压是一定值。表明与理想电压源并联的电路电压将受电压源的约束。因而，整个并联电路组合对外可等效为一个理想电压源。这样，在分析电路时可以把与理想电压源并联的任何元件或电路断开或取走，对外电路没有影响，如图2-36所示。应注意：等效是对虚线框起来的二端电路外部等效，图 2-36(b)中电压源流出的电流 I 不等于图 2-36(a)中电压源流出的电流 I'。

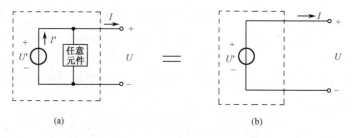

图 2-36　任意元件与理想电压源并联等效

4. 任意电路元件（当然与包含理想电压源）与理想电流源串联

根据理想电流源的性质，电流源输出的电流是一定值。表明与理想电流源串联的电路电

流将受电流源的约束。因而,整个串联电路组合对外可等效为一个理想电流源。这样,在分析电路时可以把与理想电流源串联的任何元件或电路换成短路线,而对外电路没有影响,如图 2-37 所示。应注意:等效是对虚线框起来的二端电路外部等效,图 2-37(b)中电流源两端的电压 U 不等于图 2-37(a)中电流源两端的电压 U'。

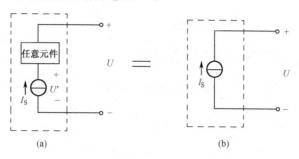

图 2-37　任意元个与理想电流源串联等效

例 2.14　电路如图 2-38 所示,求:

(1)图 2-38(a)所示电路中电流 I;

(2)图 2-38(b)所示电路中电压 U;

(3)图 2-38(c)所示电路中 R 上消耗的功率 P_R。

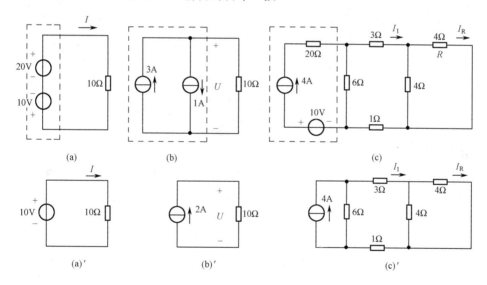

图 2-38　例 2.14 图

解:(1)将图 2-38(a)中虚线框部分等效为一个理想电压源,如图 2-38(a)$'$所示。由图 2-38(a)$'$得

$$I = \frac{10}{10} = 1A$$

(2)将图 2-38(b)虚线框部分等效为一个理想电流源,如图 2-38(b)$'$所示。由图 2-38(b)$'$得

$$U = 2 \times 10 = 20V$$

(3)将图 2-38(c)中虚线框部分等效为 4A 理想电流源,如图 2-38(c)$'$所示。在图 2-38(c)$'$中,应用并联分流公式(注意分流两次),得

$$I_1 = \frac{6}{6 + [3 + 4 /\!/ 4 + 1]} \times 4 = 2\text{A}$$

$$I_R = \frac{4}{4 + 4} \times I_1 = \frac{1}{2} \times 2 = 1\text{A}$$

所以电阻 R 上消耗的功率

$$P_R = RI_R^2 = 4 \times 1^2 = 4\text{W}$$

2.7.4　电压源与电流源的等效变换

电压源以输出电压的形式向负载供电，电流源以输出电流的形式向负载供电。实际上，对于同一个电源，既可以用电压源来表示，也可以用电流源来表示，而且两者之间可以等效互换。

电压源与电流源的等效是指对外电路等效，即把它们分别接入相同的负载电阻电路时，两个电源的输出电压和输出电流均相等。应用两种电源的等效变换，可以简化某些电路的计算。

如图 2-39 所示，当实际电源由电压源表示时，外电路电流为

$$I = \frac{E - U}{r_0} = \frac{E}{r_0} - \frac{U}{r_0} \tag{2-19}$$

当实际电源由电流源表示时，外电路电流为

$$I = I_S - I_0 = I_S - \frac{U}{r_0'} \tag{2-20}$$

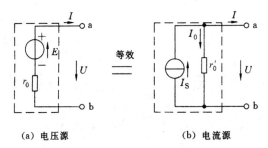

| (a) 电压源 | (b) 电流源 |

图 2-39　电压源和电流源的等效变换

为了满足等效条件，以上两式的各对应项必须相等，由此可得

$$I_S = \frac{E}{r_0}, \qquad r_0 = r_0' \tag{2-21}$$

不难看出，当电压源与电流源进行等效变换时，只需把电压源的短路电流 $\dfrac{E}{r_0}$ 作为电流源的恒定电流 I_S，内阻数值不变，由串联改为并联，即可把电压源模型转化为电流源模型；反之，将电流源的开路电压 $I_S r_0$ 作为恒定电压 E，内阻值不变，由并联改为串联，即可把电流源模型转换为电压源模型。

在进行电源的等效变换时必须注意：

(1) 电压源与电流源的等效变换只是对外电路（图 2-39 中虚线框的外部）而言，两种电源内部并不等效。例如，当电源两端处于断路时，电压源内部无电流通过，电源内部的功率损耗等于零，而在电流源内部，r_0 上有电流 I_S 流过，电源内部有功率损耗。

(2) 由于理想电压源的内阻定义为零，理想电流源的内阻定义为无穷大，因此两者之间不能进行等效变换。

(3) 电源等效的方法可以推广运用，如果理想电压源与外接电阻串联，可把外接电阻看做

电源内阻，即可互换为电流源形式。如果理想电流源与外接电阻并联，可把外接电阻看做电源内阻，互换为电压源形式。电源等效在推广应用中要特别注意等效端子。

（4）电压源中的电动势 E 和电流源中的恒定电流 I_S 在电路中应保持方向一致，即 I_S 的方向从 E 的"－"端指向"＋"端。

例 2.15 求图 2-40(a)所示电压源的等效电流源。

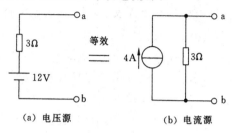

图 2-40 例 2.15 图

解： 电压源等效变换为电流源时，先求电压源的短路电流(ab 两端钮短路)，得

$$I_S = \frac{E}{r_0} = \frac{12}{3} = 4\text{A}$$

将 $I_S=4\text{A}$ 与 $r_0=3\Omega$ 并联，即为所求等效电流源，如图 2-40(b)所示。

图 2-40(a)中电压源电压的"＋"极位于 a 点，等效电流源的输出电流也应从 a 端流出。

例 2.16 求图 2-41(a)所示电流源的等效电压源。

解： 电流源等效变换为电压源时，先求电流源的开路电压(ab 两端钮断开)，得

$$E = I_S r_0 = 2 \times 1 = 2\text{V}$$

将 $E=2\text{V}$ 与 $r_0=1\Omega$ 串联，即为所求等效电压源，如图 2-41(b)所示。

图 2-41(a)中电流源电流流向 b 端，等效电压源中电压的"＋"极也应位于 b 端。

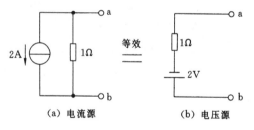

图 2-41 例 2.16 图

 思考与练习题

1. 什么叫做电压源和电流源？二者之间的等效变换条件是什么？二者在方向上有何联系？

2. 什么叫理想电压源和理想电流源？为什么它们之间不能进行等效变换？

3. 有人说"理想电压源可看做为内阻为零的电源，理想电流源可看做为内阻为无限大的电源。"你同意这种观点吗？并简述理由。

4. 在实际电路中，如何应用电源等效变换？

5. 某实际电源，当外电路开路时两端电压为 10V，当外电路接 $R=5\Omega$ 电阻时，两端电压为 5V。试画出该实际电源的电压源模型与电流源模型。

2.8　叠加定理

叠加定理是线性电路的一个重要定理,它体现了线性电路的基本性质,为我们分析和计算复杂电路提供了新的更加简便的分析方法。

叠加定理的内容是:在线性电路中若存在多个电源共同作用时,电路中任一支路的电流或电压,等于电路中各个独立源单独作用时,在该支路中产生的电流或电压的代数和。

所谓某个电源单独作用,是指其他电源不作用,也即电压源的输出电压和电流源的输出电流均为零。在电路图中,不起作用的电压源可用一根导线将"＋"、"－"两端短路,不起作用的电流源可用开路代替,它们的内阻则均应保留。

应用叠加定理可以将一个复杂的电路分为几个比较简单的电路去研究,然后将这些简单电路的计算结果合起来,便可求得原来电路中的电压和电流。

下面通过实例来说明叠加定理。

例 2.17　电路如图 2-42(a)所示,已知 $E_1=27V$,$E_2=13.5V$,$R_1=1\Omega$,$R_2=3\Omega$,$R_3=6\Omega$,用叠加定理求各支路电流。

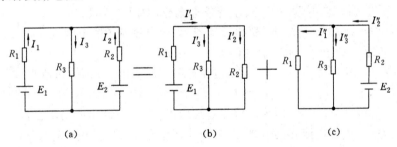

图 2-42　例 2.17 图

解:(1)E_1 单独作用时,电路如图 2-42(b)所示,求各支路电流。

$$I_1'=\frac{E_1}{R_1+\dfrac{R_2R_3}{R_2+R_3}}=\frac{27}{1+\dfrac{3\times6}{3+6}}=9A$$

$$I_2'=\frac{R_3}{R_2+R_3}\cdot I_1'=\frac{6}{3+6}\times9=6A$$

$$I_3'=\frac{R_2}{R_2+R_3}\cdot I_1'=\frac{3}{3+6}\times9=3A$$

(2)E_2 单独作用时,电路如图 2-42(c)所示,求各支路电流。

$$I_2''=\frac{E_2}{R_2+\dfrac{R_1R_3}{R_1+R_3}}=\frac{13.5}{3+\dfrac{1\times6}{1+6}}=3.5A$$

$$I_1''=\frac{R_3}{R_1+R_3}\cdot I_2''=\frac{6}{1+6}\times3.5=3A$$

$$I_3''=\frac{R_1}{R_1+R_3}\cdot I_2''=\frac{1}{1+6}\times3.5=0.5A$$

(3)将各支路电流叠加起来(即求出代数和),求得原电路中各支路的电流。

$$I_1=I_1'-I_1''=9-3=6A$$

$I_2=I_2{''}-I_2{'}=3.5-6=-2.5\text{A}$（电流为负值，表示其实际方向与参考方向相反）

$I_3=I_3{'}+I_3{''}=3+0.5=3.5\text{A}$

至此，各支路电流求解完毕。

综上所述，应用叠加定理求电路中各支路电流的步骤如下：

（1）分别作出由一个电源单独作用的分图，而其余电源只保留其内阻。

（2）按电阻串、并联的计算方法，分别计算出分图中每一支路电流的大小和方向。

（3）求出各电动势在各个支路中产生的电流的代数和，这就是各电动势共同作用时在各支路中产生的电流。

在应用叠加定理分析电路时，应注意以下几点：

（1）叠加定理只适用于多个电源线性电路的分析，不适用于非线性电路。

（2）在线性电路中，叠加定理只能用来计算电路中的电压和电流，功率计算不能叠加。这是因为功率与电压、电流之间不存在线性关系。

（3）将各个电源单独作用所产生的电流或电压合成时，必须注意参考方向。当分量的参考方向和总量的参考方向一致时，该分量取正值，反之取负值。

（4）叠加定理可以用来计算复杂电路，化繁为简，但当电路中的电源数目较多时，则需分别计算多个电源单独作用的电路，仍很麻烦。因此，叠加定理一般不直接用做解题方法。叠加定理的重要意义在于它表达了线性电路的基本性质。

思考与练习题

1. 什么是叠加定理？请叙述应用叠加定理求电路中各支路电流的步骤。

2. "叠加定理只适用于线性电路，它可以用来求线性电路中的任何量，包括电流、电压和功率。"你同意这种观点吗？为什么？

3. "叠加定理只能用来求电流、电压，不能用来求功率。不管是线性电路还是非线性电路，只要是求电流、电压均可应用叠加定理。"这种观点对吗？为什么？

2.9 戴维南定理

在电路的分析和计算中，有时只需要研究某一支路中的电流、电压或功率，而无需把所有的未知量都计算出来，此时当然可以运用复杂电路的解题方法（如支路电流法、叠加定理等）进行计算。然而利用戴维南定理进行计算，是较简单解法之一。

戴维南定理又称二端网络定理或等效发电机定理，是由法国电讯工程师戴维南通过大量实验研究了复杂电路的等效化简问题于1883年提出的。

2.9.1 二端网络

在电路分析中，任何具有两个引出端的部分电路都可称为二端网络。二端网络中，如果含有电源叫做有源二端网络，如图2-43（a）所示；如果没有电源叫做无源二端网络，如图2-43（b）所示。

电阻的串联、并联、混联电路都属于无源二端网络，它总可以用一个等效电阻来替代，而一

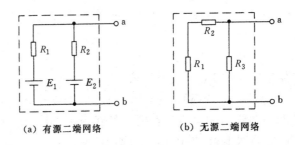

（a）有源二端网络　　　（b）无源二端网络

图 2-43　二端网络

个有源二端网络则可以用一个等效电压源来替代。

2.9.2　戴维南定理

在电路分析中，当只研究某一支路时，电路的其余部分就成为一个有源二端电路（网络），戴维南定理说明的就是如何将一个线性有源二端电路等效成一个电压源的重要定理。

戴维南定理可以表述如下：对外电路来说，线性有源二端网络可以用一个理想电压源和一个电阻的串联组合来代替。理想电压源的电压等于该有源二端网络两端点间的开路电压，用 U_0 表示；电阻则等于该网络中所有电源都不起作用时（电压源短接，电流源切断）两端点间的等效电阻，用 R_0 表示。下面举例说明应用该定理的解题方法。

例 2.18　用戴维南定理计算图 2-44（a）所示电路中 3Ω 电阻中的电流 I 及 U_{ab}。

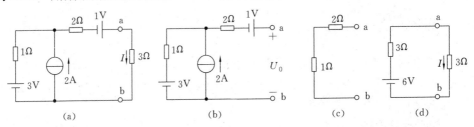

（a）　　　　　　（b）　　　　　　（c）　　　　　　（d）

图 2-44　例 2.18 图

解：（1）把电路分为待求支路和有源二端网络两部分。移走待求支路，得到有源二端网络，如图 2-44（b）所示。

（2）图 2-44（b）所示为一简单电路，其中 2Ω 电阻支路中电流为零，左边回路中的电流由理想电流源决定为 2A，由此得

$$U_0 = 1 + 2 \times 0 + 1 \times 2 + 3 = 6V$$

（3）再求该二端网络除源后的等效电阻 R_0，如图 2-44（c）所示。

$$R_0 = 2 + 1 = 3\Omega$$

（4）画出等效电压源模型，接上待求支路，如图 2-44（d）所示。

$$I = \frac{6}{3+3} = 1A$$

$$U_{ab} = 3 \times 1 = 3V$$

通过以上例题可知应用戴维南定理来求某一支路电流和电压的步骤如下：

（1）把复杂电路分成待求支路和有源二端网络两部分。

（2）把待求支路移开，求出有源二端网络两端点间的开路电压 U_0。

（3）把网络内各电压源短路，电流源切断，求出无源二端网络两端点间的等效电阻 R_0。

（4）画出等效电压源图，其电压源的电动势 $E=U_0$，内阻 $r_0=R_0$，并与待求支路接通，形成与原电路等效的简化电路，用欧姆定律或基尔霍夫定律求支路的电流或电压。

应用戴维南定理还应注意以下几点：

（1）戴维南定理只适用于有源二端网络为线性的电路，若有源二端网络中含有非线性电阻时，不能应用戴维南定理。

（2）在画等效电路时，要注意等效电压源的电动势 E 的方向应与有源二端网络开路时的端电压的方向相符合。

（3）用戴维南定理计算有源二端网络的等效电压源时，只对外电路等效，即只对移开的待求支路等效。对内电路绝不能用该等效电压源来计算原电路中各支路的电流。

当有源二端电路内部的参数为已知时，可以通过计算来求 U_0 和 R_0。如果电路结构参数未知，可以用实验方法分别测出该有源二端电路的开路电压 U_0 和短路电流 I_S，如图 2-45 所示，等效电阻 R_0 可由下式计算：

$$R_0 = \frac{U_0}{I_S} \tag{2-22}$$

若有源二端电路内阻很小，不允许短路，可通过二次电压测量及输出端外接适当电阻的方法，计算等效电阻 R_0。如图 2-46 所示，先测出开路电压 U_0，再测出接入电阻 R_L 的电压 U_L，则等效电阻 R_0 为

$$R_0 = \left(\frac{U_0}{U_L} - 1\right)R_L \tag{2-23}$$

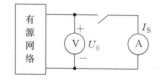　　　　　　　　　　　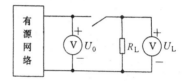

　　　图 2-45　有源二端电路 1　　　　　　　　　图 2-46　有源二端电路 2

 思考与练习题

1. 简述戴维南定理的内容，说明使用条件及用来分析电路的基本步骤。

2. "一线性有源二端电路的戴维南等效源的内阻为 R_0，则 R_0 上消耗的功率就是有源二端电路中所有电阻及电源所吸收的功率之和。"这种观点对吗？为什么？

3. 如图有源二端电路 N，用电压表测得 a 和 b 两点间电压为 40V，把安培表接上测得电流为 5A，若把 12Ω 电阻接在 a 和 b 两端，a 和 b 两端电压为多少？

 本章小结

一、电路等效的概念

1. 等效定义

两部分电路 B 与 C，若对任意外电路 A，二者相互代换后能使外电路 A 中有相同的电压、电流、功率，则称 B 电路与 C 电路是互为等效的。

2.等效条件

B 与 C 电路具有相同的电压、电流关系。

3.等效对象

任意外电路 A 中的电流、电压、功率。

4.等效目的

简化电路，方便分析求解。

本章所讲等效变换归纳如表 2.1 所示。

表 2.1

类别	结构形式	重要公式
电阻串联	I R_1 U_1 U R_2 U_2 $=$ U R	$I=I_1=I_2$ $R=R_1+R_2$ $U=U_1+U_2$ $U_1=\dfrac{R_1}{R_1+R_2}U,\quad U_2=\dfrac{R_2}{R_1+R_2}U$ $P=P_1+P_2$
电阻并联	I I_1 I_2 U R_1 R_2 $=$ U R	$U=U_1=U_2$ $\dfrac{1}{R}=\dfrac{1}{R_1}+\dfrac{1}{R_2}$ $I=I_1+I_2$ $I_1=\dfrac{R_2}{R_1+R_2}I,\quad I_2=\dfrac{R_1}{R_1+R_2}I$ $P=P_1+P_2$
理想电压源串联	a U_1 U_2 b $=$ a U b a U_1 U_2 b $=$ a U b	$U=U_1+U_2=E_1+E_2$ $U=U_1-U_2=E_1-E_2$
理想电流源并联	a U I_{S1} I_{S2} b $=$ a $I_S=I_{S1}+I_{S2}$ U b a I_{S2} U I_{S1} b $=$ a $I_S=I_{S1}-I_{S2}$ U b	$I_S=I_{S1}+I_{S2}$ $I_S=I_{S1}-I_{S2}$
任意元件与理想电压源并联	I a I' U' 任意元件 U $=$ U' U a b	$U=U'$ $I\neq I'$

续表

类别	结构形式	重要公式
任意元件与理想电流源串联		$I = I_S$ $U \neq U'$
电源互换等效		$E = r_0 I_S$ $I_S = \dfrac{E}{r_0}$

二、基尔霍夫定律

基尔霍夫定律概括了电路中的节点电流和回路电压的定量关系。它既适用于简单电路,也适用于复杂电路;对直流电路、交流电路、线性电路和非线性电路均适用。它是研究电路的基本定律。

在直流电路中,对于任一节点 $\sum I = 0$,对于任一回路 $\sum U = 0$。

三、电路中各点电位的计算

已知电路的结构和各元件的参数,应用欧姆定律、基尔霍夫电流和电压定律可以计算电路中各点的电位。

四、电路分析的方法

电路的分析方法很多,常用的分析方法主要有两大类,一是直接应用基尔霍夫定律和元件的伏安关系列写电路的电压、电流关系式,解联立方程求出结果;另一类是利用等效变换的方法,采用这种方法分析电路时,先对电路进行等效变换,将比较复杂的电路简化为简单形式的电路,再应用电路的基本规律求解。

1. 支路电流法

以 b 条支路电流为未知量,按节点数目 n 根据 KCL 列出 $(n-1)$ 个电流方程,按网孔数目 m 根据 KVL 列出 m 个电压方程,再联立求解这些方程,从而求得各支路电流。这是复杂电路最基本的分析方法。

2. 叠加定理

叠加定理体现了线性电路的性质。即在线性电路中,任意一条支路的电流(或电压)等于电路中各电源单独作用所产生的电流(或电压)的代数和。叠加定理只适用于线性电路,不适用于非线性电路,也不适用于线性电路中功率的计算。

3. 戴维南定理

线性有源二端网络,对于外电路来说,可以用一个理想电压源和一个电阻的串联组合来代替。电压源的电压等于该二端网络的开路端电压,电阻则为该二端网络除源以后的等效电阻。

当只需要计算电路中某一部分的电压或电流时,应用戴维南定理比较方便。

习题 2

2.1 何谓电路等效?两电路等效需满足什么条件?

2.2 三个电阻串联,它们的电阻分别为 $R_1 = 10\Omega, R_2 = 5\Omega, R_3 = 20\Omega$,电路中的电流为 5A,求电路的总电阻、总电压及每个电阻上的电压。

2.3 一只 110V/8W 的指示灯,欲接到 220V 的电源上使用,为使该灯泡安全工作,应串联多大的分压电阻？该电阻的功率为多大？

2.4 实验室中有 $220\Omega,300\Omega,150\Omega$ 三种规格的电阻，现需要 120Ω 和 270Ω 的电阻，问应如何选用及连接它们，试用联接图表示出来。

2.5 三个电阻并联，$R_1=2\Omega,R_2=R_3=4\Omega$，设总电流 $I=10\text{A}$，求总电阻 R，总电压 U 及各条支路上的电流 I_1,I_2,I_3。

2.6 有两个电阻并联，$R_1=3\Omega,R_2=6\Omega$，已知 R_1 上消耗的功率 $P_1=28\text{W}$，那么 R_2 上消耗的功率 P_2 为多少？

2.7 图 2-47 所示电路中，已知 $R_1=50\Omega$，两个安培表的指示分别是 $I=3\text{A},I_1=2\text{A}$，求 I_2 及 R_2 的值。

2.8 求图 2-48 所示各电路中 a 和 b 两端的等效电阻 R_{ab}。

2.9 （1）求图 2-49 所示电路中的电流 I_1、I_2 和电源电动势 E。

（2）求图 2-50 所示电路中的 I_1、I_2 和 I_4。

2.10 电路如图 2-51 所示，已知 $E_1=20\text{V},E_2=4\text{V},R_1=10\Omega,R_2=2\Omega,R_4=3\Omega$，电压表的读数为 16V，试求电阻 R_3 的阻值。

2.11 试用支路电流法求图 2-52 各支路电流。

2.12 电路如图 2-53 所示，已知 $E_1=6\text{V},E_2=4\text{V},E_3=2\text{V}$，$R_1=10\Omega,R_2=2\Omega,R_3=5\Omega$，用支路电流法计算各支路电流并计算各电源产生的功率。

2.13 电路如图 2-54 所示，当开关 S 断开和闭合时，a 点电位各为多少？

2.14 电路如图 2-55 电路，计算 U_{ab} 以及 2Ω 电阻中的电流，若用导线将 a,b 两点短接，再计算 U_{ab}，这时短接线中有电流吗？2Ω 电阻支路中的电流有何变化？为什么？

2.15 将图 2-56 所示的电压源等效变换为电流源。

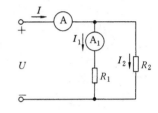

图 2-47

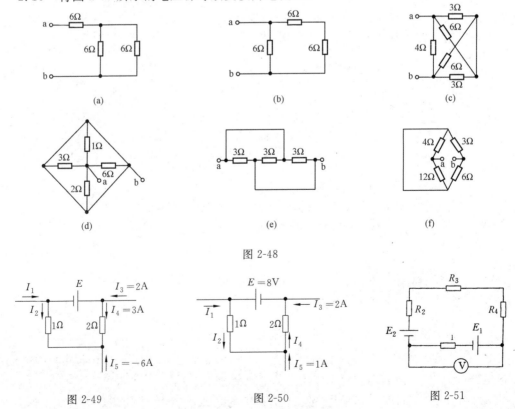

图 2-48

图 2-49　　　　图 2-50　　　　图 2-51

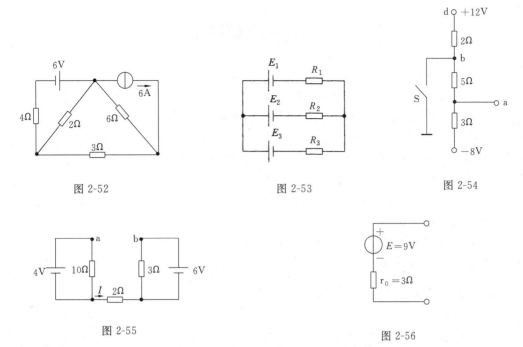

图 2-52　　　　　　　　图 2-53　　　　　　　　图 2-54

图 2-55　　　　　　　　　　　　　　图 2-56

2.16　将图 2-57 所示的电流源等效变换为电压源。

2.17　将图 2-58 所示电路化简为含电压源的最简等效电路。

2.18　用叠加定理,求图 2-59 所示电路中的电流 I。

2.19　用叠加定理,求图 2-60 所示电路中的电压 U。

2.20　电路如图 2-61 所示,$E_1 = 8V$,$E_2 = 4V$,$R_1 = R_2 = 1\Omega$,$R_3 = 4\Omega$,运用戴维南定理求 R_3 中的电流。

2.21　一直流有源二端网络,测得其开路电压为 100V,短路电流为 10A,问外接 10Ω 负载电阻时,负载电流为多少?

2.22　电路如图 2-62 所示,R_L 为何值时可获得最大功率? 此功率值为多少?

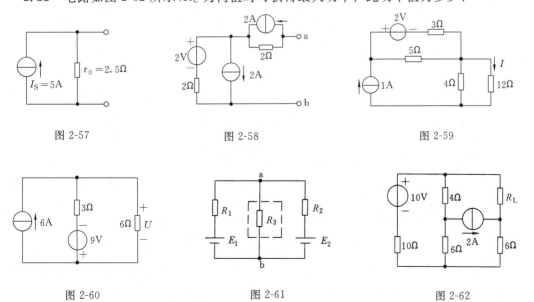

图 2-57　　　　　　　　图 2-58　　　　　　　　图 2-59

图 2-60　　　　　　　　图 2-61　　　　　　　　图 2-62

[探索与研究]

1. 分析是串联还是并联？

准备两个电阻、4 个开关、一只万用表，按图 2-63 接线，按各种方法接通开关、预测这时的电阻值，同时用万用表测量加以确认。

（开关接通方式的例子①和③、①和④、②和④、①和②和④）

2. 楼梯上、下两端或走廊两端，常需在一端开灯而到另一端关灯。试用两只双连开关，设计出具有这种功能的电路图，简述其工作原理，并按你所设计的电路图，在电工实验板上进行安装，经指导教师检查后再通电检验。

3. 学校的电铃需在传达室、办公室和值班室三处都能控制，试设计出这种能在三地控制同一个负载的电路图。简述其工作原理，并在电工实验板上进行安装和测试。

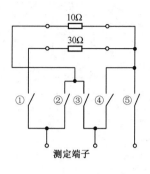

图 2-63

第3章

电容和电感

当你打开收音机,拨动旋钮收听国内外新闻或欣赏悦耳动听的音乐时,你知道收音机是如何在无数个电磁波信号中选择出你想收听的某电台信号的吗? 当你在炎炎夏日,享受吊扇吹来的阵阵凉风,为你解暑降温时,你知道吊扇是如何自行起动,如何实现调速的吗? 要回答这些问题,我们还要学习更多的电工、电子知识。前两章,我们已经学习了电阻元件和直流电路,本章将介绍电路中的另外两种基本元件——电容和电感,为进一步学习交流电路等电工知识和初步掌握一些实际技能打下基础。

3.1 电场和电场强度

3.1.1 电场

我们在初中已经学过,自然界只存在两种电荷,而且同种电荷互相排斥,异种电荷互相吸引。那么,两个并不直接接触的电荷间的相互作用是怎样发生的呢?

经过长期的科学研究,人们认识到:在电荷周围存在着一种特殊的物质,我们把它称为电场。就如我们已经知道的,在磁体周围总存在着磁场,在地球周围存在着引力场那样,只要有电荷存在,电荷周围就存在着电场,电场与电荷是不可分割的整体。电荷 之间的相互作用是通过电场发生的。

电场这种物质之所以说它"特殊",是因为它与由分子、原子组成的实物不同,它看不见,摸不着,好像不好理解。其实,电场与其他物质一样,都是不依赖于我们的感觉而客观存在的东西。在一位现代物理学家看来,电场就像他所坐的椅子一样是客观存在的。电场的最基本特性,就是它对放入其中的电荷必有力的作用,这种力叫做电场力。A、B 两个电荷间的相互作用,实际是 A 电荷的电场对 B 电荷发生作用,同时 B 电荷的电场也对 A 电荷发生作用。电场的另一个重要特性是:电荷在电场中受电场力作用而移动时,电场力要做功,说明电场具有能量。这些都是物质所具有的基本特征。

3.1.2 电场强度

如何来表示电场的强弱呢? 我们利用电场对放入其中的电荷有电场力的特性,加以分析研究就可以逐步认识电场。

如图 3-1 所示,在正电荷 Q 所产生的电场中引入一个电荷量和体积都很小的点电荷 $+q$ (通常称为检验电荷),以测量电场对它的作用力。经实验,我们可以发现:

(1) 检验电荷 $+q$ 在电场中不同位置所受电场力的大小和方向是不同的。

(2) 对于电场中某一确定点而言,不同电荷量的检验电荷所受的电场力 F 与它所带的电荷量 q 之比是一个常数;而对于电场中不同的点,比值 F/q 一般是不同的。所以,这个比值 F/q 是一个只与电场本身性质有关,而与检验电荷无关的量,可以用来表示电场的强弱。

我们规定：放入电场中某一点的电荷所受到的电场力与它的电荷量的比值，叫做这一点的电场强度，简称场强。场强在数值上等于单位电荷所受电场力的大小。

如果用 E 表示场强，用 F 表示电荷 q 受到的电场力，则

$$E = \frac{F}{q} \qquad (3\text{-}1)$$

在国际单位制中，电场力单位是牛顿（N），电荷量单位是库仑（C），则场强单位是牛顿/库仑（N/C）。

场强同力一样也是矢量，不但有大小，而且有方向。我们规定，电场中某点的场强方向与正电荷在该点的受力方向相同。显然，负电荷受力方向与场强方向相反。

与磁感线可以形象化地描述磁场相似，电场也可以用电场线形象地表示出来。

如图 3-2 所示，在电场中画一系列假想曲线，使曲线上每一点的切线方向都与该点的场强方向一致，这些假想曲线就叫电场线。电场线总是起始于正电荷，终止于负电荷，不闭合，不中止，也不交叉。

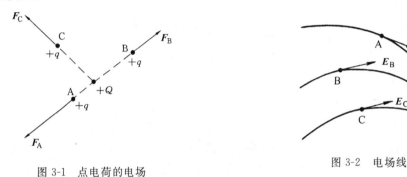

图 3-1 点电荷的电场　　　　　　图 3-2 电场线

图 3-3 表示几种常见电场的电场线。

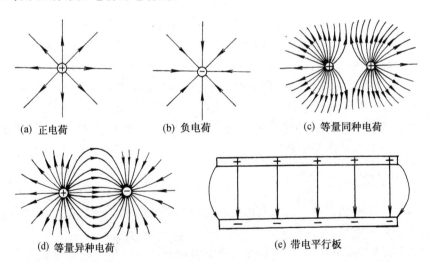

(a) 正电荷　　　　(b) 负电荷　　　　(c) 等量同种电荷

(d) 等量异种电荷　　　　　　(e) 带电平行板

图 3-3 几种电场的电场线

电场线除了可以表示电场中各点场强的方向以外，电场线的疏密还可大致表示场强的大小：电场线越稠密处，场强越大；电场线越稀疏处，场强越小。若某区域的电场线是疏密均匀的平行直线，则表示该区域各点场强大小和方向都相同，该区域称为匀强电场。两块彼此靠近、

带等量异种电荷的平行板之间的电场,除两端边缘外,中间是匀强电场。若已知场强为 E,电荷量为 q,则电荷所受电场力为

$$F = qE \qquad\qquad (3\text{-}2)$$

思考与练习题

1. 如何用实验证明电场的存在？怎样确定电场中某点场强的方向？

2. 电场力与场强有什么联系与区别？

3. 电场线客观存在吗？电场中的电场线为什么不可能交叉？

4. 电场中某点的场强 $E = 6 \times 10^5 \mathrm{N/C}$,则放在该点的电荷量 $q = 5 \times 10^{-10} \mathrm{C}$ 的检验电荷所受电场力是多大？

5. 如图 3-4,试比较在某电场的电场线上 A,B,C 三点处场强的大小。

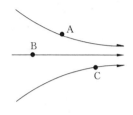
图 3-4

3.2　电容器和电容

3.2.1　电容器

储存电荷的元件称为电容器,文字符号为 C,是电路的基本元件之一,在电工和电子技术中有很重要的应用。

任何两个彼此绝缘而又互相靠近的导体都可构成电容器。组成电容器的两个导体称为极板,中间的绝缘物质称为电介质。常见电容器的电介质有空气、纸、油、云母、塑料、陶瓷等。

两块正对的平行金属板,相隔很近且彼此绝缘,就组成一个最简单的电容器,叫做平行板电容器。它的结构示意图和图形符号如图 3-5 所示。

把电容器的两极分别与直流电源的正、负极相接后,与电源正极相接的电容器一个极板上的电子被电源正极吸引而带正电荷,电容器另一个极板会从电源负极获得等量的负电荷,从而使电容器储存了电荷。这种使电容器储存电荷的过程叫充电。充电后,电容器两极板总是带等量异种电荷。我们把电容器每个极板所带电荷量的绝对值,叫做电容器所带电荷量。充电后,电容器的两极板之间有电场,具有电场能,如图 3-6 所示。

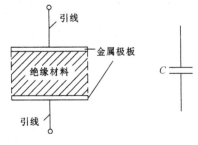

图 3-5　平行板电容器的示意图
　　　　和电容器符号

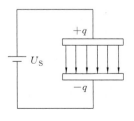

图 3-6　充电后的电容器

用一根导线把充电后的电容器两极板短接，两极板上所带的正、负电荷互相中和，电容器不再带电了。使充电后的电容器失去电荷的过程叫做放电。放电后，电容器两极板间不再存在电场。

3.2.2　电容

电容器充电后，两极板间便产生电压。实验证明：对任何一个电容器来说，两极板的电压都随所带电荷量增加而增加，并且电荷量与电压成正比，其比值 q/U 是一个恒量；而不同的电容器这个比值一般是不同的。可见，比值 q/U 表征了电容器的固有特性。我们把电容器所带电荷量跟它的端电压的比值叫做电容器的电容量，简称电容。显然，当电容器两极板电压 U 一定时，这个比值越大，电容器容纳的电荷量越多，所以电容器的电容表征了电容器容纳电荷的本领，这就是电容的物理意义。

如果用 q 表示电容器所带电荷量，用 U 表示它两极板间的电压，用 C 表示它的电容，则

$$C = \frac{q}{U} \qquad (3-3)$$

在国际单位制中，电量 q 的单位是库仑（C），电压 U 的单位是伏特（V），电容 C 的单位是法拉（F），简称法。

电容在数值上等于在单位电压作用下，电容器每个极板所储存的电荷量。如果在电容器两极板间加 1V 电压，每个极板所储存的电荷量为 1C，则其电容就为 1F。

$$1F = 1C/V$$

法拉（F）是个很大的单位，在实际应用中常用较小的辅助单位微法（μF）和皮法（pF），它们之间的换算关系是

$$1F = 10^6 \mu F = 10^{12} \, pF$$

若电容器的电容为 C（F），端电压为 U（V），则该电容器所带电荷量为

$$q = CU \qquad (3-4)$$

习惯上，电容器常简称为电容，所以文字符号 C 具有双重意义：它既代表电容器元件，也代表它的重要参数电容量。

此外，电量单位库仑也用字母 C 表示，应用时要分清物理意义，不可混淆。

3.2.3　平行板电容器的电容

平行板电容器是最常见的一种电容器。我们知道，电阻是导体固有的特性，其大小仅由导体本身因素决定（$R = \rho l / S$）；同样，电容是电容器的固有特性，其大小也由电容器的结构决定，而与外界条件变化无关。经过理论推导和实践证明：平行板电容器的电容与两极板的正对面积 S 成正比，与两极板间的距离 d 成反比，还与极板间的电介质的性质有关，即

$$C = \varepsilon \frac{S}{d} = \varepsilon_r \varepsilon_0 \frac{S}{d} \qquad (3-5)$$

式中，S 表示两极板的正对面积（m^2）；

d 表示两极板间距离（m）；

ε 表示电介质的介电常数（F/m）；

C 表示电容器的电容（F）。

介电常数 ε 又称电容率，大小由电介质的性质决定。实验测出真空中的介电常数 $\varepsilon_0 = 8.86$

$\times 10^{-12}\,\mathrm{F/m}$,是个恒量。某电介质的介电常数 ε 与 ε_0 的比值称为该电介质的相对介电常数,用 ε_r 表示,即 $\varepsilon_r=\dfrac{\varepsilon}{\varepsilon_0}$ 或 $\varepsilon=\varepsilon_r\varepsilon_0$。因为介质为真空时,电容 $C_0=\dfrac{\varepsilon_0 S}{d}$,插入介电常数为 ε 的电介质后,电容为 $C=\dfrac{\varepsilon S}{d}=\dfrac{\varepsilon_r\varepsilon_0 S}{d}$,可得 $\varepsilon_r=\dfrac{C}{C_0}$ 或 $C=\varepsilon_r C_0$,即相对介电常数 ε_r 的物理意义是:表示在原为真空的两极板间插入某电介质后电容增大的倍数。表 3.1 中列出了常用电介质的相对介电常数,在电工手册等工具书中也可查到。

表 3.1　常用电介质的相对介电常数

介质名称	ε_r	介质名称	ε_r
空气	1	聚苯乙烯	2.2
云母	7.0	三氧化二铝	8.5
石英	4.2	酒精	35
电容纸	4.3	纯水	80
超高频瓷	7.0～8.5	五氧化二钽	11.6
变压器油	2.2	钛酸钡陶瓷	$10^3\sim10^4$

值得注意的是,由于任何两个相互绝缘的导体间都存在着电容,所以在电气设备中,常存在着并非人们有意识设置,然而又均匀分布在带电体之间的电容,称之为分布电容。例如在输电线之间,输电线与大地之间,电子仪器的外壳与导线之间及线圈的匝与匝之间都存在分布电容。虽然,一般分布电容的数值很小,其作用可忽略不计。但在长距离传输线路中,或传输高频信号时,分布电容的存在有时会对正常工作产生干扰,在工程设计时必须加以预防。

阅读材料

电　容　器

电容器是储存电能的电路基本元件,主要由芯子和外壳组成,而芯子的结构又分为平行板形(包括单片和选片两种)、管形、卷绕形三种基本结构。电容器种类繁多,外形各异,以适应电路的不同要求。

常用电容器按用途可分为电力电容器和电信电容器两大类。

电力电容器按其安装方式可分为户内和户外式;按相数可分为单相和三相;按其运行的额定电压可分为高压和低压;按其外壳材料又可分为金属外壳、瓷绝缘外壳、胶木筒外壳等多种;按其内部浸渍液体来分,有矿物油、蓖麻油、硅油、氯化联苯等;按工作条件来分,可分为移相(并联)电容器、串联电容器、耦合电容器、电热电容器、脉冲电容器、均压电容器、滤波电容器和标准电容器。各种电力电容器的主要功能是改善电力系统运行条件,提高功率因数,具体用途可查阅电工手册等有关资料。

电信电容器又可分为固定电容器、可调电容器和半可调(含微调)电容器。固定电容器,顾名思义其电容固定不变,按介质材料不同,有云母、瓷介、纸介、薄膜、油质和电解电容器等。其中,电解电容器电容值较大,有正负极之分。使用时,电解电容器的正极必须接高电位,负极接低电位,若接反,电容器易损坏。可调电容器的电容可在一定范围内改变。它由一组固定金属片和一组可转动金属片，中间用空气或薄膜作介质组成。收音机选台时，我们拨动的就是可调电容器的动片，通过改变动、定片的正对面积 S 来改变电容，从而改变收音机的固有频率，产生谐振来达到选台的目的。半可调电容器由两片或两组小型金属弹簧片，中央夹有介质组成。用螺钉调节两金属片间的距离，可小范围改变电容。电信电容器在电子电路中主要起获得振荡、滤波、移相、旁路、隔直、耦合等作用。常用电容器的外形如图 3-7 所示。

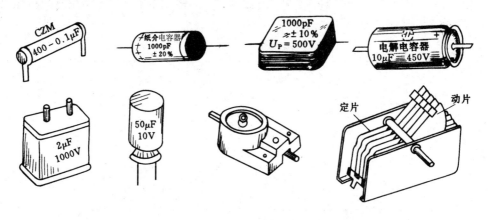

图 3-7　常用电容器的外形图

为了表示不同的电容器，每种电容器都有其型号。根据部颁标准 SJ-73 规定，国产电容器的型号一般由四部分表示：

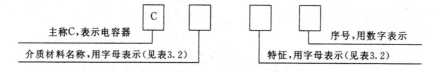

表 3.2　电容器介质材料与特征的代号

介质材料名称的代号				电容器特征的代号			
代号	介质	代号	介质	代号	特征	代号	特征
C	瓷介	J	金属化纸介	M	密封	S	独石
Y	云母	H	纸膜复合	S	塑料壳	G	管状
I	玻璃釉	L	涤纶	J	金属化	T	筒状
Q	漆膜	F	聚四氟乙烯	J	交流	L	立式矩形
B	聚苯乙烯	D	铝电解	R	耐热	Y	圆片状
Z	纸介	A	钽电解	W	卧式		
T	低频陶瓷	N	铌电解	X	小型		

电容器的图形符号如表 3.3 所示。

表 3.3　电容器的图形符号

名　称	符　号	名　称	符　号
电容器	—||—	可变电容器	—⧸|—

续表

名　称	符　号	名　称	符　号
电解电容器		双连可变电容器	
穿芯式电容器		半可变电容器 (微调电容器)	

电容器的主要参数是标称容量、耐压值和精度等级,在每个电容器外壳上都有明确标志,如图 3-8 所示。外壳上标志为型号—工作电压—标称容量—精度等级。

$$\text{CZM—400—0.01 II}$$

图 3-8　电容器上的标志

电容器型号可查电工手册,CZM 表示密封纸介质电容器。工作电压又称耐压值,是指电容器长期工作而不受损坏的最高直流电压。图 3-8 中电容器耐压值为 400V,使用时,加在电容器上实际最高电压应不大于耐压值,否则电容器将会因介质被击穿而损坏。电容器的耐压值还与外界条件有关,如温度升高时,介质的绝缘强度会下降,使电容器耐压值降低。标称容量是指电容器外壳标出的电容大小,上图为 $0.01\mu F$。电容器实际容量与标称容量的误差反映了电容器的精度。精度等级与允许误差的对应关系如表 3.4 所示。一般电容器常用 I、II、III 级,电解电容器用 IV、V、VI 级。

表 3.4　电容器的精度等级

精度级别	00	0	I	II	III	IV	V	VI
允许误差(%)	±1	±2	±5	±10	±20	+20 −10	+50 −20	+50 −30

 思考与练习题

1. 生活中哪些地方用到电容器? 观察电容器外壳上的标志,你能说也它们的含义吗?

2. 有两个电容器,它们的电容 $C_1 > C_2$,当它们充电电压相等时,它们所带电量 Q_1 _____ Q_2;若它们所带电量相等时,则它们的端电压 U_1 _____ U_2。

3. 有人根据电容的定义式 $C = q/U$ 认为:(1)当电量 $q = 0$ 时,电容 C 也为零;(2)电容 C 跟电量 q 成正比,跟端电压 U 成反比。这两种说法对吗? 为什么?

4. $250pF =$ _____ F $=$ _____ μF,$0.043\mu F =$ _____ pF $=$ _____ F。

5. 某电容器的电容为 1500 pF,接到 10kV 直流电源上,充电完毕后储存的电量是多少?

*6. 当影响电容器参数的因素发生下列变化时,以空气为介质的平行板电容器的电容 C_0 发生的变化是:

(1)缩小电容器两极板的正对面积,其电容 C 将_____;

(2)插入相对介电常数 $\varepsilon_r = 2.2$ 的介质,其电容 $C =$ _____ C_0;

(3)增大极板间距离为原来 2 倍,其电容 $C =$ _____ C_0。

3.3 电容器的基本特性

3.3.1 电容器的充、放电现象

电容器是一种储能元件，它类似于一个"电能银行"，具有储存和释放电能的性质，在电路中表现为电容器的充、放电现象。我们可以通过实验来观察和分析电容器在充、放电过程中的规律，以加深对电容器基本特性的了解和认识。

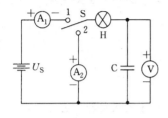

图 3-9　电容器充、放电实验电路

在图 3-9 所示的电路中，U_S 为恒压源，C 为电容量很大的电容器，Ⓐ₁ 和 Ⓐ₂ 是电流表，S 是单刀双掷开关，H 是灯泡，Ⓥ 是电压表。先把开关 S 与接点 1 闭合，电源对电容器充电。

我们可以看到：灯泡开始最亮，然后逐渐变暗，最后熄灭；同时电流表Ⓐ₁上读数也由开始最大然后逐渐减小，直到为零，而电压表Ⓥ的读数则由开始时的零逐渐增大，最后达到 U_S。

细心的读者不禁要问：为什么电容器两极板间有介质绝缘，电路并不闭合，但电容器充电时灯泡会亮，电路中会有电流呢？为什么电流会由大变小，最后变为零呢？

原来，当电容器的两个极板与恒压源相接后，在直流电压作用下，电容器 A 极板上的负电荷被电源正极吸引，经导线和电源再移到 B 极板，形成充电电流。所以在充电过程中并没有电荷直接通过电容器内部的电介质，而是电子由电容器的正极板→灯泡→电流表→电源正极→电源负极→电容器负极板作定向移动，形成电流的，如图 3-10 所示。

当开关 S 刚与接头 1 闭合瞬间，由于电容器 A 极板上没有电荷，与电源正极之间电压等于 U_S（最大），所以开始时充电电流最大，灯泡最亮；随着电容器两极板储存电荷量增多，其端电压也随之升高，正如我们看到的电压表读数逐渐增大，此时，电容器与电源之间电压随之逐渐减小，所以充电电流也越来越小。当电容器端电压上升到 $U_C = U_S$ 时，电容器 A，B 极板与电源正、负极分别等电位，电流变为零，充电结束。此时，电容器储存电荷量 $q = CU_S$。

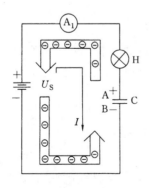

图 3-10　电容器充电过程示意图

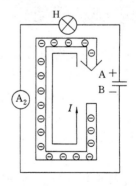

图 3-11　电容器放电过程示意图

我们再来分析电容器的放电过程。当开关 S 由接头 1 板向 2 时，电容器脱离电源，与灯泡、电流表Ⓐ₂形成闭合电路。此时，充电后的电容器相当于电源，通过对灯泡、电流表放电，形成放电电流。开始时电容器端电压为 U_S（最大），所以放电电流最大，灯泡最亮，随着电容器两极板正、负电荷不断中和，电容器端电压逐渐减小，放电电流也随之减小。当电容器两极板正、负电荷全部中和时,端电压 $U_C=0$,电流也为零,放电结束。由图 3-11 可知,电容器在放电过程中,也没有电荷通过电容器内部电介质。

3.3.2　电容元件的伏安关系

电容器在充、放电过程中,极板上的电荷 q、电容电压 u_C 和电流 i_C 都随时间变化,而且每个时刻都有不同量值。下面,我们来研究它们的变化规律。

设在极短的时间 Δt 内,极板上电荷的变化量为 Δq,由电流的定义式可得,电路中电容电流为

$$i_C = \frac{\Delta q}{\Delta t}$$

又因 $q=Cu_C$,可得 $\Delta q=C\Delta u_C$,所以

$$i_C = \frac{\Delta q}{\Delta t} = C\frac{\Delta u_C}{\Delta t} \tag{3-6}$$

式(3-6)就是电容元件的伏安关系式。它阐明了电容元件电压与电流的关系,即电容电流与电容电压的变化率成正比。显然,它与电阻元件伏安关系完全不同。

根据电容元件的伏安关系式,我们可推导出电容器的重要特性:

(1) 若电容电压没有变化,即 $\Delta u_C=0$,则 $\frac{\Delta u_C}{\Delta t}=0$,$i_C=C\frac{\Delta u_C}{\Delta t}=0$,所以电容器具有隔直流作用。

(2) 若将交变电压加在电容器两端,则电路中有交变的充、放电电流通过,即电容器具有通交流作用。电容器的“隔直流、通交流”的特性,使它在电路中扮演起电路“警察”的角色,我们将在第 4 章中再作介绍。

例 3.1　有一个 $0.1\mu F$ 的电容器与直流电源相接充电,若在时间 $\Delta t=100\mu s$ 内,电压增量为 $\Delta u=10V$,求这段时间的充电电流。

解:

$$i_C = C\frac{\Delta u}{\Delta t} = 0.1\times10^{-6}\times\frac{10}{100\times10^{-6}}A = 0.01A$$

3.3.3　电容器中的电场能量

电容器最基本的功能就是储存电荷。通过观察分析电容器充、放电现象的实验,我们可以清楚地描绘出电容器吞吐电能的特性。

电容器充电时,两极板上电荷 q 逐渐增多,端电压 u_C 也成正比地逐渐增大,$q=Cu_C$。两极板上的正、负电荷就在电介质中建立电场,如图 3-12 所示。电场是具有能量的,所以,电容器充电时从电源吸取电能,储存在电容器的电场中。电容器放电时,极板上电荷不断减少,电压不断降低,电场不断减弱,把充电时储存的电场能量释放出来,转化为灯泡的光能和热能。从能量转化的角度看,电容器的充、放电过程,实质是电容器吞吐电能的过程,是电容器与外部能量的交换过程。在此过程中,电容器本身不消耗能量,所以说,电容器是一种储能元件。电阻元件则不同,电流通过电阻时要做功,把电能转化为热能,这种能量的转化是不可逆的,所以电阻是一种耗能元件。我们必须区别这两种基本元件在电路中的不同作用。

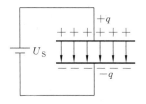

图 3-12　电容器中的电场

怎样来定量计算电容器中的电场能量呢？

实验证明：电容器中电场能量的大小与电容 C 的大小、电容器端电压 U 的大小有关。电容 C 越大，电容器端电压 U 越大，则电容器储存的电场能就越多。通过进一步理论分析，可得到电容器中的电场能量为

$$W_C = \frac{1}{2}CU^2 \tag{3-7a}$$

将电容定义式 $C=\dfrac{q}{U}$ 代入上式，即可得电容器中的电场能量的另一个表达式

$$W_C = \frac{1}{2}qU \tag{3-7b}$$

式中，电容 C 单位为法（F），电压 U 的单位为伏（V），电荷量 q 单位为库（C），电场能单位为焦（J）。

上式说明，电容器中的电场能量与电容成正比，与电容器端电压的平方成正比。在一定电压下，电容 C 越大，储能越多，所以电容 C 又是电容器储能本领的标志。

例3.2　一个电容为 $100\mu\text{F}$ 的电容器已被充电到 100V，若再继续充电到 400V，则电容器的电场能量增加了多少？

解：

因为　$W_1 = \dfrac{1}{2}CU_1^2$，　$W_2 = \dfrac{1}{2}CU_2^2$

所以　电容器的电场能增加了

$$\Delta W_C = W_2 - W_1 = \frac{1}{2}CU_2^2 - \frac{1}{2}CU_2^2 = \frac{1}{2}C(U_2^2 - U_1^2)$$

$$= \frac{1}{2} \times 100 \times 10^{-6} \times (400^2 - 100^2)\text{J} = 7.5\text{J}$$

解题时应注意：由于电容器端电压的变化而引起其储存的电场能变化，即

$$\Delta W_C = W_2 - W_1 = \frac{1}{2}C(U_2^2 - U_1^2)$$

只有理想化的电容器，即纯电容元件才只储能而不耗能。对于实际的电容器，由于其介质不能完全绝缘，在电压的作用下，总有一些漏电流，即它仍有一些电阻成分，会消耗一些能量，使电容器发热。由于介质漏电及其他原因产生的能量消耗叫做电容器的损耗。一般电容器能量损耗很小，可忽略不计。

电容器的储能功能在实际中得到广泛应用。例如照相机的闪光灯就是先让干电池给电容器充电，再将其储存的电场能在按动快门瞬间一下子释放出来产生耀眼的闪光。储能焊也是利用电容器储存的电能，在极短时间内释放出来，使被焊金属在极小的局部区域熔化而焊接在一起。

事物都是一分为二的。电容器的储能功能有时也会给人造成伤害。例如，在工作电压很高的电容器断电后，电容器内仍储有大量电能，若用手去触摸电容，就有触电危险。所以，断电后应用适当大小的电阻与电容器并联（电工实验时，也可用绝缘导线将电容器两极板短接），将电容器中电能释放后，再进行操作。

阅读材料

用万用表粗略测试电容器质量的方法

利用电容器充放电的特性,我们可用万用表粗略地测试、判别电容值较大的电容器质量的好坏。具体方法是:先把万用表拨到欧姆挡(R×100 或 R×1k),调零后将两表棒分别与电容器的两端相接(要注意:若测试有正、负极性的电解电容器,应用黑表棒接正极,红表棒接负极),如图3-13所示。

若指针向右偏转,R→0,并很快向左偏转,回到 R→∞处,说明该电容器质量很好,漏电很小。若测试时,指针正偏后不能返回起始位置,而是停留在某一刻度处,则此刻度的电阻值表示该电容器的漏电阻值。显然,电容器漏电阻值越大,表明电容器的漏电越小,质量越好。若测试时,指针正偏到 R=0 位置后不再返回,则说明该电容器内部已经短路(可能电介质已被击穿)。日光灯启辉器中与氖管并联的小电容器,常会因介质被击穿而短路,使启辉器不能正常工作。若测试时,指针根本不偏转,则说明该电容器内部可能开路;也可能因电容太小,充、放电电流很小,不足以使指针偏转。若发现指针能微动一下,这时可将两表棒对调后再测试,此时指针偏转角度可以增大约一倍。想一想这是为什么? 用万用表可粗略测试电容较大的电容器质量的好坏,若电容器的电容太小,则无法判别。请你自己动手实践一下,好吗?

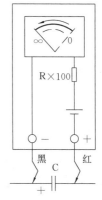

图 3-13　用万用表测试电容器

思考与练习题

1. 试比较电容元件与电阻元件的伏安关系有什么不同?

2. 电容器两极板间有电介质绝缘,电路并不闭合,为什么在充、放电过程中,电路中会出现电流?

3. 为什么说电容器是一种储能元件? 写出电容元件的电场能公式。

4. 有人说:"电容器的电容 C 越大,其储存的电场能量一定大。"这句话对吗? 为什么?

5. 有一位同学说:"如果一个电容器的电压等于零,其储存的电场能也必为零。"另一位同学说:"如果一个电容器的电流等于零,其储存的电场能也必为零。"你认为这两位同学的说法对吗? 为什么?

3.4　电容器的串联和并联

电容器在实际应用时,为了满足电路所需的电容值和耐压值,常常把几个电容器组合起来使用。与电阻器相同,电容器最基本的连接方式也是串联和并联。本节将讨论这两种连接方式的特性。

3.4.1　电容器的串联

把几个电容器的一个极板首尾相接,连成一个无分支电路的连接方式,叫电容器的串联,如图 3-14 所示。当串联电容器组两端极板分别与电压为 U 的电源正、负极相接后，电源对这两端极板充以等量异种电荷 $+q$ 或 $-q$；同时，由于静电感应，又使得中间各极板也带等量异种电荷 $+q$ 或 $-q$。所以，电容器串联时每个电容器所带电荷量都是 q，串联电容器组所带电荷量也是 q。即

$$q = q_1 = q_2 = q_3 = \cdots = q_n \tag{3-8}$$

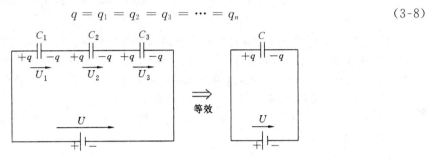

图 3-14　电容器的串联

由基尔霍夫定律（KVL）得：串联电容器组的总电压等于各电容器端电压之和。即

$$U = U_1 + U_2 + \cdots + U_n \tag{3-9}$$

设三个电容器的电容分别为 C_1，C_2，C_3，电压分别为 U_1，U_2，U_3，串联电容器组的等效电容为 C，则由于

$$U_1 = \frac{q}{C_1}, \quad U_2 = \frac{q}{C_2}, \quad U_3 = \frac{q}{C_3}, \quad U = \frac{q}{C}$$

而

$$U = U_1 + U_2 + U_3$$

所以

$$\frac{q}{C} = \frac{q}{C_1} + \frac{q}{C_2} + \frac{q}{C_3}$$

化简得

$$\frac{1}{C} = \frac{1}{C_1} + \frac{1}{C_2} + \frac{1}{C_3}$$

若有 n 个电容器串联，则

$$\frac{1}{C} = \frac{1}{C_1} + \frac{1}{C_2} + \frac{1}{C_3} + \cdots + \frac{1}{C_n} \tag{3-10}$$

即：串联电容器组的等效电容（总电容）的倒数等于各电容器电容的倒数和。

若电容 C_1 与 C_2 串联，则等效电容 $C = \dfrac{C_1 C_2}{C_1 + C_2}$；若有 n 个相同的电容 C_0 串联，则等效电容 $C = \dfrac{C_0}{n}$。

我们把串联电容器与串联电阻的特性作一类比，想一想，哪个量特性相同？哪个量特性相似？哪个量的特性不同而与并联电阻特性相似？有比较才有鉴别，温故而知新。经常把所学新知识与已有知识进行类比，有助于我们加深对新知识的理解和记忆，使我们在综合应用时少犯差错。

电容器串联后，相当于增大两极板间的距离，所以总电容小于每个电容器的电容。

电容器串联后，每个电容器承受电压都小于外加总电压，所以当电容器的耐压值小于外加

电压时,除可选用耐压值不低于外加电压的电容器外,还可采用电容器串联的方法来获得较高的耐压值。

例 3.3 两个电容器 $C_1 = 60\mu F$,$C_2 = 40\mu F$,现将它们串联后接在 100V 直流电源上。试求:(1)串联后的等效电容;(2)每个电容器的电量;(3)每个电容器的电压。

解:

(1) C_1 与 C_2 串联后的等效电容为

$$C = \frac{C_1 C_2}{C_1 + C_2} = \frac{60 \times 40}{60 + 40}\mu F = 24\mu F$$

(2) $q_1 = q_2 = q = CU = 24 \times 10^{-6} \times 100 C = 2.4 \times 10^{-3} C$

(3) $U_1 = \dfrac{q}{C_1} = \dfrac{2.4 \times 10^{-3}}{60 \times 10^{-6}}V = 40V$

$U_2 = \dfrac{q}{C_2} = \dfrac{2.4 \times 10^{-3}}{40 \times 10^{-6}}V = 60V$

或

$\because U_1 + U_2 = U$

$\therefore U_2 = U - U_1 = (100 - 40)V = 60V$

我们知道,在求解电阻串联问题时,求出电流是解题的关键。与此相似,在求解电容串联问题时,求出电量也是解题的关键。我们应抓住电容串联时各电容器电量都等于总电量这个特性,其他问题就可以迎刃而解了。

阅读材料

串联电容器组的耐压值问题

上述例题 3.3 中,我们已经求出电容器 C_1 实际承受电压为 40V,C_2 实际承受电压为 60V。由于每个电容器都有各自的耐压值,所以在实际应用中,还必须考虑电容器串联后接入电路中的安全问题。若电容器 C_1 和 C_2 的耐压值都不小于各自承受的实际电压,这样连接显然是安全的;若其中一个电容器的耐压值小于实际承受电压,则该电容器将被击穿而短路,另一电容器将承受电路总电压,也可能随之被击穿。

仍以上题为例,若两电容器的耐压值都为 50V,显然电容器 C_2 因实际承受电压为 60V 先被击穿,随之 C_1 将承受 100V 电压也被击穿,这样连接是不安全的。

如何求串联电容器组的耐压值呢?求解方法很多,下面仅介绍其中一种方法。请同学们发挥自己的聪明才智,积极思维,探索其他的求解方法。

例 3.4 已知 $C_1 = 60\mu F$,耐压值为 50V,$C_2 = 40\mu F$,耐压值为 50V,求该串联电容器组的耐压值。

解:

先求出每个电容器允许充入的最大电量(其大小等于电容量与耐压值的乘积)

$$q_{1m} = 60 \times 10^{-6} \times 50 C = 3 \times 10^{-3} C$$

$$q_{2m} = 40 \times 10^{-6} \times 50 C = 2 \times 10^{-3} C$$

再求串联电容器等效电容

$$C = \frac{C_1 C_2}{C_1 + C_2} = \frac{60 \times 40}{60 + 40} \mu\text{F} = 24 \mu\text{F}$$

由于 C_1 与 C_2 串联时电荷量相等，为保证两个电容器实际承受电压都不大于各自耐压值，应取其中最小值作为串联电容器组总电荷量。所以该电容器组的耐压值为

$$U = \frac{q}{C} = \frac{2 \times 10^{-3}}{24 \times 10^{-6}} \text{V} = \frac{1000}{12} \text{V} \approx 83.3 \text{V}$$

故该串联电容器组接入 83.3V 以下电路时是安全的，否则就不安全。

3.4.2 电容器的并联

如图 3-15 所示，把几个电容器的一个极板连接在一起，另一个极板也连在一起的连接方式叫做电容器的并联。显然，每个电容器的端电压都相同，都等于总电压。即

$$U = U_1 = U_2 = \cdots = U_n \tag{3-11}$$

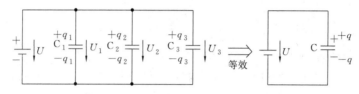

图 3-15　电容器的并联

并联电容器组的总电荷量 q 等于各电容器的电荷量之和。即

$$q = q_1 + q_2 + \cdots + q_n \tag{3-12}$$

设各电容器电容分别为 $C_1, C_2, C_3, \cdots C_n$，所带电量分别为 $q_1, q_2, q_3, \cdots q_n$，并联电容器组等效电容（总电容）为 C。

由

$$q_1 = C_1 U, \quad q_2 = C_2 U, \quad q_3 = C_3 U, \cdots, q_n = C_n U, q = CU$$

代入

$$q = q_1 + q_2 + q_3 + \cdots + q_n$$

得

$$CU = C_1 U + C_2 U + C_3 U + \cdots + C_n U = (C_1 + C_2 + C_3 + \cdots + C_n)U$$

所以

$$C = C_1 + C_2 + C_3 + \cdots + C_n \tag{3-13}$$

即，并联电容器组的等效电容（总电容）等于各电容器的电容之和。电容器并联后相当于增大了极板的正对面积，所以其等效电容大于其中任何一个电容。

若有 n 个相同电容 C_0 的电容器并联，则 $C = nC_0$。

电容器并联后，可增大电容值，但加在每个电容器上的电压都等于电路总电压。并联电容器组的耐压值等于其中耐压值最小的一个。因为任何一个电容器的耐压值小于电路总电压时，该电容器将被击穿而短路，使整个电容器组端电压为零。

例 3.5　电容器 $C_1 = 0.004 \mu\text{F}$，耐压值为 120V，电容器 $C_2 = 6000 \text{pF}$，耐压值为 200V，现将它们并联使用。试求：（1）它们的等效电容；（2）它们的耐压值；（3）若将它们接入电压为 100V 的电路中，每个电容器所带电荷量和并联电容组的总电荷量。

解：

(1) 因为　$C_1 = 0.004\mu F = 4 \times 10^{-9} F$　　　　$C_2 = 6000 pF = 6 \times 10^{-9} F$

所以　$C = C_1 + C_2 = (4 \times 10^{-9} + 6 \times 10^{-9})F = 10^{-8} F = 0.01 \mu F$

（注意：求总电容时，各电容的单位必须统一）

(2) 由于电容器并联时，端电压相等，应取耐压值最小的作为并联电容器组的耐压值，所以该电容器组耐压值为 120V。

(3) 因为　$U_1 = U_2 = U = 100V$

所以　$q_1 = C_1 U_1 = 4 \times 10^{-9} \times 100 C = 4 \times 10^{-7} C$

$q_2 = C_2 U_2 = 6 \times 10^{-9} \times 100 C = 6 \times 10^{-7} C$

所以　$q = q_1 + q_2 = (4 \times 10^{-7} + 6 \times 10^{-7})C = 10^{-6} C$

或

$$q = CU = 10^{-8} \times 100 C = 10^{-6} C$$

* **例 3.6**　将 $C_1 = 3000 pF$ 的电容器在 $U_S = 6V$ 直流电源上充电后，撤去电源，再将它与 $C_2 = 1500 pF$ 的电容器并联。试求：(1)并联时每个电容器的端电压；(2)每个电容器所带电量。

解：

(1)电容器 C_1 在电源上充电后，开始时电压为 6V，电荷量为

$$q = C_1 U_S = 3 \times 10^{-9} \times 6 C = 1.8 \times 10^{-8} C$$

撤去电源，将 C_1 与 C_2 并联时，储能的 C_1 相当于电源，向不带电的 C_2 放电，电容器 C_1 电荷减少，电压由 6V 开始降低；而电容器 C_2 相当于负载，因充电而电荷增加，电压由 0 开始上升，直至两个电容器电压相等都为 U。在此能量吞吐过程中，总电量保持不变，即

$$q = q_1 + q_2 = 1.8 \times 10^{-8} C$$

C_1 与 C_2 并联后等效电容为

$$C = C_1 + C_2 = (3000 + 1500)pF = 4500 pF = 4.5 \times 10^{-9} F$$

C_1 与 C_2 并联后的电压为

$$U_1 = U_2 = U = \frac{q}{C} = \frac{1.8 \times 10^{-8}}{4.5 \times 10^{-9}} V = 4V$$

(2)　因此　$q_1 = C_1 U = 3 \times 10^{-9} \times 4 C = 1.2 \times 10^{-8} C$

$q_2 = C_2 U = 1.5 \times 10^{-9} \times 4 C = 6 \times 10^{-9} C$

或

$$q_2 = q - q_1 = (1.8 \times 10^{-8} - 1.2 \times 10^{-8})C = 0.6 \times 10^{-8} C$$

请读者再思考一下，若将上题中 C_1 与 C_2 串联后接在 $U_S = 6V$ 的直流电源上充电，再撤去电源，将它们的正极与正极，负极与负极并联，电荷将怎样重新分配呢？如果撤去电源后，将它们的正极与负极分别并联，电荷又将如何分配呢？相信你能成功地解决以上问题。

思考与练习题

1. 试画出三个电容器串联的电路图。在什么情况下需要把电容器串联起来？试比较电容器串联与电阻串联时特性的异同。

2. 试画出三个电容器并联的电路图。在什么情况下需要把电容器并联起来？试比较电容器并联与电阻并联时特性的异同。

3. 什么是电容器的工作电压(耐压值)? 为什么要规定电容器的耐压值? 电容器串联时耐压值如何求? 电容器并联时耐压值如何确定?

4. 如何用万用表来检测较大电容量的电容器的质量? 原理是什么?

3.5　磁场及其基本物理量

对于磁场,我们并不陌生。在物理学中,我们已经学过不少有关磁场的基本知识和物理量。本节内容,我们将在复习巩固已有知识的基础上,进一步学习磁场强度、磁导率等物理概念,为学习电感元件及其基本特性、电磁感应、磁路及其有关计算以及变压器和交流电动机等电工技术打好基础。

3.5.1　磁场和磁感线

我们已经学过,在磁体或电流的周围都存在着磁场。磁体之间、电流之间、磁体与电流之间的相互作用力都是通过各自的磁场进行的,我们把这种作用力称为磁场力。磁场也是一种特殊物质,具有力和能的性质。

磁场是有方向的。我们规定:在磁场中的任一点,小磁针 N 极受力的方向,即小磁针水平静止时所指方向,就是该点的磁场方向。

磁感线是在磁场中所画的一系列假想曲线,曲线上每一点的切线方向都与该点磁场方向相同。磁感线的疏密表示磁场强弱:磁感线密处,磁场强;磁感线稀处,磁场弱。磁感线在磁体外部由 N 极出来进入 S 极,在磁体内部由 S 极指向 N 极,组成不相交的闭合曲线。

3.5.2　电流的磁场

1820 年丹麦物理学家奥斯特通过实验首先发现电流也能产生磁场,揭示了电现象和磁现象之间密切的内在联系,为电磁学的发展奠定了基础。

直线电流的磁场如图 3-16 所示,其磁感线是一系列以导线上各点为圆心的同心圆,这些同心圆都在与导线垂直的平面上。

直线电流磁感线与电流方向之间关系可以用安培定则(也叫右手螺旋定则)来判定:用右手握住导线,让伸直的大拇指所指方向与电流方向一致,则弯曲的四指所指方向就是磁感线的环绕方向。

将直导线弯曲成圆环形,通电后形成环形电流。

环形电流的磁场如图 3-17 所示,其磁感线是一系列围绕环形导线的闭合曲线。在环形导线的中心轴上,磁感线和环形导线平面垂直。环形电流的磁感线与环形电流方向之间的关系,也可用安培定则判定:让右手弯曲的四指与环形电流的方向一致,则伸直的大拇指所指方向就是环形电流中心轴线的磁感线方向。

螺线管线圈可看做是由 N 匝环形导线串联而成。通电螺线管产生的磁感线形状与条形铁相似。在通电螺线管外部,磁感线由 N 极出来进入 S 极;在通电螺线管内部磁感线与螺线管轴线平行,方向由 S 极指向 N 极,并与外部磁感线连成闭合曲线,如图 3-18 所示。改变电流方向,它的磁极将对调。

通电螺线管的电流方向与它的磁感线方向之间的关系,也可用安培定则来判定:用右手握住螺线管,让弯曲的四指所指方向与电流的方向一致,则大拇指所指方向即为螺线管内部的磁感线方向,即大拇指所指为通电螺线管的 N 极。

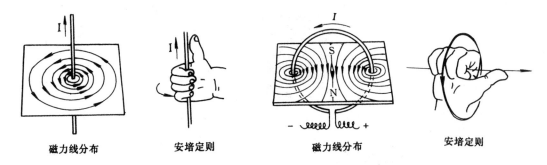

图 3-16 直线电流的磁场 图 3-17 环形电流的磁场

综上所述,电流磁场的磁感线方向与电流方向的关系,都可用安培定则来判定,这就是直线电流、环形电流和通电螺线管所具有的共性,它们之间存在着内在联系;但由于电流的形状各不相同,所以对应的磁感线方向在安培定则的表述中有明显区别,四指与大拇指所指的方向的含义不同:在直线电流的安培定则中,伸直的大拇指方向表示电流方向,弯曲的四指方向表示磁感线的环绕方向;而在环形电流和通电螺线管的安培定则中,伸直的大拇指所指方向则表示轴线处磁感线方向,弯曲的四指方向表示电流方向,与

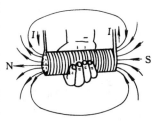

图 3-18 通电螺线管的磁场

前者正好相反。这又反映出不同形状的电流磁场的个性。我们记忆和应用安培定则时,必须要注意这些联系与区别。

3.5.3 磁场的基本物理量

1. 磁通密度

物理学中已介绍过磁感应强度这个物理量,它又称为磁通密度,用字母 B 表示。

磁通密度是用来表示磁场强弱的。磁场的基本特性,是对放入其中的电流有磁场力的作用。我们可采用与研究电场时定义电场强度的相似方法,从分析载流导体在磁场中受力情况入手,来定义表示磁场强弱的物理量——磁通密度。

如图 3-19 所示,把一段通电导体 AB 垂直放在磁场中,改变导体长度和电流大小,分析通电导体所受磁场力的变化。精确的实验表明:当导线长度 l 和通入电流 I 增大时,磁场对导线的磁场力也成正比地增加,即对于给定磁场中的同一点,比值 F/Il 是个恒量;不同的磁场或磁场中的不同点,这个比值可以不同。因此,我们可以用比值 F/Il 来定量描述磁场的强弱。

在磁场中垂直于磁场方向上的通电导体,所受的磁场力 F 与电流 I 和导线长度 l 的乘积 Il 的比值叫做通电导体所在处的磁感应强度,又称磁通密度,用字母 B 表示,即

$$B = \frac{F}{Il} \tag{3-14}$$

在国际单位制中,F 单位为牛(N),I 的单位为安(A),l 的单位为米(m),则 B 的单位为特斯拉(T),简称特。

磁通密度 B 是个矢量,大小由公式 $B = \dfrac{F}{Il}$ 决定,方向就是该点的磁场方向。

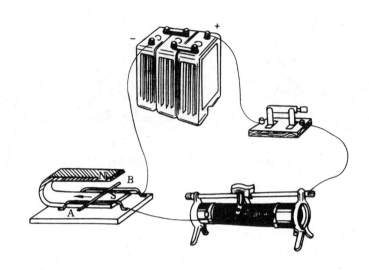

图 3-19　通电导体在磁场中受力的作用

特斯拉是一个很大的单位。在实际应用中，常使用电磁学单位制中磁通密度的单位——高斯（Gs）。

$$1Gs = 10^{-4} T$$

磁通密度可用"高斯计"等专门仪器来测量。一般在永磁体的磁极附近 $B \approx (0.4 \sim 0.7)$ T，在电机和变压器铁心中，$B \approx (0.8 \sim 1.4)$ T，而地面地磁场 $B \approx (5 \times 10^{-5})$ T。

将磁通密度定义式 $B = \dfrac{F}{Il}$ 变换，可得磁场对电流的作用力——安培力公式为

$$F = BIl$$

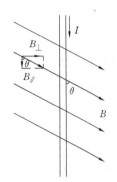

图 3-20　磁通
密度的分解

上述公式中，通电导体与磁通密度相互垂直，若电流 I 与磁通密度 B 成任一角度 θ 时，我们可以把磁通密度 B 分解为两个分量：一个与电流方向平行的分量 $B_{/\!/} = B\cos\theta$，另一个与电流方向垂直的分量 $B_{\perp} = B\sin\theta$，如图 3-20 所示。由于平行于电流方向的分量 $B_{/\!/}$ 对电流没有作用力，所以安培力一般公式为

$$F = BIl\sin\theta \qquad (3-15)$$

式中，B 为磁通密度（T）；

　　　I 为电流（A）；

　　　l 为导线有效长度（m）；

　　　θ 为 B 与 I 的夹角。

当 B 平行 I 时，$\theta = 0°$，$\sin\theta = 0$，$F = BIl\sin\theta = 0$，即电流与磁场方向平行时，不受安培力；当 B 垂直 I 时，$\theta = 90°$，$\sin\theta = 1$，$F = BIl$，即电流与磁场方向垂直时，所受安培力最大。

安培力的方向可用初中已学过的左手定则判定：伸出左手，使大拇指与其余四指垂直，并与手掌在同一平面内，让磁感线垂直穿过手心，四指指向电流方向，则大拇指所指方向为通电导体所受安培力的方向。

2. 磁通量

磁通量简称磁通,用字母 Φ 表示。磁通量是用来描述穿过某一个给定面积的磁场强弱的物理量。我们把磁通密度 B 与垂直于它的面积 S 的乘积,叫做穿过这个面积的磁通量。

在匀强磁场中磁通为

$$\Phi = BS \tag{3-16}$$

在国际单位制中,B 的单位为特(T),S 的单位为米^2(m^2),则 Φ 的单位是韦伯(Wb),简称韦。

$$1\text{Wb} = 1\text{Tm}^2$$

磁通量的大小还表示穿过磁场中某面积的磁感线的条数。

由公式 $B = \dfrac{\Phi}{S}$,我们还可以得到磁通密度的另一个单位:韦/米^2(Wb/m^2)。

韦伯也是一个很大的单位,在实际应用中常用电磁学单位制中磁通量单位——麦克斯韦(M_X),简称麦。

$$1M_X = 10^{-8}\text{Wb}$$

在实际应用中,我们常遇到磁场方向与平面 S 不垂直的情况,此时,可把磁通密度 B 正交分解为与平面垂直分量 $B_\perp$ 和与平面平行分量 $B_{/\!/}$,则

$$\Phi = B_\perp S$$

也可先求出平面 S 在垂直于磁感线方向上的投影 S_n,则

$$\Phi = BS_n$$

当磁感线与平面 S 垂直时,磁通量最大;当磁感线与平面平行时,磁通量 $\Phi = 0$。

3. 磁导率

我们先做如图 3-21 所示实验。在通电螺线管中插入铜棒去吸引铁屑时,可观察到只有少量铁屑被吸起;当我们改用铁棒插入通电螺线管时,可发现大量的铁屑被吸起,磁场力增大了数百倍。这表明:磁场的强弱不仅与电流和导体的形状有关,还与磁场中媒介质的导磁性能有关。

磁导率 μ 就是一个用来描述媒介质导磁性能的物理量。和不同材料有不同电阻率一样,不同的媒介质,有不同的磁导率。磁导率的单位是亨/米(H/m)。

实验可以测定,真空中的磁导率是个常数,用 μ_0 来表示。

$$\mu_0 = 4\pi \times 10^{-7}\text{H/m}$$

由于真空中磁导率 μ_0 是个常数,所以将其他媒介质的磁导率 μ 与它对比是很方便的。任一媒介质的磁导率 μ 与真空的磁导率 μ_0 的比值称为这种媒介质的相对磁导率,用 μ_r 表示,即

$$\mu_r = \frac{\mu}{\mu_0} \tag{3-17}$$

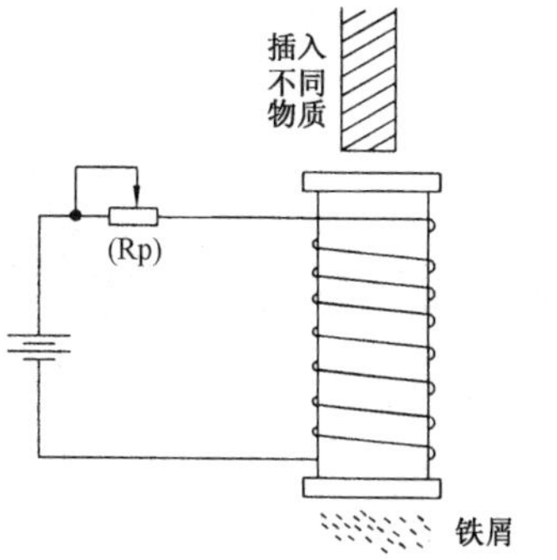

图 3-21 通电螺线管中插入
不同物质的实验

相对磁导率 μ_r 没有单位,它表明在其他条件相同时,媒介质中的磁通密度是真空中的 μ_r 倍。各种材料的相对磁导率可在《电工手册》中查到。表3.5中为常用铁磁性材料的相对磁导率。

表 3.5　常用铁磁性物质的相对磁导率

铁磁物质	μ_r	铁磁物质	μ_r
铝硅铁粉芯	2.5～7	软钢	2180
镍锌铁氧体	10～1000	已退火的铁	7000
锰锌铁氧体	300～5000	变压器硅钢片	7500
钴	174	在真空中熔化的电解铁	12950
未经退火的铸铁	240	镍铁合金	60000
已经退火的铸铁	620	C 型玻莫合金	115000
镍	1120		

根据各种物质导磁性能的不同，可把物质分为三类：

（1）$\mu_r < 1$ 的物质叫反磁性物质，如石墨、银、铜等，μ_r 在 0.999995～0.999970 之间。

（2）$\mu_r > 1$ 的物质叫顺磁性物质，如空气、锡、铝等，μ_r 在 1.000003～1.000014 之间。

顺磁性物质与反磁性物质的相对磁导率都接近于 1（$\mu_r \approx 1$），统称为非铁磁性物质。

（3）$\mu_r \gg 1$ 的物质叫铁磁性物质，如铁、镍、软钢、坡莫合金等。在其他条件相同情况下，铁磁性物质所产生的磁场要比真空中磁场强成千上万倍，因此在电工技术中应用广泛。要注意的是：铁磁物质的 μ_r 值不是常数，将给磁场的有关计算带来不便。

4. 磁场强度

由于磁场中各点的磁通密度 B 的大小与媒介质的性质有关，并且同一媒介质的磁导率并不是一个常数，这就使磁场的计算比较复杂、繁琐。为了使磁场的计算简单、方便，我们引入磁场强度这个物理量来描述磁场的性质。磁场强度的大小仅与电流大小和导体形状有关，而与磁场中的媒介质性质无关。

磁场中某点的磁通密度 B 与媒介质磁导率 μ 的比值叫该点的磁场强度。用 H 来表示，即

$$H = \frac{B}{\mu} = \frac{B}{\mu_r \mu_0} \tag{3-18}$$

在国际单位制中，B 的单位是特（T），μ 的单位是亨/米（H/m），则 H 的单位是安/米（A/m）。工程技术中常用辅助单位安/厘米（A/cm），1A/cm ＝100A/m。

磁场强度 H 也是矢量，在均匀媒介质中，其方向与磁通密度 B 的方向一致。

 思考与练习题

1. 如何用实验证明磁场的存在？它具有什么性质？磁场中任一点的磁场方向是如何规定的？

2. 磁感线是否客观存在？它是如何形象化地表示磁场性质的？它与电场线有什么异同？

3. 怎样用安培定则来判断载流直线导体、环形导体和线圈的磁场方向？如何根据它们之间的内在联系进行记忆，才不容易混淆？它们的磁感线形状各是怎样的？

4. 磁通密度是用来表征什么的？它的大小和方向是如何规定的？

5. 磁通是用来表征什么的？它和磁通密度、磁感线之间有什么联系？

6. 磁导率和相对磁导率各是用来表征什么的？真空中的磁导率是多大？单位是什么？试与介电常数 ε，ε_r，ε_0 作比较。

7. 为什么要引入磁场强度的概念？它与磁通密度有什么联系？

8. 磁场对通电导体的安培力的一般计算公式是什么？方向如何确定？

9.有人说:"通电导体放在磁场中某处时所受的安培力为零,该处的磁通密度必为零。"这种说法对吗? 为什么?

10.某人站在一根南北方向的电线下方,发现磁针 N 极向东偏转,问电线中电流是什么方向? 为什么?

11.如果在一根自北向南流动的电线上方有一个可以自由转动的小磁针,则磁针 N 极会偏向何方?

3.6 电磁感应

自从 1820 年丹麦物理学家奥斯特发现电流的磁效应后,许多物理学家开始了寻找它的逆效应——"把磁转变成电"的探索与研究。经历了无数次挫折和失败,英国物理学家法拉第坚持不懈、顽强奋战了 10 年,终于在 1831 年通过实验发现了电磁感应现象,使人们"磁生电"的梦想成真,对人类的文明进步和科学发展做出了卓越贡献。

3.6.1 电磁感应现象

在初中物理课上已经做过如图 3-22 所示的实验。当导体向左或向右运动时,检流计指针就发生偏转;若导体 AB 不动,而让马蹄形磁体向左或向右运动,检流计指针也发生偏转,并且导体与磁场相对运动方向不同时,指针偏转方向也不同。实验现象说明这时电路中有电流,且电流方向和导体与磁场相对运动方向有关。若导体 AB 不动,或沿磁场方向向上或向下运动,则检流计指针不动,这说明此时电路中没有电流产生。上述实验证明:闭合电路中部分导体与磁场发生相对运动而切割磁感线时,电路中就有电流产生。

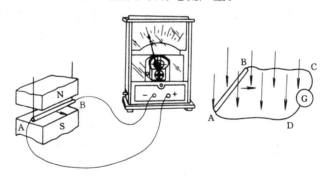

图 3-22 电磁感应实验

如果导体与磁场不发生相对运动,能否在电路中产生电流呢? 我们仍然用实验来讨论这个问题。在如图 3-23 所示的电路中,当闭合或断开电键瞬间;或者电键闭合后,用变阻器改变 A 线圈中电流时,穿过 B 线圈的磁通量发生变化,检流计指针都发生偏转,说明 B 线圈中产生了电流。仍采用上述电路进行实验:在 A 线圈中加入铁心,闭合电键后 A 线圈成为电磁铁。当 A 线圈上、下移动时,检流计指针左、右摆动,说明 B 线圈中有电流产生,且电流方向与 B 线圈中磁通量变化情况有关。当 A 线圈不动,且电流保持不变时,检流计指针不动,说明 B 线圈中没有电流产生。这个实验证明:不论用什么方法,只要穿过闭合电路的磁通量发生变化,闭合电路中就有电流产生,电流方向与穿过闭合电路的磁通量变化情况有关。

这种利用磁场产生电流的现象叫做电磁感应现象,产生的电流叫做感应电流。

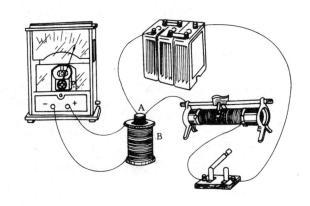

图 3-23　电磁感应实验

综上所述,我们可总结出产生感应电流的条件是:闭合电路的一部分导体做切割磁感线运动时,或穿过闭合电路的磁通量发生变化时,闭合电路中就有感应电流产生。

3.6.2　感应电流的方向及楞次定律

闭合电路中的部分导体做切割磁感线运动时,产生的感应电流的方向,可用物理中学过的右手定则来判定:伸出右手,使大拇指和其余四指垂直,并都与手掌在同一平面内,让磁感线垂直穿过手心,大拇指指向导线切割磁感线运动方向,则四指所指就是感应电流方向。要注意:若导线不动,而是磁场运动,则大拇指所指方向应与磁场运动方向相反。

用右手定则来判定导体与磁场发生相对运动时,产生的感应电流方向较为方便。那么如何来判定穿过闭合电路的磁通量发生变化时,产生的感应电流方向呢? 1834 年,德国物理学家楞次经过反复实验和研究,总结出确定感应电流方向的普遍适用的规律——楞次定律。楞次定律指出:感应电流的方向,总是使感应电流产生的磁场阻碍引起感应电流的磁通量的变化。

应用楞次定律判定感应电流方向的具体步骤是:

(1) 明确原磁场的方向,确定穿过闭合电路的磁通量是增加还是减少。

(2) 根据楞次定律确定感应电流的磁场方向,若穿过闭合电路的磁通量增加,则感应电流的磁场方向与原磁场方向相反;若穿过闭合电路的磁通量减少,则感应电流的磁场方向与原磁场方向相同。

(3) 根据安培定则,由感应电流的磁场方向,确定感应电流方向。

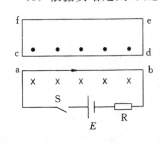

图 3-24　例 3.7 电路图

例 3.7　如图 3-24 所示,当闭合或断开电键 S 瞬间,导线 cd 中都有感应电流产生。试用楞次定律分别确定这两种情况下导线 cd 中感应电流的方向。

解:电键 S 闭合瞬间

(1) 电键 S 闭合前,穿过闭合电路 cdef 的磁通量为零。S 闭合瞬间,导线 ab 中电流 I 方向为 a→b,由直线电流安培定则可判定,穿过闭合回路 cdef 的磁感线垂直纸面向外,磁通量增大。

(2) 由楞次定律可知,产生的感应电流的磁场方向应阻碍磁通量增加,即与原磁场方向相反,其磁感线应垂直纸面向里。

(3) 由环形电流安培定则可知,闭合电路 cdef 中感应电流为顺时针方向,即导线 cd 中的感应电流方向为 d→c。

电键 S 打开时的情况,请同学们自己分析确定。

3.6.3 法拉第电磁感应定律

我们知道,闭合电路中有电流,该电路中必有电动势。因此在电磁感应现象中,闭合电路中有感应电流产生,那么该电路中也必定有电动势存在。我们把在电磁感应中产生的电动势叫做感应电动势。切割磁感线的那部分导体、磁通量发生变化的那个线圈相当于电源。无论电路是否闭合,只要穿过电路的磁通量发生变化就有感应电动势产生。若电路闭合,就有感应电流;若电路不闭合,则没有感应电流。感应电动势的方向与感应电流方向相同,仍用右手定则或楞次定律来判断。值得注意的是:在电源内部,电流由负极流向正极,所以,相当于电源的切割磁感线的导体或磁通量发生变化的线圈,感应电流的流入端为负极,而流出端为正极。

在研究电磁感应的实验中,我们还可观察到:导线切割磁感线的速度越快,产生的感应电流越大;电磁铁 A 插入或拔出闭合的 B 线圈越快,产生的感应电流越大;A 线圈中电流变化越快,引起 B 线圈中磁通量变化越快,所产生的感应电流也越大。

法拉第用精确实验证明:电路中感应电动势的大小,与穿过这一电路的磁通量的变化率成正比,这就是法拉第电磁感应定律。它适用于所有的电磁感应现象,是确定感应电动势大小的最普遍的规律。

设在 t_1 时刻穿过一匝线圈的磁通量是 Φ_1,在 t_2 时刻穿过这匝线圈的磁通量是 Φ_2,则在 $\Delta t = t_2 - t_1$ 时间内,磁通量的变化量是 $\Delta \Phi = \Phi_2 - \Phi_1$,磁通量的变化率就是 $\dfrac{\Delta \Phi}{\Delta t}$。由法拉第电磁感应定律可得,单匝线圈产生的感应电动势为

$$e = -K \frac{\Delta \Phi}{\Delta t}$$

上式中 K 为比例系数,其数值与单位选择有关。在国际单位制中,$\Delta \Phi$ 用韦(Wb)作单位,Δt 用秒(s)作单位,e 用伏(V)作单位,此时 $K = 1$。负号表示感应电动势方向总是阻碍磁通量的变化。

如果线圈有 N 匝,则可看做有 N 个单匝线圈串联而成,且每匝线圈内磁通量变化情况相同,所以有 N 匝线圈的感应电动势是单匝时的 N 倍,即

$$e = -N \frac{\Delta \Phi}{\Delta t}$$

用法拉第电磁感应定律可以推导出导体作切割磁感线运动时感应电动势大小的公式,应用可更方便。如图 3-25 所示,矩形线框 abcd 放在磁通密度为 B 的匀强磁场中,线框平面与磁感线垂直。导线 ab 长为 l,在与磁感线垂直方向上以速度 v 向右做切割磁感线运动,设在时间 Δt 内由原来位置 ab 移动到 $a'b'$,则该线框面积变化量 $\Delta S = lv\Delta t$,穿过闭合线框磁通量变化量为 $\Delta \Phi = B \Delta S = Blv\Delta t$,代入公式 $e = -N \dfrac{\Delta \Phi}{\Delta t}$,可得

$$e = Blv$$

上式中各单位都必须用国际单位制,即:$B(\mathrm{T})$,$l(\mathrm{m})$,$v(\mathrm{m/s})$,$e(\mathrm{V})$。

若导体运动方向与导体本身垂直,而与磁感线成 θ 角,如图 3-26 所示,则可将速度 v 分解为平行于磁感线的分速度 $v_{\parallel} = v\cos\theta$ 和垂直于磁感线的分速度 $v_{\perp} = v\sin\theta$。由于平行于磁感线的分速度 $v_{\parallel}$ 不切割磁感线,所以导线切割磁感线所产生的感应电动势的一般公式为

$$e = Blv\sin\theta \qquad (3\text{-}19)$$

上式一般适用于计算感应电动势的瞬时值，式中 l 为导线的有效长度，θ 为 B 与 v 之间的夹角。匝数为 N、面积为 S 的线框在匀强磁场中以角速度 ω 匀速转动时，产生的最大感应电动势为

$$E_m = NB\omega S \qquad (3\text{-}20)$$

同学们可根据 v 与 ω 的关系证明这个公式。再想一想，线框转动到什么位置时产生的感应电动势最大？公式 $E_m = NB\omega S$ 适用于任何形状的线框，记住它常可方便计算。

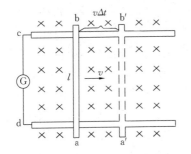

图 3-25　导线切割磁感线

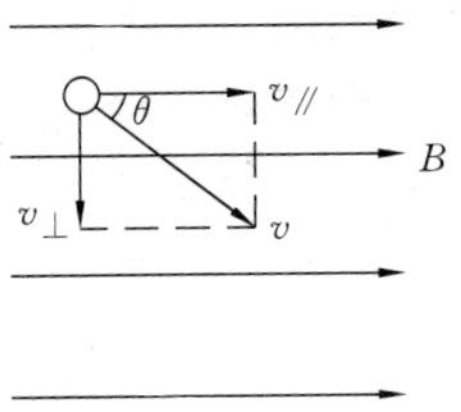

图 3-26　速度分解示意图

法拉第电磁感应定律公式 $e = -N\dfrac{\Delta\Phi}{\Delta t}$ 一般适用于计算在时间 Δt 内的平均电动势。由公式可以看出，感应电动势不是由磁通量 Φ 决定的，也不是由磁通变化量 $\Delta\Phi$ 决定的，而是由磁通量的变化率 $\dfrac{\Delta\Phi}{\Delta t}$ 决定的。为了学习方便，公式中也可以不加负号，$\dfrac{\Delta\Phi}{\Delta t}$ 不论增、减都取绝对值，求出的 e 值也只表示大小，其极性由楞次定律确定。

例 3.8　如图 3-27 所示，把条形磁铁的 N 极用 1.5s 的时间由一个 60 匝的线圈从顶部一直插到底部，在这段时间内每匝线圈磁通量改变了 5.0×10^{-5} Wb。若电阻 $R = 8\,\Omega$，试求：(1) 线圈中感应电动势的大小和极性；(2) 感应电流的大小和方向。

解：

(1) 由 $e = N\left|\dfrac{\Delta\Phi}{\Delta t}\right|$ 得，感应电动势为

$$e = 60 \times \frac{5 \times 10^{-5}}{1.5}\,\text{V} = 2 \times 10^{-3}\,\text{V}$$

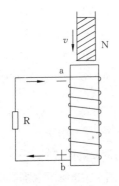

图 3-27　例 3.8 电路图

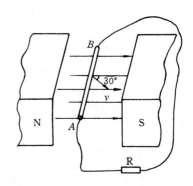

图 3-28　例 3.9 电路图

（2）由楞次定律可判定感应电流方向如图 3-27 所示。因为磁通量发生变化的线圈相当于电源，所以 a 端为负极，b 端为正极。

感应电流的大小为

$$I = \frac{e}{R} = \frac{2 \times 10^{-3}}{8}A = 0.25mA$$

例 3.9　如图 3-28 所示，在 $B = 0.2T$ 的匀强磁场中，垂直于磁场方向、长度 $l = 40cm$ 的导线，以 $v = 20m/s$ 的速率作切割磁感线运动，运动方向与磁感线成 $30°$，且与导线本身垂直。整个回路电阻 $R = 4\Omega$。试求：

（1）感应电动势的方向和极性。

（2）感应电流的大小和方向。

（3）使导线继续匀速运动所需加的外力的大小和方向。

（4）外力做功的功率。

（5）电阻 R 上消耗的功率。

解：

（1）感应电动势大小为

$$e = Blv\sin\theta = 0.2 \times 0.4 \times 20 \times \sin 30° V = 0.8V$$

由右手定则可知，导线 AB 中电流方向为由 B→A，所以 A 端为正极，B 端为负极。

（2）感应电流大小为

$$I = \frac{e}{R} = \frac{0.8}{4}A = 0.2A$$

（3）使导线匀速运动所需外力与安培力平衡，所以外力大小为

$$F = BIl = 0.2 \times 0.2 \times 0.4N = 0.016N$$

由左手定则可判定，导线 AB 中有感应电流后所受安培力方向为竖直向上，由二力平衡条件可知，外力方向应竖直向下。

（4）将速度 v 分解为平行于磁场方向分量 $v_{/\!/} = v\cos\theta$ 和垂直于磁场方向分量 $v_{\perp} = v\sin\theta$，由于在平行于磁场方向上没有力做功，所以外力做功的功率是

$$P_{外} = Fv_{\perp} = Fv\sin\theta = 0.016 \times 20 \times 0.5W = 0.16W$$

（5）电阻 R 上消耗功率为

$$P = I^2R = 0.2^2 \times 4W = 0.16W$$

通过计算，我们可以看到：外力克服安培力所做功的功率与电路消耗功率相等，这完全符合能量守恒定律。

　思考与练习题

1.举出你知道的电磁感应现象的实例。产生感应电动势和感应电流的条件完全相同吗？它们之间有什么关系？

2.你会用楞次定律或右手定则来判定感应电动势和感应电流的方向吗？什么情况下用右手定则，什么情况下用楞次定律来判定感应电流的方向比较方便？

3.法拉第电磁感应定律是用来描述什么规律的？写出有 N 匝线圈的感应电动势计算公式；写出导线切割磁感线运动时计算感应电动势的公式。

4.有人说："只要闭合回路中的导体在磁场里运动,回路中就一定有感应电流产生。"这句话对吗? 为什么?

5.有人说："感应电流的磁场方向总和原磁场方向相反。"这句话对吗? 为什么?

6.有一个铜环和一个塑料环,两环形状、大小都完全相同。用两根完全相同的条形磁铁,以同样速度将 N 极分别插入铜环和塑料环,问同一时刻穿过这两环中的磁通是否相同? 为什么?

3.7　电感及其基本特性

3.7.1　电感器

电阻器(简称电阻)、电容器(简称电容)和电感器(简称电感)是电路的三种基本元件。用导线绕制而成的线圈就是一个电感器,也称电感元件,用文字符号 L 表

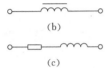

图 3-29　几种电感的表示方法

示。电流通过电感线圈时产生磁场,磁场具有能量,所以电感器与电容器一样,也是一种储能元件。

电感器分为空心线圈(如空心螺线管等)和铁心线圈(如日光灯镇流器等)两种,其图形符号如图 3-29(a)和图 3-29(b)所示。

电路理论中的电感元件是理想化了的线圈,它忽略了导线电阻的能量损耗和匝间分布电容的影响,称为纯电感元件。

实际电感线圈若其导线电阻 R 不能忽略,则可以用电阻 R 与纯电感 L 串联来等效表示,如图 3-29(c)所示。

3.7.2　电感

如图 3-30 所示,当电流 I 通过有 N 匝的线圈时,在每匝线圈中产生磁通量 Φ,则该线圈的磁链 ψ 为

$$\psi = N\Phi \tag{3-21}$$

磁通量和磁链的单位都是韦伯(Wb)。

图 3-30 中标出的磁通量 Φ 的正方向,可由电流 I 方向根据通电螺线管的安培定则(右手螺旋定则)确定。

上述线圈的磁通量和磁链是由通过线圈本身的电流所产生的,并随本线圈的电流变化而变化,因此将它们分别称为自感磁通 Φ_L 和自感磁链 ψ_L。

实践证明,空心线圈的磁通量 Φ_L 和磁链 ψ_L 与电流 I成正比,即

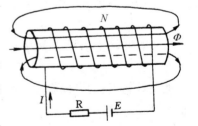

图 3-30　电感线圈的磁链

$$\psi_L = LI \text{ 或 } L = \frac{\psi_L}{I} \tag{3-22}$$

式中 L 是一个常数。我们把线圈的自感磁链 ψ_L 与电流 I 的比值称为线圈的自感系数,简称电感,用字母 L 表示。在国际单位制中,磁链单位是韦(Wb),电流 I 单位是安(A),则电感 L 单位是亨利(H),简称亨。电感的单位还有毫亨(mH)和微亨(μH),它们的关系是:

$$1H = 10^3 mH = 10^6 \mu H$$

电感的物理意义是:它在数值上等于单位电流通过线圈时所产生的磁链,即表征线圈产生

磁链本领的大小。线圈电感 L 越大,通过相同电流时,产生的磁链也越大。

电感 L 是线圈的固有特性,其大小只由线圈本身因素决定,即与线圈匝数、几何尺寸、有无铁心及铁心的导磁性质等因素有关,而与线圈中有无电流或电流大小无关。理论和实践都证明:线圈截面积越大,长度越短,匝数越多,线圈的电感越大;有铁心时的线圈比空心时的电感要大得多。与电容一样,电感 L 也具有双重意义:既表示电感器这一电路元件,也表示自感系数这一电路中的参数。

值得注意的是:只有空心线圈,且附近不存在铁磁材料时,其电感 L 才是一个常数,不随电流的大小而变化,我们称为线性电感。铁心线圈的电感不是常数,其磁链 ψ 与电流 I 不成正比关系,它的大小随电流变化而变化,我们称为非线性电感。为了增大电感,实际应用中常在线圈中放置铁心或磁心。例如收音机的中周、调谐电路中的线圈都是通过在线圈中放置磁心来获得较大电感,减小元件体积的。非线性电感的有关性质将在第6章中介绍。

实际上,并不是只有线圈才有电感,任何电路、一段导线、一个电阻、一个大电容等都存在电感,但因其影响极小,一般可以忽略不计。

3.7.3 自感现象和自感电动势

我们通过实验来分析、研究电感元件的基本特性,先来观察自感现象。

在图 3-31(a)所示电路中,H_1 和 H_2 是两个相同的灯泡,L 是电感很大的线圈,调节变阻器 R 使它的阻值等于线圈的电阻,调节变阻器 R_1 使灯泡 H_1 和 H_2 都能正常发光。

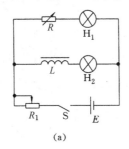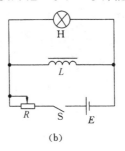

图 3-31　自感实验电路

闭合开关 S 瞬间,可以观察到与变阻器 R 串联的灯泡 H_1 立即正常发光,而与电感 L 串联的灯泡 H_2 却是逐渐亮起来,要经一段时间才能达到同样的亮度。如何来解释这种现象呢?原来,在开关 S 闭合瞬间,通过电感 L 与灯泡 H_2 支路的电流由零开始增大,使穿过线圈的磁通量也随之增大。由法拉第电磁感应定律和楞次定律可知,这时线圈中必然会产生感应电动势来阻碍线圈中电流的增大,因此通过灯泡 H_2 的电流只能逐渐增大,灯泡 H_2 亮度随之逐渐增强。

现在再做图 3-31(b)所示的实验,把灯泡 H 和电阻较小的铁心线圈 L 并联后接到直流电源上。闭合开关 S 后,调节变阻器 R 使灯泡 H 正常发光。当把开关 S 断开的瞬间,可以看到灯泡并不立即熄灭,而是突然发出耀眼的强光后才熄灭。这种现象又如何解释呢?这是因为在切断电源瞬间,通过线圈的电流突然减小,穿过线圈的磁通量也很快减小,所以在线圈中必然会产生一个很大的感应电动势来阻碍线圈中电流的减小。这时,线圈 L 与灯泡 H 组成闭合电路,产生感应电动势的线圈相当于电源,在电路中就会产生较大的感应电流,因此灯泡不但不立即熄灭,反而会产生短暂的强光。同学们可根据楞次定律思考一下,这时通过灯泡的电流方向与开关断开前灯泡的电流方向相同吗?为什么?

通过对上述两个实验的观察与分析可以看出：当通过导体的电流发生变化时，穿过导体的磁通量也发生变化，导体两端就产生感应电动势，这个电动势总是阻碍导体中原来电流的变化。这种由于导体本身的电流变化而引起的电磁感应现象叫自感现象。在自感现象中产生的感应电动势叫自感电动势。

3.7.4　电感元件的伏安特性

自感现象是电磁感应中的一种特殊现象，自感电动势公式可由法拉第电磁感应定律推导而得。因为

$$e_{\mathrm{L}} = -N\frac{\Delta\Phi}{\Delta t} = -\frac{\Delta\psi}{\Delta t} = -\frac{\psi_2-\psi_1}{\Delta t}$$

而 $\psi = LI$，代入上式得

$$e_{\mathrm{L}} = -\frac{\psi_2-\psi_1}{\Delta t} = -\frac{LI_2-LI_1}{\Delta t}$$

$$e_{\mathrm{L}} = -L\frac{\Delta i}{\Delta t} \tag{3-23}$$

式中，Δi 表示线圈中电流的变化量，单位是 A；

$\quad\Delta t$ 表示线圈中电流变化 Δi 时所用时间，单位是 s；

$\quad\dfrac{\Delta i}{\Delta t}$ 叫电流的变化率；

$\quad L$ 表示线圈的电感，单位是 H；

$\quad e_{\mathrm{L}}$ 表示线圈的自感电动势，单位是 V。

公式（3-23）说明：自感电动势的大小与线圈中电流的变化率成正比。若线圈中电流恒定，则 $e_{\mathrm{L}} = -L\dfrac{\Delta i}{\Delta t} = 0$，即线圈中通过直流电时不产生自感现象。若线圈中电流变化率相同，显然电感 L 越大的线圈所产生的自感电动势越大，自感作用越强。

公式中负号表明，自感电动势方向总是阻碍线圈中原电流的变化。为学习方便，Δi 常取绝对值，e_{L} 的方向可由楞次定律判断：当线圈中电流增大时，自感电动势及其产生的感应电流方向都与线圈中原电流方向相反；当线圈中电流减小时，自感电动势及其产生的感应电流方向都与线圈中原电流方向相同。

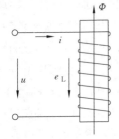

图 3-32　各量的正方向

在电路分析中，主要研究电感元件的端电压 u 和电流 i 的关系。如图 3-32 所示电路中，u，e_{L} 和 i 的正方向根据关联一致原则确定，i 与 Φ 的正方向根据右手螺旋定则确定。

由于线圈电阻一般很小，可忽略不计。由 KVL 可得

$$u_{\mathrm{L}} + e_{\mathrm{L}} \approx 0$$

电感元件端电压大小近似等于自感电动势，所以

$$u_{\mathrm{L}} \approx -e_{\mathrm{L}} = L\frac{\Delta i}{\Delta t} \tag{3-24}$$

上式即为电感元件的伏安关系式，它表明：电感元件的端电压与线圈中电流的变化率成正比，还与线圈的电感有关。若电感线圈中通过的是直流电，则 $u_{\mathrm{L}} = L\dfrac{\Delta i}{\Delta t} = 0$，即电感线圈对直流电相当于短路。

3.7.5 电感线圈中的磁场能量

磁场和电场一样具有能量。电感线圈和电容器都是储能元件。当电流通过导体时,就在导体周围建立磁场,将电能转化为磁场能,储存在电感元件内部;反之,变化的磁场通过电磁感应可以在导体中产生感应电流,将磁场能量释放出来,转化为电能。在图 3-31(b)实验中,当开关 S 断开瞬间,灯泡会发出短暂的强光,就是储存在电感线圈中的磁场能量转化为灯泡的热能和光能,瞬间释放出来产生的。

磁场能量与电场能量有不少相似的特点,在电路中它们可以相互转化。磁场能量的计算公式,在形式上与电场能量的计算公式相似。理论和实践都可以证明:电感线圈的磁场能量与线圈所通过的电流的平方与线圈电感的乘积成正比,即

$$W_L = \frac{1}{2}LI^2 \tag{3-25}$$

式中,L 的单位是 H,I 单位是 A,则 W_L 单位是 J。

上式表明:当线圈中通有电流时,线圈中就要储存磁场能,通过线圈的电流越大,线圈中储存的磁场能越多。在通有相同电流的线圈中,电感越大的线圈,储存的能量越多。从能量的角度看,线圈的电感 L 表征了它储存磁场能量的能力。

应当指出,公式 $W_L = \frac{1}{2}LI^2$ 只适用于计算空心线圈的磁场能量,对于铁心线圈,由于电感 L 不是常数,该公式并不适用。

例 3.10 某空心线圈通过 10A 电流时,产生的自感磁链为 0.01Wb。试求:(1)该线圈的电感 L;(2)若线圈为 100 匝,通过电流为 15A,则线圈的自感磁链和磁通量各为多少?

解:

(1)空心线圈的电感为

$$L = \frac{\psi}{I} = \frac{0.01}{10}\text{H} = 10^{-3}\text{H} = 1\text{mH}$$

(2)通过 15A 电流时,线圈的自感磁链为

$$\psi = LI = 10^{-3} \times 15\text{Wb} = 1.5 \times 10^{-2}\text{Wb}$$

通过每匝线圈的磁通量为

$$\Phi = \frac{\psi}{N} = \frac{1.5 \times 10^{-2}}{10^3}\text{Wb} = 1.5 \times 10^{-5}\text{Wb}$$

例 3.11 通过空心线圈的电流在 10ms 内由 0.4A 增加到 0.6A,产生的自感电动势是 50V,试求:(1)这个线圈的电感 L 是多大? (2)若在 50ms 时间内,线圈中电流由 0.5A 减小为零,产生的自感电动势为多大? 方向如何?

解:

(1)由公式

$$e = L\left|\frac{\Delta i}{\Delta t}\right|$$

得

$$L = \frac{e\Delta t}{\Delta i} = \frac{50 \times 10^{-2}}{0.6 - 0.4}\text{H} = 2.5\text{H}$$

(2)由于空心线圈的电感是一个常数,所以

$$e = L\left|\frac{\Delta i}{\Delta t}\right| = 2.5 \times \frac{0.5}{5 \times 10^{-2}}\mathrm{V} = 25\mathrm{V}$$

由楞次定律得，自感电动势方向总是阻碍线圈中电流的变化，由于线圈中电流减小，所以自感电动势方向与线圈中原电流方向相同。

例3.12 有一个电感 $L = 5.6\mathrm{mH}$ 的空心线圈，通过 $10\mathrm{A}$ 电流时，线圈中储存的磁场能量是多少？当电流由 $10\mathrm{A}$ 增加到 $20\mathrm{A}$ 时，线圈中磁场能量增加了多少？

解：通过 $10\mathrm{A}$ 电流时线圈中储存的磁场能量为

$$W_{L1} = \frac{1}{2}LI^2 = \frac{1}{2} \times 5.6 \times 10^{-3} \times 10^2 \mathrm{J} = 0.28\mathrm{J}$$

当电流由 $10\mathrm{A}$ 增加到 $20\mathrm{A}$ 时，线圈中磁场能量增加了

$$\Delta W_L = W_{L2} - W_{L1} = \frac{1}{2}LI_2^2 - \frac{1}{2}LI_1^2 = \frac{1}{2}L(I_2^2 - I_1^2)$$

$$= \frac{1}{2} \times 5.6 \times 10^{-3} \times (20^2 - 10^2)\mathrm{J} = 0.84\mathrm{J}$$

 思考与练习题

1. 说出你所知道的电感元件？它们各起什么作用？你能写出电感元件文字符号和图形符号吗？

2. 写出线圈的电感的定义式。它的物理意义是什么？国际单位是什么？电感的大小与哪些因素有关？

3. 生活中哪些地方应用自感现象？写出自感电动势的计算公式。

4. 有人说："自感电动势的方向总与原来的电流方向相反。"这句话对吗？为什么？

5. 在制造精密电阻时，常采用如图3-33所示的双线绕法，试说明这种绕法如何消除在使用过程中由于电流变化而引起自感现象的影响？

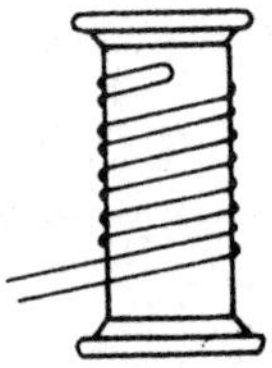

图3-33

6. 电感元件的电压与电流的关系是怎样的？写出它们的伏安关系式。

7. 你能用实验来证明电感线圈是储能元件吗？写出线圈中磁场能量的计算公式。

8. 比较电容器和电感器这两种储能元件的能量计算公式，你能找出它们的内在的对偶关系吗？

 本章小结

一、电场和磁场

任何电荷的周围都存在着电场。电荷和电场是不可分割的整体。电荷之间的相互作用是通过电场发生的。

磁体或电流周围都存在着磁场。磁体之间、磁体与电流之间、电流与电流之间的相互作用都是通过各自的磁场进行的。

电场和磁场都是以"场"这种特殊物质形态存在的，它们都具有力的性质和能的性质。

二、电场强度和磁通密度

电场强度(E)简称场强，是用来表征电场的力的性质的物理量，只与电场本身性质有关，而与检验电荷无关。场强的定义式为 $E = \frac{F}{q}$，单位是 $\mathrm{N/C}$，它是矢量，其方向与放在该点的正电荷的受力方向相同。

磁通密度(B)是用来表征磁场对载流导体的力的性质的物理量,只与磁场本身性质有关,而与磁场中有无载流导体无关。磁通密度的定义式为$B=\dfrac{F}{Il}$,国际单位是 T,它是矢量,其方向与小磁针 N 极在该处受力方向一致。磁通密度 B 的方向、电流 I 的方向和安培力 F 的方向三者之间关系可用左手定则确定。

三、电场线和磁感线

相同点:它们都是用来形象化地描述电场或磁场的强弱和方向的一系列假想曲线;曲线上任意一点的切线方向都与该点的电场或磁场方向一致;曲线的疏密都可表示电场或磁场的强弱;任一电场或磁场中,曲线都永不相交。

不同点:电场线由正电荷出发,终止于负电荷,有头有尾,不闭合;而磁感线是无头无尾的闭合曲线。

四、电容器与电感线圈

任何两个彼此绝缘而又互相靠近的导体都可组成一个电容器。理论研究中的电容元件是不考虑电介质漏电等因素的、理想化的元件。只要电容器两端有电压,就储存有电场能:

$$W_C = \frac{1}{2}CU_C^2$$

用导线绕制而成的线圈就是一个电感器。理论研究中的电感元件是不考虑导线电阻和分布电容等因素的理想化的元件。只要电感中有电流通过,就储存有磁场能。

$$W_L = \frac{1}{2}LI_L^2$$

电容器和电感器都是储能元件,有着和电阻大不相同的伏安关系:电容的伏安关系式为$i_C=C\dfrac{\Delta u_C}{\Delta t}$,电感的伏安关系为$u_L=L\dfrac{\Delta i}{\Delta t}$。

五、电容与电感

电容器的电容的定义式为$C=\dfrac{q}{U}$,单位是 F。它表征电容器储存电荷及场能的能力,其大小由本身结构决定,即与两极板的形状、大小、相对位置及两极板间的电介质性质有关,而与带电情况无关。平行板电容器的电容量为

$$C = \varepsilon_r \varepsilon_0 \frac{S}{d}$$

线圈的自感系数或电感的定义式为$L=\dfrac{\psi_L}{I}$,单位是 H。它表征线圈产生自感磁链及储存磁场能的本领,其大小由线圈本身因素决定,即与线圈匝数、几何尺寸、有无铁心及铁心的导磁性质有关,而与所通电流情况无关。空心线圈的电感 L 是常量,称为线性电感;铁心线圈的电感 L 不是常数,称为非线性电感。

六、介电常数和磁导率

介电常数 ε 又称电容率,由电介质性质决定。真空中的介质常数 $\varepsilon_0 = 8.86 \times 10^{-12}$ F/m,是个恒量;相对介电常数 $\varepsilon_r = \dfrac{\varepsilon}{\varepsilon_0} = \dfrac{C}{C_0}$,所以 $\varepsilon = \varepsilon_r \varepsilon_0$,$C = \varepsilon_r C_0$。

磁导率 μ 用来表征磁介质的导磁能力。真空中的磁导率 $\mu_0 = 4\pi \times 10^{-7}$ H/m,是个恒量;相对磁导率 $\mu_r = \dfrac{\mu}{\mu_0}$,所以 $\mu = \mu_r \mu_0$。$\mu_r \gg 1$ 的物质叫铁磁性物质,$\mu_r \approx 1$ 的物质叫非铁磁性物质。

七、电流的磁场

直线电流、环形电流和通电螺线管产生的磁场方向可分别用安培定则(右手螺旋定则)来判定。

磁通是描述穿过某一面积的磁场强弱的物理量。在匀强磁场中,磁通 $\Phi = BS$,单位是 Wb;若 B 与 S 不垂直,则 B 应取与面积 S 垂直的分量。

磁场强度的定义式为$H=\dfrac{B}{\mu}=\dfrac{B}{\mu_r \mu_0}$,单位是 A/m。磁场强度是表征仅由电流激发的磁场强弱的物理

量，与媒介质无关；而磁通密度 B 则表征由电流激发的磁场及媒介质被磁化后产生的附加磁场的合磁场强弱的物理量。

八、电容器的串、并联

电容器串联时的特点是：各电容器电量都相等，总电压等于各电容器端电压之和，总电容的倒数等于各电容的倒数之和。即

$$q = q_1 = q_2 = q_3, \quad U = U_1 + U_2 + U_3, \quad \frac{1}{C} = \frac{1}{C_1} + \frac{1}{C_2} + \frac{1}{C_3}$$

电容器并联时的特点是：各电容器的端电压相等，总电荷量等于各电容器电荷量之和，总电容等于各电容之和。即：

$$U = U_1 = U_2 = U_3, \quad q = q_1 + q_2 + q_3, \quad C = C_1 + C_2 + C_3$$

电容器串联可以提高耐压值，但总电容反而减小。

电容器并联可以增大电容值，其耐压值等于其中最小的耐压值。

九、电磁感应

部分导体做切割磁感线运动或线圈中磁通量发生变化时，导体或线圈两端就会产生感应电动势；若电路闭合则有感应电流产生。这种由磁生电的现象叫电磁感应。

切割磁感线的导体或磁通发生变化的线圈相当于电源，是内电路。感应电动势和感应电流方向可用右手定则或楞次定律判定。

感应电动势大小可由法拉第电磁感应定律公式 $e = N\left|\dfrac{\Delta \Phi}{\Delta t}\right|$ 或公式 $e = NBlv\sin\theta$ 求出。公式 $e = -N\dfrac{\Delta \Phi}{\Delta t}$ 一般用于求 Δt 时间内的平均电动势；求某一时刻即时电动势，一般用公式 $e = NBlv\sin\theta$ 求解。不论什么形状，匝数为 N、面积为 S、以角速度 ω 在匀强磁场 B 中匀速旋转的线圈产生的最大电动势都为 $E_m = NB\omega S$。

习题 3

3.1 一个 $30\mu F$ 的电容器，应串联多大的电容才可使总电容为 $10\mu F$？

3.2 图 3-34 中电容器的电容量都为 C，试求图 3-34 各图中 A 和 B 两点间等效电容。

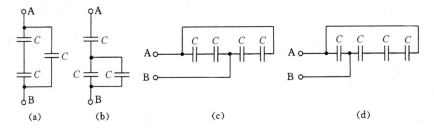

图 3-34

3.3 如图 3-35 所示 $C_1 = C_2 = 20\mu F, C_3 = C_4 = 30\mu F$。试求：(1)当 S 打开时，A 和 B 间的等效电容。(2)当 S 闭合时，A 和 B 间的等效电容。

3.4 电容都为 C_0，耐压值都为 U_0 的三个电容器，将它们串联使用时等效电容为多大？耐压值是多大？将它们并联使用时，等效电容又为多大？耐压值为多大？

3.5 有两个相同电容器，标有"$20\mu F, 500V$"，串联后接到 900V 直流电路中。试问：(1)每个电容器带多大电荷量？(2)每个电容器承受多大电压？(3)电容器是否会被击穿？为什么？

3.6 将 $C_1 = 20\mu F, C_2 = 30\mu F$ 的两个电容器并联后接到 100V 直流电路中，它们共带有

多少电荷量?

3.7　现有两个电容器,$C_1=450\mu F$,耐压为 20V,$C_2=150\mu F$,耐压为 30V。试求:(1)将它们并联使用时的等效电容和耐压值。(2)将它们串联使用时的等效电容和耐压值。

3.8　一个电容为 $10\mu F$ 的电容器,带有 $1.5\times10^{-6}C$ 电荷量,求该电容器的端电压是多大? 储存的电场能量是多少?

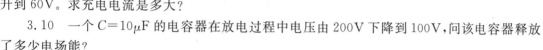

图 3-35

3.9　一个电容 $C=300\mu F$ 的电容器在 1ms 内,端电压由 0 上升到 60V。求充电电流是多大?

3.10　一个 $C=10\mu F$ 的电容器在放电过程中电压由 200V 下降到 100V,问该电容器释放了多少电场能?

3.11　如图 3-36 所示,当电键 S 闭合后,图中小磁针会如何转动?

3.12　标出图 3-37 中电源的正、负极。

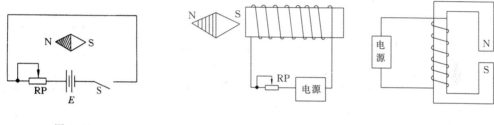

图 3-36　　　　　　　　　　　　图 3-37

3.13　长 10cm 的导线,放在匀强磁场中,它的方向与磁场方向垂直,导线中电流为 3A,所受的磁场力为 $1.5\times10^{-3}N$,求该处的磁通密度。若媒介质为空气,则该处磁场强度是多大?

3.14　在磁通密度 $B=0.5T$ 的匀强磁场中有一个 $50cm^2$ 的平面,试求当磁感线与平面垂直时和磁感线与平面成 $60°$ 角时,通过该平面的磁通各为多大?

3.15　已知硅钢片中,磁通密度 $B=1.4T$,磁场强度 $H=5A/cm$,试求硅钢的相对磁导率。

3.16　下列说法正确的有哪些? 为什么?

(1)电路中有感应电流,必有感应电动势存在。

(2)电路中有感应电动势,必有感应电流。

(3)闭合电路中,感应电动势大的,感应电流也一定大。

(4)电路中感应电动势大小,与穿过这一电路的磁通成正比。

(5)电路中感应电动势大小,与穿过这一电路的磁通的变化量成正比。

(6)电路中感应电动势大小,与穿过这一电路的磁通的变化率成正比。

(7)电路中感应电动势大小,与单位时间穿过这一电路的磁通的变化量成正比。

3.17　将一条形磁铁插入圆柱形线圈内,或从线圈中拔出,试在图 3-38 所示各图中,标出感应电流的方向和感应电动势的极性。

3.18　如图 3-39 所示,导线在匀强磁场中作下列运动时,(1)导线垂直于 B 作平动,如图 3-39(a)所示;(2)导线绕固定端 O 垂直于 B 转动,如图 3-39(b)所示;(3)导线绕其中心点 O 作垂直于 B 的转动,如图 3-39(c)所示;(4)导线绕其中心点 O 作平行于 B 的转动,由图 3-39(d)所示。哪些会产生感应电动势? 方向如何? 请在图中标出。

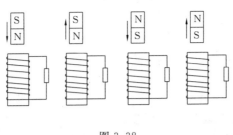

图 3-38

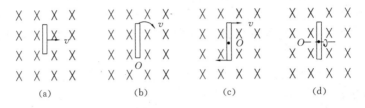

图 3-39

　　3.19　如图 3-40 所示，裸导体 AB 和 CD 都能在金属框导轨上无摩擦滑动（导轨交叉处绝缘）。当 AB 杆向右匀速移动时，试判定：(1)AB 杆的极性；(2)闭合电路中的电流方向；(3)CD 杆的运动方向。

　　3.20　在 $B=0.8$T 的匀强磁场中，长 $l=10$cm 的导线在垂直于磁感线方向上以 $v=10$m/s 速度向上运动，如图 3-41 所示，求该导线感应电动势的大小和方向。

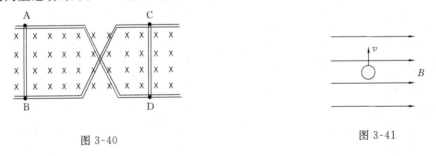

图 3-40

图 3-41

　　3.21　某线圈中的磁通在 0.1s 内均匀地由 0 增加到 1.8×10^{-4}Wb 时，线圈中产生的感应电动势为3.6V，求该线圈的匝数。

　　3.22　在 $B=0.4$T 的匀强磁场中，长度 $l=25$cm 的导线以 6m/s 速率做切割磁感线运动，运动方向与磁感线成 30°角，且与导线本身垂直，求感应电动势。

　　3.23　一个 1000 匝线圈，在 0.4s 内穿过它的磁通由 0.02Wb 增加到 0.09Wb，求线圈中的感应电动势。如果线圈的电阻是 10Ω，当它与一个电阻为 990Ω 的电热器串联组成闭合电路时，通过电热器的电流是多大？

　　3.24　如图 3-42 所示，在与磁场垂直的平面内放一个矩形金属框，金属杆 ab 可紧靠框架无摩擦滑动。磁通密度 $B=0.5$T，金属杆质量 $m=5$g，长度 $l=0.1$m，电路总电阻为 1Ω，求 ab 杆下落时，哪端电位高？ab 杆下落的最大速度是多大？（$g=10$m/s^2）

　　3.25　线圈电感为 0.5H，通入电流方向如图 3-43 所示，若某时刻自感电动势 $e_L=60$V，极性为上正下负，试求线圈中电流的变化率，并分析电流 i 是增大还是减小。

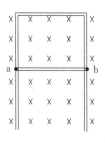

图 3-42

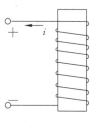

图 3-43

3.26 在 $L=10\text{mH}$ 的线圈中要产生 100V 自感电动势,若所用时间为 20ms,则线圈中电流的变化量是多少?

3.27 一个线圈在 10ms 内电流由 0 增加到 0.5A,线圈两端产生的自感电压为 250V,求该线圈的电感 L。

3.28 电感 $L=0.5\text{H}$ 的线圈在 50ms 内电流由 30A 减小到 15A,试求线圈中的自感电动势的大小和方向。

3.29 有一个电感 $L=1.5\text{H}$ 的线圈,当通过它的电流在 5ms 由 1A 增加到 5A 时,试求:(1)线圈产生的自感电动势;(2)线圈中磁场能量增加了多少?

[探索与研究]

1. 现有二根外形完全相同的磁棒和铁棒,试用三种简单易行的方法将它们区分开来,写出你的设计方案(所需器材、实验步骤、实验现象及判断依据和结论)。

2. 日光灯的启辉器(俗称"跳泡")是一种普遍使用且易损坏的电工元器件。取报废启辉器一只,用万用表的欧姆档 R×1k 测量两个电极引出端,若指针偏向零刻度,说明与氖泡并联的纸质电容器已被击穿,这是启辉器损坏的常见原因。除去外罩壳,将电容器二极剪下,启辉器往往又可使用了。不妨你可以试一试。

将剪下的纸质电容器的外层薄蜡除去,小心地将卷着的蜡纸和金属薄膜展开,你能说出纸质电容器的结构原理吗?你可能还会发现电容器被击穿时留下的灼痕。

3. 用一只可以测量电容量的数字万用电表,先分别测出两个电容器的电容 C_1 和 C_2,再将它们串联、并联,分别测出它们的等效电容 $C_串$ 和 $C_并$,填入自己设计的表格中。根据实验数据,先定性分析一下,电容器串联或并联后等效电容是增大了,还是减小了?想一想这是为什么?将电容串联、并联与电阻串、并联进行类化,你能得到什么结论?用你所学的电容器、并联时等效电容的计算公式,分别求出 $C_串$ 和 $C_并$ 的理论值,将它们与实验所得测量值进行比较,结果相等吗?试分析造成误差的主要原因。

4. 你能就地取材,自己设计实验方案,分别验证直线电流、环形电流和通电螺线管的安培定则吗?写出所需器材、实验步骤、并自己设计表格记录实验现象和实验结论。按你自己设计的实验方案动手实践,完成实验报告。

若首次实验不成功,请分析失败原因,提出改进措施,完善实验方案,直至最后成功。

5. 打开半导体收音机后盖,你能认出哪些是电容器?哪些是电感线圈吗?你能说出它们在电路中各起什么作用吗?对照相应电路图,通过查阅相关资料,询问老师或技术人员,相信你定会有所收获。

第4章

正弦交流电路

前面我们学习了直流电的许多概念和规律。在现代工农业生产和日常生活中,人们所用的电大部分是交流电。大小和方向都随时间作周期性变化的电动势、电压和电流,统称为交流电。在交流电作用下的电路称为交流电路。

常用的交流电是按正弦规律随时间变化的,称为正弦交流电,下面讨论的交流电和交流电路,除特别指明外,都是指正弦交流电和正弦交流电路。

交流电有着极其广泛的应用。它与直流电相比,有许多独特的优点。首先,交流电可以利用变压器进行电压变换,便于远距离高压输电,以减少线路损耗;便于低压配电,可保证用电安全。其次,交流电机比直流电机构造简单,价格低廉,性能可靠,因此,现代发电厂发出的几乎都是交流电,照明、动力、电热等大多数设备也都使用交流电。再次,交流电经过整流可方便地转换成直流电,供电镀、电解等需用直流电的地方使用。在电路分析计算时,同频率的正弦量加、减运算后,其结果仍为正弦量,频率保持不变,使电路分析计算较为简便。此外,电工技术中的非正弦量应用高等数学知识变换后,也可以作为正弦量来处理。

4.1 正弦交流电的基本概念

4.1.1 正弦交流电的产生

法拉第发现电磁感应现象使人类"磁生电"的梦想成真。发电机就是根据电磁感应原理制成的。正弦交流电由交流发电机产生。

最简单的交流发电机模型如图 4-1 所示。线圈 abcd 在匀强磁场中绕固定转轴匀速转动,把线圈的两根引线焊接到随线圈一起转动的两个铜环上,铜环通过电刷与电流表连接。当线圈每旋转一周时,指针就左右摆动一次。这表明,转动的线圈里产生了感应电流,并且感应电流的大小和方向都随时间作周期性变化——线圈中有交流电产生。

下面我们来研究交流电的变化规律。

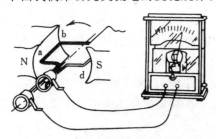

图 4-1　交流发动机模型

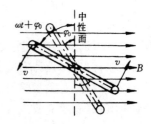

图 4-2　线圈截面图

图 4-2 所示为线圈的截面图。线圈 abcd 以角速度 ω 沿逆时针方向匀速转动,当线圈转动到线圈平面与磁感线垂直位置时,线圈 ab 边和 cd 边的线速度方向都与磁感线平行,导线不切

割磁感线,所以线圈中没有感应电流产生。我们把线圈平面与磁感线垂直的位置叫中性面。设线圈在转动的起始时刻($t=0$),线圈平面与中性面夹角为 φ_0,t 秒后线圈转过角度 ωt,则 t 时刻线圈平面与中性面夹角为 $\omega t+\varphi_0$,从图中可以看出线圈 ab、cd 边转动的线速度 v 与磁感线的夹角也是 $\omega t+\varphi_0$。设 ab 边、cd 边长度为 l,磁场的磁通密度为 B,则线圈两边产生的感应电动势 $e_{ab}=e_{bc}=Blv\sin(\omega t+\varphi_0)$。由于这两个电动势是串联的,所以在 t 时刻整个线圈产生的感应电动势 e 为

$$e = 2Blv\sin(\omega t + \varphi_0)$$

当线圈平面转动到与磁感线平行位置时,ab 边和 cd 边都垂直切割磁感线。显然,此时线圈中产生的感应电动势最大,用 E_m 表示。若线圈有 N 匝,面积为 S,则 $E_m=2NBlv=NB\omega S$。因此,线圈产生的感应电动势又可表示为

$$e = E_m\sin(\omega t + \varphi_0) \tag{4-1}$$

式中,e 表示 t 时刻电动势的瞬时值。交流电的瞬时值用小写字母表示,如电流瞬时值 i,电压瞬时值 u。

E_m 称为电动势的最大值,也叫振幅或峰值,用大写字母下加小写 m 表示,如电流最大值 I_m,电压最大值 U_m。

公式 $e=E_m\sin(\omega t+\varphi_0)$ 叫电动势的瞬时值表达式,$i=I_m\sin(\omega t+\varphi_0)$ 和 $u=U_m\sin(\omega t+\varphi_0)$ 分别是电流和电压的瞬时值表达式。它们统称为交流电的解析式,都是正弦量。

交流电的变化规律除用解析式表示外,还能用波形图直观地表示出来。如图 4-3 所示的是 $e=E_m\sin(\omega t+\varphi_0)$ 的波形图。当 $t=0$ 时,$e=E_m\sin\varphi_0$ 即为初始值;当 $t=t_1$,($\omega t+\varphi_0$)$=\pi/2$ 时,$e=E_m$ 出现最大值;当 $t=t_2$,($\omega t+\varphi_0$)$=\pi$ 时,$e=0$。同理 $t=t_3$ 时,$e=-E_m$;$t=t_4$ 时,$e=0$;$t=t_5$ 时,$e=E_m\sin(\omega t_5+\varphi_0)$ 回到初始值,电动势变化一周期。以后周而复始。

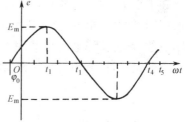

图 4-3 正弦量的波形图

4.1.2 正弦交流电的三要素

1. 最大值

在正弦交流电瞬时值表达式

$$e= E_m\sin(\omega t + \varphi_e)$$
$$u= U_m\sin(\omega t + \varphi_u)$$
$$i= I_m\sin(\omega t + \varphi_i)$$

中,在正弦符号前面的系数 E_m,U_m,I_m 称为这些正弦量的最大值,它是交流电瞬时值中所能达到的最大的值。从正弦交流电的波形图可知,交流电完成一次周期性变化时,正、负最大值各出现一次。

2. 初相

在交流电解析式中,正弦符号后面相当于角度的量($\omega t+\varphi_0$),称为交流电的相位,又称相角。它是一个随时间而变化的量,不仅决定交流电瞬时值的大小和方向,还可以用来比较交流电的变化步调。

计时开始时刻,即 $t=0$ 时的相位 φ_0 叫初相,它反映了交流电起始时刻的状态。正弦量的初相不同,初始值就不同,到达最大值和某一特定值所需时间也不同。

初相 $\varphi_0 = 0$ 的波形图，如图 4-4(a) 所示。

初相 $\varphi_0 > 0$ 的波形与图 4-4(a) 相比，仅在于纵轴向右平移了一个 φ_0 角，如图 4-4(b) 所示。

初相 $\varphi_0 < 0$ 的波形与图 4-4(a) 相比，仅在于纵轴向左平移了一个 φ_0 角，如图 4-4(c) 所示。

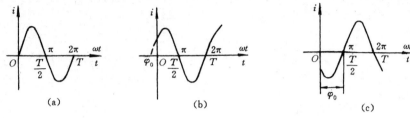

图 4-4　初相不同的几种正弦波

3. 角频率、周期和频率

角频率是描述正弦交流电变化快慢的物理量。我们把交流电每秒钟变化的电角度，叫做交流电的角频率，用字母 ω 表示，单位是弧度/秒（rad/s）。

在工程中，常用周期或频率来表示交流电变化的快慢。交流电完成一次周期性变化所需的时间，叫做交流电的周期，用字母 T 表示，单位是秒（s）。交流电在 1 秒钟内完成周期性变化的次数，称为交流电的频率，用字母 f 表示，单位是赫兹（Hz），简称赫。

根据定义，周期和频率互为倒数，即

$$T = \frac{1}{f} \text{ 或 } f = \frac{1}{T} \tag{4-2}$$

因为交流电完成 1 次周期性变化所对应的电角度为 2π，所用时间为 T，所以角频率 ω 与周期 T 和频率 f 的关系是

$$\omega = \frac{2\pi}{T} = 2\pi f \tag{4-3}$$

我国采用 50Hz 作为电力标准频率，也称为工频交流电，其周期是 0.02s，即 20ms，角频率是 100πrad/s 或 314rad/s，电流方向每秒钟变化 100 次。

任何一个正弦量的最大值、角频率和初相确定后，就可以写出它的解析式，计算出这个正弦量任一时刻的瞬时值。因此，最大值、角频率和初相称为正弦量的三要素。

例 4.1 已知正弦电压 $u = 100\sin(100\pi t + \pi/3)$V，求它的最大值 U_m、角频率 ω、周期 T、频率 f、相位 $\omega t + \varphi_0$、初相 φ_0，作出其波形图，并计算 $t_1 = 0.01$s 和 $t_2 = 0.02$s 时的瞬时值。

解：

由正弦电压解析式 $u = 100\sin(100\pi t + \pi/3)$V 可知

(1) 最大值　$U_m = 100$V

(2) 角频率　$\omega = 100\pi$rad/s $= 314$ rad/s

(3) 周期　$T = \dfrac{2\pi}{\omega} = \dfrac{2\pi}{100\pi}$s $= \dfrac{1}{50}$s $= 0.02$s

(4) 频率　$f = \dfrac{1}{T} = \dfrac{1}{0.02}$Hz $= 50$Hz

(5) 相位　$(\omega t + \varphi_0) = (100\pi t + \pi/3)$rad

(6) 初相　$\varphi_0 = \pi/3$ rad $= 60°$

（7）波形图 如图4-5所示。

（8）$t_1 = 0.01\text{s}$ 时瞬时值

$$u_1 = 100\sin(100\pi \times 0.01 + \pi/3)\text{V}$$
$$= 100\sin(\pi + \pi/3)\text{V} = -100\sin\pi/3\text{V}$$
$$= -100 \times 0.866\text{V} = -86.6\text{V}$$

$t_2 = 0.02\text{s}$ 时瞬时值

$$u_2 = 100\sin(100\pi \times 0.02 + \pi/3)\text{V}$$
$$= 100\sin(2\pi + \pi/3)\text{V}$$
$$= 100\sin\pi/3\text{V} = 100 \times 0.866 = 86.6\text{V}$$

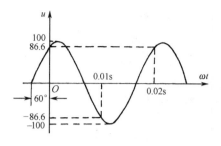

图4-5 波形图

4.1.3 正弦交流电的相位差

设两个同频率的正弦交流电

$$u = U_m\sin(\omega t + \varphi_u)$$
$$i = I_m\sin(\omega t + \varphi_i)$$

式中，$(\omega t + \varphi_u)$是电压u的相位；

$(\omega t + \varphi_i)$是电流i的相位。

两个同频率正弦量的相位之差，叫做它们的相位差，用φ表示。这样，电压u和电流i的相位差为

$$\varphi = (\omega t + \varphi_u) - (\omega t + \varphi_i) = \varphi_u - \varphi_i \tag{4-4}$$

上式表明：两个同频率正弦量的相位差等于它们的初相之差，是个常量，不随时间而改变。

相位差是描述同频率正弦量相互关系的重要特征量，它表征两个同频率正弦量变化的步调，即在时间上超前或滞后到达正、负最大值或零值的关系。我们规定，用绝对值小于π（180°）的角来表示相位差。图4-6所示为两个同频率正弦电压和电流的相位关系。

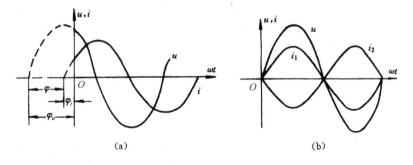

(a) (b)

图4-6 同频率正弦量的相位关系

在图4-6(a)中 $\varphi_u > \varphi_i$，相位差 $\varphi = \varphi_u - \varphi_i > 0$，称为电压$u$超前电流$i$角度$\varphi$，或称电流$i$滞后电压$u$角度$\varphi$。它表示电压$u$比电流$i$要早到达正（或负）最大值或零值的时间是$\varphi/\omega$。

图4-6(b)中，u和i_1具有相同的初相位，即相位差$\varphi = 0$，称为u与i_1同相；而u和i_2相位正好相反，称为反相，即u与i_2的相位差为$\pm180°$。

4.1.4 正弦交流电的有效值和平均值

交流电的有效值是根据电流的热效应来规定的。把交流电i与直流电I分别通过两个相同的电阻，如果在相同的时间内产生的热量相同，则该直流电的数值I就叫交流电i的有效

值。交流电有效值的表示方法与直流电相同，用大写字母表示，如 E、U、I 分别表示交流电的电动势、电压和电流的有效值。

交流电压表、电流表所测量的数值，各种交流电气设备铭牌上所标的额定电压和额定电流值，我们平时所说的交流电的值都是指有效值。以后凡涉及交流电的数值，只要没有特别说明的都是指有效值。

理论计算证明，正弦交流电的有效值和最大值之间满足下列关系：

$$E = \frac{E_m}{\sqrt{2}} = 0.707E_m \tag{4-5}$$

$$U = \frac{U_m}{\sqrt{2}} = 0.707U_m \tag{4-6}$$

$$I = \frac{I_m}{\sqrt{2}} = 0.707I_m \tag{4-7}$$

我国照明电路的电压是 220V，其最大值是 $220\sqrt{2} = 311$V，接入 220V 交流电路的电容器耐压值必须不小于 311V。

电工、电子技术中，有时要求交流电的平均值。交流电压或电流在半个周期内所有瞬时值的平均数，称为该交流电压或电流的平均值。理论和实践都可以证明：交流电的平均值是最大值的 $2/\pi$，即为最大值的 0.637。

例 4.2 已知交流电压 $u_1 = 220\sqrt{2}\sin(100\pi t + 30°)$V，$u_2 = 380\sqrt{2}\sin(100\pi t - 60°)$V。求各交流电的最大值、有效值、平均值、角频率、频率、周期、初相和它们之间的相位差，指出它们之间的"超前"或"滞后"关系，并在同一坐标系上画出它们的波形图。

解：

(1) 最大值　$U_{1m} = 220\sqrt{2} = 311$V，　$U_{2m} = 380\sqrt{2} = 537$V

(2) 有效值　$U_1 = 220$V，　$U_2 = 380$V

(3) 平均值　$\overline{U}_1 = 0.637 \times 311$V $= 198$V，　$\overline{U}_2 = 0.637 \times 537$V $= 342$V

(4) 角频率　$\omega_1 = \omega_2 = 100\pi\,\text{rad/s} = 314\,\text{rad/s}$

(5) 频率　$f_1 = f_2 = \omega/2\pi = 100\pi/2\pi\,(\text{Hz}) = 50\,\text{Hz}$

(6) 周期　$T_1 = T_2 = 1/f = 1/50\,(\text{s}) = 0.02\,\text{s}$

(7) 初相　$\varphi_1 = 30°$，　$\varphi_2 = -60°$

(8) 相位差　$\varphi = \varphi_1 - \varphi_2 = 30° - (-60°) = 90°$

所以，电压 u_1 超前 u_2 电角度 90°

波形图如图 4-7 所示。

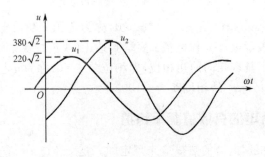

图 4-7　例 4.2 波形图

思考与练习题

1. 什么叫正弦交流电？它为什么能得到广泛应用？它是如何产生的？简单交流发电机的原理是什么？

2. 什么是正弦量的三要素？什么是正弦量的最大值、有效值和平均值？它们之间有什么关系？

3. 什么是正弦量的角频率、频率和周期？它们之间有什么关系？

4. 什么叫正弦量的相位、初相和相位差？两个同频率正弦量超前、滞后、同相、反相各表示什么含义？

5. 根据图 4-8 所示的波形图，求正弦电流的周期、频率、角频率和初相。

6. 根据图 4-9 所示的波形图，求电压与电流的最大值、有效值、平均值和相位差，并指出它们相位的超前或滞后关系。

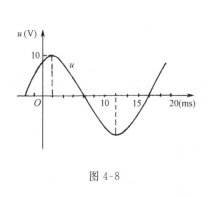

图 4-8

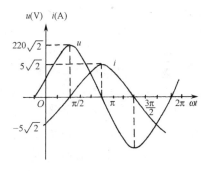

图 4-9

4.2 正弦交流电的表示方法

用三角函数式表示正弦交流电随时间变化规律的方法，称为正弦交流电的解析式表示法。正弦交流电的电动势、电压和电流的解析式分别为

$$e = E_m \sin(\omega t + \varphi_e)$$
$$u = U_m \sin(\omega t + \varphi_u)$$
$$i = I_m \sin(\omega t + \varphi_i)$$

根据正弦量的解析式，取不同的 t 值，计算出对应的瞬时值 e, u, i 的数值，在笛卡儿坐标系中可以分别描绘出 e, u, i 随时间变化的正弦曲线图。这种用正弦波形图表示正弦交流电的方法，称为正弦交流电的波形图表示法。用示波器显示出来的正弦波形，就属于这种方法。

正弦交流电的解析式表示法和波形图表示法都是直接表示法。它们的共同特点是，都能简单明了、直观地反映正弦交流电的三要素，直接求出任一时刻 t 交流电的瞬时值。但是，无论用解析式表示法，还是波形图表示法进行正弦量的加、减运算时，都非常繁琐。在电工技术中，常用间接表示法来表示正弦交流电，它包括矢量（相量）图表示法和相量表示法。本节主要介绍矢量图表示法。相量表示法将在下节专门介绍。

4.2.1 正弦交流电的矢量(相量)图表示法

1. 正弦量的旋转矢量表示法

在数学中，可用单位圆辅助法来画出正弦曲线图。在电工技术中，常用旋转矢量来表示正弦量，如图 4-10 所示为正弦交流电流的旋转矢量图。

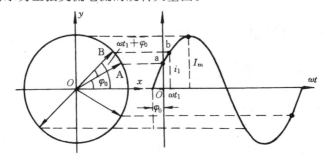

图 4-10　正弦量的旋转矢量图

在笛卡儿坐标系中，从原点作一矢量，其长度与正弦量最大值 I_m 成正比，矢量与横轴正方向的夹角等于正弦量的初相 φ_i，矢量以正弦量的角频率 ω 沿逆时针方向匀速转动，则在任一时刻 t，旋转矢量在纵轴上的投影就等于正弦交流电流的瞬时值 $i = I_m \sin(\omega t + \varphi_i)$。显然，旋转矢量既能体现出正弦量的三要素，它在纵轴上的投影又表示正弦量的瞬时值。所以，旋转矢量能间接完整地表示一个正弦量。

2. 正弦量的矢量（相量）图表示法

用初始位置的矢量来表示一个正弦量，矢量的长度与正弦量的最大值或有效值成正比，矢量与横轴正方向的夹角等于正弦量的初相，称为正弦量的相量图表示法，如图 4-11 所示。

我们把表示正弦量的矢量称为相量，用大写字母上加黑点的符号来表示。例如 $\dot{I}_m$ 和 $\dot{I}$ 分别表示正弦电流的最大值相量和有效值相量。把几个同频率正弦量的相量，在同一坐标系中表示出来的图形，称为相量图。例如，有三个同频率正弦量分别为

$$e = 220\sqrt{2}\sin(\omega t + 60°)\,\text{V}$$

$$u = 110\sqrt{2}\sin(\omega t + 30°)\,\text{V}$$

$$i = 10\sqrt{2}\sin(\omega t - 30°)\,\text{A}$$

它们的相量图如图 4-12 所示。

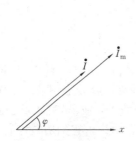

图 4-11　正弦量的相量表示法

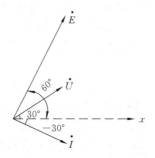

图 4-12　相量图

用相量图表示正弦量后，繁琐的正弦量的三角函数加、减运算可转化为简便、直观的矢量的几何运算。下面通过例题来介绍用相量图法求解同频率正弦量的和或差的运算方法。

例 4.3　已知两个正弦交流电为 $i_1 = 10\sin(100\pi t + 60°)\,\text{A}$，$i_2 = 10\sin(100\pi t - 60°)\,\text{A}$，试用相量图法求 $i = i_1 + i_2$。

解：作出与 i_1 和 i_2 对应的相量 $\dot{I}_{1m}$ 和 $\dot{I}_{2m}$

如图 4-13 所示,应用平行四边形法则,求出 $\dot{I}_{1m}$ 与 $\dot{I}_{2m}$ 的相量和,即

$$\dot{I}_m = \dot{I}_{1m} + \dot{I}_{2m}$$

由相量图可知:因为 $I_{1m} = I_{2m}$,所以该平行四边形为菱形,而 $\dot{I}_{1m}$ 与横轴正向夹角为 $60°$,所以横轴上、下各为一个等边三角形。

由此可见,

$$I_m = I_{1m} = I_{2m} = 10A$$

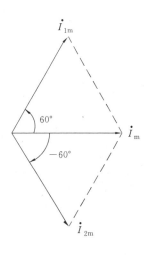

$\dot{I}_m$ 与轴正方向一致,即初相为 0。所以

$$i = i_1 + i_2 = 10\sin100\pi t \quad A$$

通过上面例题,我们可看出,用相量图法进行同频率正弦量加、减运算时,应先作出与正弦量相对应的最大值或有效值相量图,再用平行四边形法则求出它们的相量和。和相量的长度表示

图 4-13 例 4.3 相量图

对应的正弦量和的最大值或有效值,和相量与横轴正方向的夹角就是正弦量和的初相。所以,用相量图法可求出同频率正弦量的和的最大值和初相,再根据频率不变的特性,即可写出它的解析式。同频率正弦量的减法,可用加上它的相反数的方法化为加法来做。请读者根据例 4.3 中条件,试用相量图法求 $i' = i_1 - i_2$。

要特别指出的是,用相量图法只能求解同频率正弦量的和或差,对不同频率正弦量则不适用。

 思考与练习题

1. 正弦量有哪几种表示方法?
2. 如何用旋转矢量表示法来表示正弦量的三要素?
3. 如何用相量图表示正弦量?不同频率的正弦量能否在同一个相量图上表示?为什么?
4. 怎样利用相量图来进行同频率正弦量的加、减运算?
5. 如何根据正弦量的三要素写出它的解析式,作出它的波形图和相量图?

*4.3 正弦交流电的相量表示法

用复数符号表示正弦量的方法,称为相量表示法。表示正弦量的复数,称为相量,为区别于一般复数,相量用大写字母上加"·"表示。用相量表示正弦量后,我们不但可将繁琐的三角函数运算变换为更为简便的复数的代数运算,而且直流电路中已学过的分析方法、基本定律和公式都可推广应用到交流电路的分析计算中去。

为了更好地掌握正弦量的相量表示法,我们先复习有关复数及其运算的一些基本知识。

4.3.1 复数及其运算

1. 复数及其表示形式

数学上,负数的开方称为虚数,$\sqrt{-1}$ 称为虚数单位并用 i 表示;在电工中,为了避免与电流符号混淆,改用 j 表示,即 $j = \sqrt{-1}$,一般写在数字前面。实数与 j 的乘积称为虚数。由实数

和虚数组合而成的数称为复数。

复数 A 的代数形式（又称笛卡儿坐标形式）为

$$A = a + \mathrm{j}b \tag{4-8}$$

式中，a 和 b 都为实数，a 称为复数的实部，b 称为复数的虚部。

在笛卡儿坐标系中，以横坐标表示实数轴，表示复数的实部，记作"+1"，以纵坐标表示虚数轴，表示复数的虚部，记作"+j"，这样就组成了一个复平面。任何一个复数都可以用复平面上的一个点来表示，复平面上每一个点都对应着一个复数。如图 4-14 所示，复数 $A = 2 + \mathrm{j}3$ 可用复平面上 A 点表示；复平面上的 B 点表示复数 $B = -3 + \mathrm{j}2$。

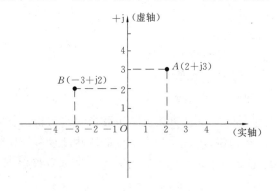

图 4-14 复数在平面上的表示　　　　　　图 4-15 复数的矢量表示

复数 A 还可以用矢量来表示。如图 4-15 所示，连结原点 O 到表示复数的 A 点的有向线段表示复数 A。矢量的长度记为 r，称为复数 A 的模，总取正值；矢量与实轴正方向的夹角记作 θ，称为复数 A 的辐角。这样复数就可以用模 r 和辐角 θ 表示出来，即

$$A = r\,\underline{/\theta} \tag{4-9}$$

上式称为复数的极坐标形式。

复数还有指数形式，即

$$A = r\mathrm{e}^{\mathrm{j}\theta} \tag{4-10}$$

式中，e 为自然对数的底，e＝2.718 是一个常数。

由图 4-15 可知，复数 A 的模 r，实部 a 和虚部 b 正好组成一个直角三角形。根据三角函数知识可得

$$a = r\cos\theta \tag{4-11a}$$

$$b = r\sin\theta \tag{4-11b}$$

$$r = \sqrt{a^2 + b^2} \tag{4-12a}$$

$$\theta = \arctan\frac{b}{a} \tag{4-12b}$$

将 $a = r\cos\theta$，$b = r\sin\theta$ 代入复数代数形式 $A = a + \mathrm{j}b$，可得

$$A = r\cos\theta + \mathrm{j}r\sin\theta = r(\cos\theta + \mathrm{j}\sin\theta) \tag{4-13}$$

上式称为复数的三角形式。

复数的代数形式、三角形式、极坐标形式和指数形式之间的相互关系可以归纳为

$$A = a + \mathrm{j}b = r(\cos\theta + \mathrm{j}\sin\theta) = r\,\underline{/\theta} = r\mathrm{e}^{\mathrm{j}\theta}$$

例 4.4 将下列复数换成代数形式。

(1)$A_1=10\,\underline{/30°}$,(2)$A_2=10\,\underline{/-30°}$。

解:应用公式 $A=r\,\underline{/\theta}=r(\cos\theta+\mathrm{j}\sin\theta)=a+\mathrm{j}b$,可得

(1) $A_1=10\,\underline{/30°}=10(\cos30°+\mathrm{j}\sin30°)=8.66+\mathrm{j}5$

(2) $A_2=10\,\underline{/-30°}=10[\cos(-30°)+\mathrm{j}\sin(-30°)]=8.66-\mathrm{j}5$

例 4.6 将下列复数变换成极坐标形式。

(1) $A_1=3+\mathrm{j}4$ (2)$A_4=3-\mathrm{j}4$

解:应用公式 $r=\sqrt{a^2+b^2}$, $\theta=\arctan\dfrac{b}{a}$可得

(1) $r=\sqrt{3^2+4^2}=5$, $\theta=\arctan\dfrac{4}{3}=53.13°$

所以
$$A_1=5\,\underline{/53.13°}$$

(2) $r=\sqrt{3^2+(-4)^2}=5$, $\theta=\arctan\dfrac{-4}{3}=-53.13°$

所以
$$A_2=5\,\underline{/-53.13°}$$

目前,很多电子计算器具有复数的代数形式(笛卡儿坐标形式)与极坐标形式直接相互转换的功能。利用计算器进行各种运算,不仅方便、快捷,而且十分准确。正确掌握计算器各种功能的使用方法,也是一种实践能力。读者可根据计算器的说明书介绍的方法进行运算,提高学习和工作效益。

2. 复数的运算

(1) 复数的加减运算。几个复数相加或相减,应先将它们都化为代数形式,再将它们的实部与实部相加或相减,虚部与虚部相加或相减。

设两个复数 $A=a_1+\mathrm{j}b_1$,$B=a_2+\mathrm{j}b_2$,则
$$A\pm B=(a_1\pm a_2)+\mathrm{j}(b_1\pm b_2) \tag{4-14}$$

复数的加减运算也可以用作图法进行。由于复数可以用矢量表示,所以用上节介绍的相量图表示法,可以进行复数的加、减运算。如图 4-16(a)所示,在复平面中分别作出表示复数 A 和 B 的矢量,再由平行四边形法则求出其合矢量,即表示这两个复数之和。求两个复数之差的作图方法与此类似,因为 $A-B=A+(-B)$,只要将表示 B 的矢量反向,再利用平行四边形法则合成,即可求得 A 与 B 之差,如图 4-16(b)所示。

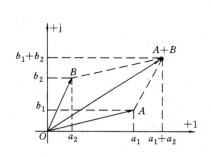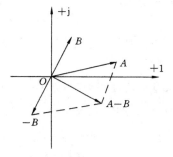

图 4-16 复数 A 与 B 加减运算的相量图

例 4.6 已知复数 $A = 5 \underline{/126.9°}$，$B = 13 \underline{/-112.6°}$，求 $A+B$ 和 $A-B$。

解：先将复数化为代数形式

$$A = 5 \underline{/126.9°} = 5(\cos126.9° + \mathrm{j}\sin126.9°) = -3 + \mathrm{j}4$$

$$B = 13 \underline{/-112.6°} = 13[\cos(-112.6°) + \mathrm{j}\sin(-112.6°)] = -5 - \mathrm{j}12$$

$$A+B = (-3+\mathrm{j}4) + (-5-\mathrm{j}12) = -8 - \mathrm{j}8$$

$$A-B = (-3+\mathrm{j}4) - (-5-\mathrm{j}12) = 2 + \mathrm{j}16$$

（2）复数的乘除运算。两个复数相乘或相除，应先把它们都化为极坐标形式，再将它们的模相乘或相除，它们的辐角相加或相减。

设复数 $A = a_1 + \mathrm{j}b_1 = r_1 \underline{/\theta_1}$，$B = a_2 + \mathrm{j}b_2 = r_2 \underline{/\theta_2}$，则

$$AB = r_1 r_2 \underline{/\theta_1 + \theta_2} \tag{4-15}$$

$$A/B = r_1/r_2 \underline{/\theta_1 - \theta_2} \tag{4-16}$$

两个复数相乘或相除，也可以先都化为代数形式，再用多项式乘法、除法规律进行计算，但不如用极坐标形式运算简便，这里不作介绍。

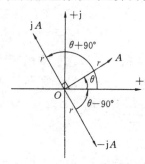

图 4-17 复数 A 乘以 $+\mathrm{j}$ 或 $-\mathrm{j}$ 的几何意义

需要特别提出，用 $\mathrm{j} = 1 \underline{/90°}$ 去乘以一个复数 $A = r \underline{/\theta}$ 时，根据运算法则，它们的积为 $\mathrm{j}A = r \underline{/\theta + 90°}$，其几何意义是把表示复数 A 的矢量沿逆时针方向转 $90°$，模保持不变。同理，若以 $-\mathrm{j}$ 乘以复数 A 时，相当于把表示复数 A 的矢量沿顺时针方向转 $90°$，如图 4-17 所示。

例 4.7 已知复数 $A = 4 \underline{/53.13°}$，$B = 4 + \mathrm{j}3$，求 AB 和 A/B。

解：$B = 4 + \mathrm{j}3 = 5 \underline{/36.87°}$

$$AB = 4 \underline{/53.13°} \times 5 \underline{/36.87°}$$

$$= 4 \times 5 \underline{/53.13° + 36.87°} = 20 \underline{/90°} = \mathrm{j}20$$

$$A/B = \frac{4 \underline{/53.13°}}{5 \underline{/36.87°}} = 0.8 \underline{/16.26°}$$

对于复数的四则混合运算，进行加、减法时，必须先把复数化为代数形式，再进行计算；进行乘、除法时，一般先把复数化为极坐标形式，再进行计算，所以复数的代数形式和极坐标形式的相互转化必须熟练掌握，在实际运算中，常利用计算器完成。

3. 两个复数相等

两个复数 $A = a_1 + \mathrm{j}b_1 = r_1 \underline{/\theta_1}$ 和 $B = a_2 + \mathrm{j}b_2 = r_2 \underline{/\theta_2}$，若它们的实部和虚部分别相等，或者它们的模和辐角分别相等，则这两个复数相等。即

当 $a_1 = a_2$，$b_1 = b_2$，或当 $r_1 = r_2$，$\theta_1 = \theta_2$ 时，复数 $A = B$。反之，若两个复数相等，则这两个复数的实部和虚部必然分别相等，它们的模和辐角也必然分别相等。

4. 共轭复数

若两个复数的实部相等，而虚部互为相反数；或者它们的模相等，而辐角互为相反数，则这两个复数称为共轭复数。

复数 $A = a + \mathrm{j}b = r \underline{/\theta}$ 和 $\overset{*}{A} = a - \mathrm{j}b = r \underline{/-\theta}$ 为共轭复数。

4.3.2 正弦交流电的相量表示方法

由于正弦量和复数都可以用矢量来表示，所以正弦量也可以用复数来表示。表示正弦量的复数，称为相量，是一个与时间无关的量。它的模表示正弦量的最大值或有效值，它的辐角

表示正弦量的初相。由于在正弦交流电路中,所有电压和电流都同频率,所以相量与一定频率的正弦量之间存在一一对应的关系。需要指出的是:相量只能代表正弦量,它是正弦量的一种间接的表示方法,一种运算工具,相量不等于正弦量。

正弦量与相量之间的对应关系可表示为

$$u = U\sqrt{2}\sin(\omega t + \varphi_u) \Leftrightarrow \dot{U} = U\underline{/\varphi_u} \tag{4-17}$$

式中,$\dot{U}$ 表示电压相量,它的模 U 表示电压有效值的大小;辐角 φ_u 表示电压的初相。同样,

$$\dot{I} = I\underline{/\varphi_i}$$

表示电流相量,其大小为 I,初相为 φ_i。你能说出 $\dot{I}_m = I_m\underline{/\varphi_i}$ 和 $\dot{U}_m = U_m\underline{/\varphi_u}$ 各表示什么? 它们与对应的有效值相量之间存在什么关系吗?

根据正弦交流电的解析式和相量之间的对应关系式,我们可以方便地应用相量表示法进行正弦交流电的有关计算。

例 4.8 写出下列正弦量对应的相量,并画出它们的相量图:

(1) $u = 220\sqrt{2}\sin(100\pi t + 60°)$V;

(2) $i = 10\sin(100\pi t - 30°)$A。

解:(1) $\dot{U} = 220\underline{/60°}$V

(2) $\dot{I} = \dfrac{10}{\sqrt{2}}\underline{/-30°}$A $= 5\sqrt{2}\underline{/-30°}$A

相量图如图 4-18 所示。

例 4.9 写出与下列相量及频率相对应的正弦量。

(1) $\dot{U} = 380\underline{/-20°}$V,$\omega = 100\pi$ rad/s;

(2) $\dot{I}_m = 5\underline{/120°}$A,$f = 100$Hz。

解:(1) $u = 380\sqrt{2}\sin(100\pi t - 20°)$V

(2) $i = 5\sin(200\pi t + 120°)$A

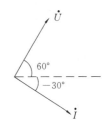

图 4-18 例 4.8 相量图

例 4.10 已知 $u_1 = 220\sqrt{2}\sin100\pi t$V,$u_2 = 220\sqrt{2}\sin(100\pi t - 120°)$V。试用相量法求 $u_1 + u_2$,并作出相量图。

解:先写出与正弦量 u_1 和 u_2 对应的相量

由 $u_1 = 220\sqrt{2}\sin100\pi t$V,得

$$\dot{U}_1 = 220\underline{/0°}V = 220V$$

由 $u_2 = 220\sqrt{2}\sin(100\pi t - 120°)$V,得

$$\dot{U}_2 = 220\underline{/-120°}V = (-110 - j190.53)V$$

再求出它们的相量和

$$\dot{U} = \dot{U}_1 + \dot{U}_2 = (220 - 110 - j190.5)V = (110 - j190.53)V = 220\underline{/-60°}V$$

最后根据电压相量写出对应的正弦电压解析式

$$u = 220\sqrt{2}\sin(100\pi t - 60°)V$$

相量图如图 4-19 所示。

根据复数运算法则,由正弦量解析式直接变换为相量的极坐标形式后,若要求解正弦量的

和或差,则应先转换为相量的代数形式进行加、减运算,所得结果必须再化为相量的极坐标形式,最后才能变换为正弦量的解析式。由正弦量解析式变换为对应相量式时,应根据解析式的具体情况,选用有效值相量或最大值相量。例如 $i = 10\sin(100\pi t + 60°)$ A,变换为最大值相量 $\dot{I}_\mathrm{m} = 10\ \underline{/60°}$ A 较为简便。

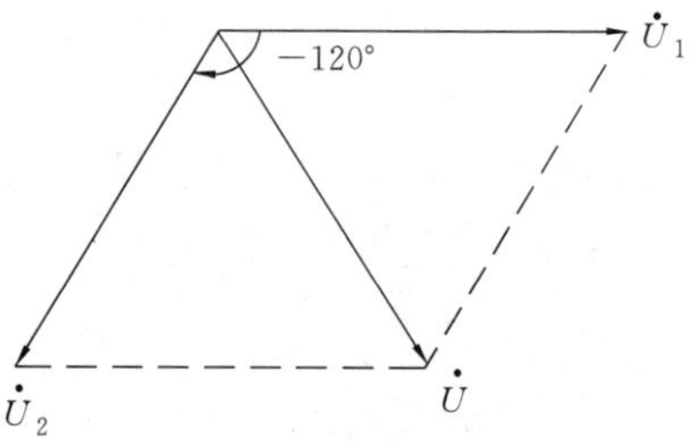

图 4-19　例 4.10 相量图

例 4.11　已知正弦电流的相量图如图 4-20 所示,求出它的相量式,解析式和初始值 $i(0)$,并作出它的波形图。该正弦电流频率为 50Hz。

解: 由相量图可得,该正弦电流的有效值相量为

$$\dot{I} = 10\ \underline{/45°}\ \mathrm{A}$$

电流的有效值为 10A,角频率 $\omega = 2\pi f = 100\pi$ rad/s,初相 $\varphi_i = 45°$。

该正弦电流的解析式为

$$i = 10\sqrt{2}\sin(100\pi t + 45°)\ \mathrm{A}$$

$t = 0$ 时, $i(0) = 10\sqrt{2}\sin 45° \mathrm{A} = 10\sqrt{2} \times \dfrac{\sqrt{2}}{2}\mathrm{A} = 10\mathrm{A}$

波形图如图 4-21 所示。

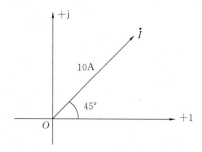

图 4-20　例 4.11 相量图

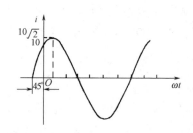

图 4-21　例 4.11 波形图

思考与练习题

1. 写出实部为 a,虚部为 b 的复数的代数形式、三角形式、指数形式和极坐标形式。它们如何相互转换?

2. 怎样进行复数的加减运算和乘除运算?

3. 什么叫相量? 它和正弦量是什么关系? 正弦量的解析式与相量式之间如何转换? 它们与波形图和相量图之间又如何转换?

4.4　正弦交流电路

正弦交流电源作用下的电路称为正弦交流电路。电力供电电路就是正弦交流电路的实例。

在正弦交流电路中,电路元件除电阻 R 外,还有电感 L 和电容 C。本节以纯电阻、纯电感

和纯电容电路为基础,先讨论单一元件电路中电压与电流的大小关系和相位关系,再进一步研究由这些基本元件组成的各种交流电路的电压与电流的关系、电路的性质和功率。本节还在建立电路元件的相量模型的基础上,介绍用相量法分析、计算正弦交流电路的方法。

4.4.1 纯电阻电路

纯电阻电路是最简单的交流电路,它由交流电源和电阻元件组成,如图 4-22 所示。我们平时所使用的白炽灯、电炉、电烙铁等都属于电阻性负载,它们与交流电源连接,就构成了纯电阻电路。

1. 纯电阻电路的电压与电流的大小关系和相位关系

在纯电阻电路中,电阻元件 R 的伏安关系,遵循欧姆定律。当电压与 电流正方向关联一致时,由欧姆定律可得

$$u_R = Ri_R \qquad (4\text{-}18)$$

若通过电阻 R 的正弦电流为

$$i_R = I_m \sin(\omega t + \varphi_i)$$

则电阻 R 的端电压为

$$u_R = Ri = RI_m \sin(\omega t + \varphi_i) = U_m \sin(\omega t + \varphi_u)$$

上式中

$$U_m = RI_m \ \text{或} \ I_m = \frac{U_m}{R} \qquad (4\text{-}19)$$

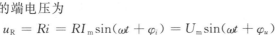

图 4-22 纯电阻电路

将上式两边同除以 $\sqrt{2}$,则得

$$U = RI \ \text{或} \ I = \frac{U}{R} \qquad (4\text{-}20)$$

上式称为纯电阻电路中欧姆定律表达式,它与直流电路中欧姆定律形式完全相同,所不同的是,纯电阻电路中电压和电流是指有效值。

由 $u_R = RI_m \sin(\omega t + \varphi_i) = U_m \sin(\omega t + \varphi_u)$ 还可以推导出:在纯电阻电路中,电压与电流同相位,即

$$\varphi_u = \varphi_i \qquad (4\text{-}21)$$

根据上述结论,可作出纯电阻电路中电流与电压的波形图和相量图,如图 4-23 所示。

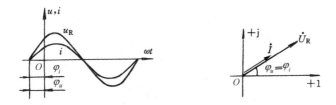

图 4-23 纯电阻电路的波形图和相量图

2. 纯电阻电路的功率

在交流电路中,电压瞬时值 u 与电流瞬时值 i 的乘积叫做瞬时功率,用 p 表示,即

$$p = ui \qquad (4\text{-}22)$$

在纯电阻电路中,设 $u = U_{Rm}\sin\omega t$,$i = I_m \sin\omega t$,则

$$p_R = u_R i = U_{Rm}\sin\omega t \times I_m \sin\omega t = U_{Rm}I_m \sin^2\omega t = \sqrt{2}\,U_R\sqrt{2}\,I\sin^2\omega t = 2U_R I\sin^2\omega t$$

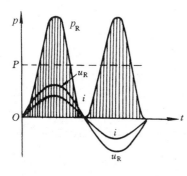

图 4-24　纯电阻电路功率曲线

u,i 和 p 的波形图如图 4-24 所示。

由图像和函数式都可以看出：在纯电阻电路中，由于电压和电流同相位，所以瞬时功率 $p_R \geq 0$，其最大值为 $2U_R I$，最小值为零。这表明，电阻总是消耗功率，把电能转化为热能，这种能量转化是不可逆转的。所以，电阻是一种耗能元件。

由于瞬时功率随时间作周期性变化，测量和计算都很不方便，所以在实际应用中常用平均功率来表示电阻所消耗的功率。瞬时功率在一个周期内的平均值称为平均功率，也称有功功率，用字母 P 表示。

纯电阻电路的平均功率可用功率曲线与 t 轴所包围的面积的和来表示。由图 4-24 可以看出，平均功率在数值上等于瞬时功率曲线的平均高度，即平均功率等于最大功率的一半。

由此可得，纯电阻电路的平均功率为

$$P = \frac{1}{2}P_m = \frac{1}{2} \times \sqrt{2}U_R \times \sqrt{2}I = U_R I$$

根据欧姆定律，

$$I = \frac{U_R}{R}, \quad U_R = IR$$

平均功率还可以表示为

$$P = U_R I = I^2 R = \frac{U_R^2}{R} \tag{4-23}$$

公式(4-23)与直流电路的功率公式形式完全相同，但式中 U_R 为电阻元件两端交流电压的有效值，单位是 V；I 为通过电阻的交流电流有效值，单位是 A；R 为负载的电阻值，单位是 Ω；P 为电阻消耗的平均功率或有功功率，单位是 W。

我们平时所说的负载消耗的功率，例如 40 W 日光灯，100 W 电烙铁，3 kW 电炉等都是指平均功率。

通过以上讨论可以得出如下结论：

（1）在纯电阻电路中，电压与电流同频率、同相位，电压与电流的最大值、有效值和瞬时值之间都遵从欧姆定律。

（2）电阻对直流电和交流电的阻碍作用相同。直流电和交流电通过电阻时，电流都要做功，把电能转化为热能。电阻是一种耗能元件。

（3）纯电阻电路的平均功率等于电流的有效值与电阻端电压的有效值的乘积。

例 4.12　有一个标有"220 V，1 kW"的电炉，接到电压 $u = 220\sqrt{2}\sin(100\pi t + \frac{\pi}{6})$ V 的交流电源上，试求：(1)通过电炉丝的电流瞬时值表达式；(2)电炉丝的热态电阻；(3)画出电压、电流的相量图。

解：由 $u = 220\sqrt{2}\sin(100\pi t + \frac{\pi}{6})$ 可得

$$U_m = 220\sqrt{2}\,V, \quad \omega = 100\pi\,rad/s$$

$$\varphi = \frac{\pi}{6}, \quad U_R = \frac{U_m}{\sqrt{2}} = \frac{220\sqrt{2}}{\sqrt{2}}\,V = 220\,V$$

由 $P = U_R I$ 得电流有效值为

$$I = \frac{P}{U_R} = \frac{1000}{220}\text{A} = 4.55\text{A}$$

因为纯电阻电路中电压与电流同频率、同相位，所以

$$i = 4.55\sqrt{2}\sin(100\pi t + \frac{\pi}{6})\text{A}$$

由 $P = \frac{U_R^2}{R}$ 得

$$R = \frac{U_R^2}{P} = \frac{220^2}{1000}\Omega = 48.4\Omega$$

电压、电流的相量图如图 4-25 所示。

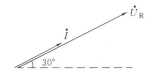

图 4-25　例 4.12 电压电流相量图

4.4.2 纯电感电路

由交流电源与纯电感元件组成的电路称为纯电感电路，如图 4-26 所示。它是一个理想电路的模型。实际的电感线圈，都用导线绕制而成，总有一定的电阻。当电阻很小，其影响可忽略不计时，可近似看做纯电感元件。这时，理论计算结果与实际结果基本一致。

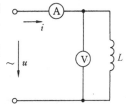

图 4-26　纯电感电路

1. 纯电感电路的电压与电流的大小关系和相位关系

在纯电阻电路中，由于电阻元件对电压和电流的相位没有影响，即电阻的端电压和电流同相位，所以电压与电流的最大值、有效值和瞬时值之间都遵从欧姆定律。纯电感元件对电压和电流的相位有没有影响呢？实践是检验真理的惟一标准。我们应当通过实验来得出结论。

实验电路如图 4-26 所示，用手摇发电机或超低频交流信号发生器作电源，给纯电感电路通低频交流电时，我们可以看到，电压表和电流表的指针摆动的步调是不同的。如果交流电频率低于 6Hz，我们可进一步看清，当电压表指针到达右边最大值时，电流表指针指向中间零值；当电压表指针由右边最大值回到中间零值时，电流表指针由中间零值移到右边最大值；当电压表指针由中间零值移动到左边最大值时，电流表指针又从右边最大值回到中间零值，如此循环。实验结果表明，在纯电感电路中，电压与电流不同相，电压超前电流 90°。利用双踪示波器可以更清楚地验证上述结论。把电感元件的端电压和线圈中电流的变化信号输送给双踪示波器，在荧光屏上可看到电压和电流的波形，若将它们放在同一坐标系中，则波形图如图 4-27 所示。从图像中可以看出，电感使电流滞后电压 90°。纯电感电路电压与电流的相量图如图 4-28 所示。

通过实验我们研究了纯电感电路中电压与电流的相位关系。我们仍采用图 4-26 所示的实验电路，用交流信号发生器作电源，进一步研究纯电感电路中电压与电流的大小关系。

先保持交流信号发生器频率不变，连续改变输出电压的大小。我们可以看到，电感 L 的

端电压和通过 L 的电流都随着改变。记下几组电压和电流的值，就可以发现，在纯电感电路中，电压与电流成正比，即

或
$$\left. \begin{array}{l} U_{\mathrm{L}} = X_{\mathrm{L}} I \\ I = \dfrac{U_{\mathrm{L}}}{X_{\mathrm{L}}} \end{array} \right\} \qquad (4\text{-}24)$$

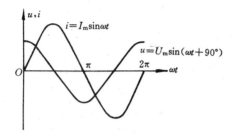

图 4-27　纯电感电路电压、电流波形图

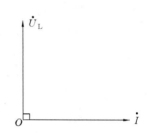

图 4-28　纯电感电路电压、电流相量图

式（4-24）称为纯电感电路的欧姆定律表达式。把它与电阻元件的欧姆定律表达式相比较，可以看出 X_{L} 相当于电阻 R。X_{L} 表示电感对交流电的阻碍作用，称为感抗，单位也是 Ω。电感线圈的感抗是由于交流电通过线圈时，产生自感电动势来阻碍电流的变化而形成的。

在公式（4-24）两边同时乘以 $\sqrt{2}$，得

或
$$\left. \begin{array}{l} U_{\mathrm{m}} = X_{\mathrm{L}} I_{\mathrm{m}} \\ I_{\mathrm{m}} = \dfrac{U_{\mathrm{m}}}{X_{\mathrm{L}}} \end{array} \right\} \qquad (4\text{-}25)$$

上式说明，在纯电感电路中，电压与电流的最大值之间也遵从欧姆定律。要特别注意的是，在纯电感电路中，由于电压与电流相位不同，所以电压与电流的瞬时值之间不遵从欧姆定律。

下面仍用图 4-26 所示实验电路，来研究感抗的大小与哪些因素有关。

我们先保持电源频率和输出电压不变，将铁心插入空心线圈，使电感 L 增大。可以看到电流表读数减小，这表明当电感 L 增大时，感抗 X_{L} 也增大。

我们再保持电源输出电压和线圈电感不变，改变电源的频率大小，观察电流表的变化，可以看到：当电源频率增大时，电流表读数减小，说明感抗增大；当电源频率减小时，电流表读数增大，说明感抗减小。

上述实验说明，感抗 X_{L} 的大小与线圈的电感 L 和交流电的频率 f 有关。这是因为感抗是由自感现象引起的，电感 L 越大，自感作用也越大，感抗必然越大；交流电频率越高，电流的变化率就越大，自感作用也越大，感抗也必然越大。理论研究和实验分析都可以证明：电感线圈的感抗 X_{L} 的大小为

$$X_{\mathrm{L}} = \omega L = 2\pi f L \qquad (4\text{-}26)$$

式中，ω 为交流电的角频率，单位是 rad/s；

　　　L 为线圈电感，单位是 H；

　　　f 为交流电频率，单位是 Hz；

　　　X_{L} 为感抗，单位是 Ω。

由公式 $X_{\mathrm{L}} = \omega L = 2\pi f L$ 可知：对于直流电，$f = 0$，$X_{\mathrm{L}} = 0$，即电感对于直流电相当于短路。

L 一定的电感线圈,对于低频交流电,由于 f 值小,感抗 X_L 就小;而对于高频率交流电,由于 f 很大,感抗 X_L 也很大。所以,电感线圈在电路中具有"通直流,阻交流;通低频,阻高频"的特性,在电工和电子技术中有广泛的应用。例如,用电感 L 为几亨的铁心线圈做成低频扼流圈,可让直流电无阻碍地通过,而对低频交流电则能产生很大阻碍作用。用电感 L 为几毫亨的线圈做成高频扼流线圈,对低频交流电阻碍作用较小,而对高频交流电的阻碍作用则很大。

2. 纯电感电路的功率

纯电感电路的瞬时功率为

$$p_L = u_L i$$

设电流 $i = I_m \sin\omega t$,则

$$u_L = U_m \sin(\omega t + 90°) = U_m \cos\omega t$$

所以

$$p_L = u_L i = U_m \cos\omega t \times I_m \sin\omega t = \sqrt{2} U_L \times \sqrt{2} I \sin\omega t \cos\omega t$$

$$= 2U_L I \times \frac{1}{2} \sin 2\omega t = U_L I \sin 2\omega t \tag{4-27}$$

由式(4-27)可知,纯电感电路的瞬时功率 p_L 也随时间按正弦规律变化,其频率是电流频率的 2 倍,最大值为 $U_L I$,其波形图如图 4-29 所示。

平均功率的大小可用功率曲线与 t 轴所包围的面积的和来表示。曲线在 t 轴上方,表明 $p > 0$,即电路吸取功率;曲线在 t 轴下方,表明 $p < 0$,即电路释放功率。从图 4-29 中可以看出:功率曲线一半为正,一半为负,它们与 t 轴所包围的面积之和为零。这说明纯电感电路的平均功率为零,即 $p_L = 0$,其物理意义是纯电感元件在交流电路中不消耗功率。

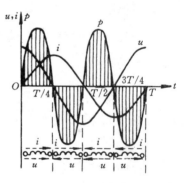

图 4-29 纯电感电路功率曲线

我们知道,电感线圈是储能元件。当线圈中电流不断增大时,线圈储存的磁场能也不断增大,这时瞬时功率为正值,表明电感线圈从电源吸取了电能,并把它转换为磁场能储存在线圈中。当线圈中电流不断减小时,线圈中储存的磁场能也不断减小,这时瞬时功率为负值,表明电感线圈将储存的磁场能释放出来,并把它转变为电能返还给电源。由于在电感线圈与电源之间进行的是可逆的能量 的相互转换,并不消耗功率,所以纯电感电路的平均功率为零。

不同的电源与不同的电感线圈之间,能量转换的规模各不相同。为了反映纯电感电路中的能量转换的规模,我们把电感元件与电源之间能量转换的最大速率,即瞬时功率的最大值,称为无功功率,用 Q_L 表示,单位是乏(var)、千乏(kvar)。即

$$Q_L = U_L I$$

根据欧姆定律

$$Q_L = U_L I = I^2 X_L = \frac{U_L^2}{X_L} \tag{4-28}$$

应当指出,无功功率的"无功"是相对于"有功"而言的,其含义是"交换"而不是"消耗"。绝不可把"无功"理解为"无用"。无功功率的实质,是表征储能元件在电路中能量交换的最大速率,具有重要的现实意义。变压器、电机等电感性设备都是依靠电能与磁能相互转换而工作

的,无功功率正是表征这种能量转换最大速率的重要的物理量。

通过以上讨论可以得出如下结论:

(1) 在纯电感电路中,电压与电流同频率而不同相位,电压超前电流 $90°$。

(2) 电压与电流的最大值和有效值之间都遵从欧姆定律。由于电压与电流的相位不同,它们的瞬时值之间不遵从欧姆定律。

(3) 电路的有功功率为零,电感线圈是储能元件。

(4) 无功功率表征电感元件与电源之间能量转换的最大速率,它等于电压有效值与电流有效值的乘积。

例 4.13   一个电阻可忽略的线圈 $L=0.35\text{H}$,接到 $u=220\sqrt{2}\sin(100\pi t+60°)\text{V}$ 的交流电源上,试求:(1)线圈的感抗;(2)电流的有效值;(3)电流的瞬时值;(4)电路的有功功率和无功功率。

解:由 $u=220\sqrt{2}\sin(100\pi t+60°)$,可得

$$U=\frac{220\sqrt{2}}{\sqrt{2}}\text{V}=220\text{V},\quad \omega=100\pi\text{rad/s},\quad \varphi_u=60°$$

(1) 线圈的感抗为 $X_L=\omega L=314\times0.35\Omega=110\Omega$

(2) 电流的有效值为 $I=\dfrac{U}{X_L}=\dfrac{220}{110}\text{A}=2\text{A}$

(3) 在纯电感电路中,电压超前电流 $90°$,即

$$\varphi=\varphi_u-\varphi_i=90°$$

所以

$$\varphi_i=\varphi_u-90°=60°-90°=-30°$$

则电流的瞬时值为

$$i=2\sqrt{2}\sin(100\omega t-30°)\text{A}$$

(4) 电路的有功功率 $P=0$

电路的无功功率 $Q_L=U_L I=220\times2\text{var}=440\text{var}$

4.4.3   纯电容电路

由交流电源与纯电容元件组成的电路,称为纯电容电路,如图 4-30 所示。

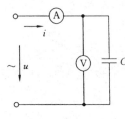

图 4-30   纯电容电路

我们知道,电容元件与电感元件都是储能元件,比较 L 和 C 两种元件的性质和参数关系,就可以看出它们具有对偶关系:将电感元件的伏安关系式或储能表达式中的 i_L 置换为 u_C,将 L 置换为 C,就成为电容元件的伏安关系式或储能表达式;反之也如此。因此,我们可以用研究纯电感电路同样的方法,来讨论纯电容电路中电压与电流的大小关系、相位关系及电路的功率。

1. 纯电容电路的电压与电流的大小关系和相位关系

仿照研究纯电感电路的实验方法,把电感线圈改为电容器,如图 4-30 所示。用手摇发电机或超低频信号发生器作电源(频率低于 6Hz),从电压表和电流表指针的摆动情况可以看出:在纯电容电路中,电压滞后电流 $90°$,正好与纯电感电路情况相反。把电容器端电压 u_C 和电路中电流 i 的变化信号输送给双踪示波器,在荧光屏上可看到电压和

电流的波形。若将它们放在同一个坐标系中,则图像如图 4-31 所示。图像表明,电容使电流超前于电压 90°。纯电容电路电压与电流的相量图,如图 4-32 所示。

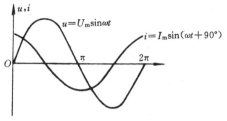

图 4-31 纯电容电路电压、电流波形图

图 4-32 纯电容电路电压、电流相量图

我们仍采用研究纯电感电路同样的实验方法,把电感改为电容。先保持交流信号发生器频率不变,连续改变输出电压的大小,记下几组电压和电流的值,可得出结论:在纯电容电路中,电压与电流成正比,即

$$\left.\begin{array}{l} U_C = X_C I \\ I = \dfrac{U_C}{X_C} \end{array}\right\} \tag{4-29}$$

式(4-29)称为纯电容电路的欧姆定律表达式。式中 X_C 相当于欧姆定律 $U = RI$ 中的 R。X_C 表示电容对交流电的阻碍作用,称为容抗,单位也是 Ω。容抗产生的原因又不同于电阻和感抗。容抗是由于积聚在电容器两极板上的电荷,对在电源电压作用下做定向移动的自由电荷产生阻碍作用而形成的。这就好像已在公共汽车上的人群,对继续上车的人有阻碍作用的情况相似。在公式(4-29)两边同乘以 $\sqrt{2}$,得

$$\left.\begin{array}{l} U_m = X_C I_m \\ I_m = \dfrac{U_m}{X_C} \end{array}\right\} \tag{4-30}$$

上式说明,在纯电容电路中电压与电流的最大值之间也遵从欧姆定律。与纯电感电路一样,在纯电容电路中由于电压与电流相位不同,所以,电压与电流的瞬时值之间也不遵从欧姆定律。

我们仍仿照研究感抗大小的实验方法,来讨论影响容抗大小的因素。

在图 4-30 所示的实验电路中,先保持电源频率和输出电压不变,换用不同电容的电容器来做实验,可以看到,电容越大,电流表读数越大。这表明电容越大,容抗越小。然后,我们保持电源输出电压和电容不变,而改变交流电频率,重做上述实验,可以看到,交流电频率越高,电流表读数越大。这表明,频率越高,容抗越小。

上述实验说明,容抗 X_C 的大小与电容器的电容 C 和交流电的频率 f 有关。这是因为,频率一定时,电容越大,在相同电压下容纳的电荷越多,充放电电流就越大,容抗就越小。当外加电压和电容一定时,交流电频率越高,充放电的速度就越快,电路中电流也就越大,容抗就越小。

理论研究和实验分析都可以证明,电容器的容抗 X_C 的大小计算公式为

$$X_C = \frac{1}{\omega C} = \frac{1}{2\pi f C} \tag{4-31}$$

式中,ω 为交流电的角频率,单位是 rad/s;

C 为电容器的电容,单位是 F;

f 为交流电频率,单位是 Hz;

X_C 为容抗,单位是 Ω。

由公式 $X_C = \dfrac{1}{\omega C} = \dfrac{1}{2\pi fC}$ 可知:对于直流电,$f=0$,X_C 为 ∞,即对于直流电电容相当于开路。当电容器的电容 C 一定时,对低频率交流电,由于 f 值小,容抗 X_C 就大;而对高频率交流电,由于 f 值很大,容抗 X_C 很小。所以,电容器在电路中具有"通交流,隔直流"和"通高频,阻低频"的特性,在电工和电子技术中也具有广泛应用。例如,在某电子线路的电流中,既含直流成分,又含交流成分。若只需把交流成分输送到下一级,则只要在这二级之间串联一个隔直流电容器就可以了。隔直流电容器的电容 C 一般较大,常用电解电容器,如图 4-33 所示。若在线路的交流电中,既含低频成分,又含高频成分,只需将低频成分输送到下一级,则只要在输出端并联一个高频旁路电容器即可达到目的,如图 4-34 所示。高频旁路电容器的电容一般较小,对高频成分容抗小,而对低频成分容抗大。

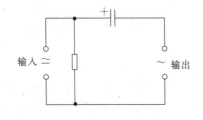

图 4-33 隔直流电容器

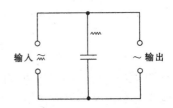

图 4-34 高频旁路电容器

电感元件具有"通直流,阻交流"和"通低频,阻高频"的性质;而电容器具有"通交流,隔直流"和"通高频,阻低频"的特性。这两种储能元件在电路中除与电路频繁交换能量外,还起着电路的"交通警察"的作用,让电路中直流、交流、高频、低频各种成分,按人们的意愿、电路的需要,各行其道,有序通行。

2. 纯电容电路的功率

纯电容电路的功率与纯电感电路的功率规律相似,其瞬时功率为

$$p = u_C i$$

设 $u_C = U_{Cm}\sin\omega t$,则 $i = I_m\sin(\omega t + 90°) = I_m\cos\omega t$,所以

$$p_C = u_C i = U_{Cm}\sin\omega t \times I_m\cos\omega t = \sqrt{2}U_C \sqrt{2}I\sin\omega t\cos\omega t$$

$$= 2U_C I \times \frac{1}{2}\sin 2\omega t = U_C I\sin 2\omega t \tag{4-32}$$

由上式可知,纯电容电路的瞬时功率 p 也随时间按正弦规律变化,其频率是电流频率的 2 倍,最大值为 $U_C I$,其波形图如图 4-35 所示。

与纯电感电路相同,纯电容电路的功率曲线一半为正,一半为负,它们与 t 轴所包围的面积之和为零,表示纯电容电路的平均功率为零,即 $P_C = 0$。这说明纯电容元件在交流电路中不消耗功率。

我们知道,电容器也是储能元件。当电容器端电压增大时,电容器中储存的电场能也增大,这时瞬时功率为正值,表明电容器从电源吸取了电能,并把它转换为电场能储存在电容器两极板之间。当电容器端电压降低时,电容器储存的电场能也减小,这时瞬时功率为负值,表明电容器将储存的电场能释放出来返还给电源。由于电容器与电源之间进行的是可逆的能量

的相互转换,并不消耗功率,所以纯电容电路的平均功率为零。

我们把电容元件与电源之间能量转换的最大速率,即瞬时功率最大值,称为无功功率,即

$$Q_C = U_C I = I^2 X_C = \frac{U_C^2}{X_C} \qquad (4\text{-}33)$$

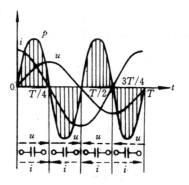

图 4-35　纯电容电路的功率曲线

通过以上讨论可以得出在纯电容电路中的几个结论:

(1)电压与电流同频率而不同相位,电流超前电压 90°。

(2)电压与电流的最大值和有效值之间遵从欧姆定律,由于电压与电流相位不同,它们的瞬时值之间不遵从欧姆定律。

(3)电路的有功功率为零,电容器是储能元件。

(4)电路的无功功率等于电容端电压有效值与电流有效值的乘积。

例 4.14　把 $C = 40\mu\text{F}$ 的电容器接到 $u = 220\sqrt{2}\sin(100\pi t - 60°)\text{V}$ 的电源上。试求:(1)电容的容抗;(2)电流的有效值;(3)电流的瞬时值;(4)电路的有功功率和无功功率;(5)作出电压与电流的相量图。

解:由 $u = 220\sqrt{2}\sin(100\pi t - 60°)$,可得

$$U = \frac{220\sqrt{2}}{\sqrt{2}}\text{V} = 220\text{V}, \quad \omega = 100\pi\text{rad/s}, \quad \varphi_u = -60°$$

(1)电容的容抗为　$X_C = \frac{1}{\omega C} = \frac{1}{314 \times 40 \times 10^{-6}}\Omega \approx 80\Omega$

(2)电流的有效值为　$I = \frac{U}{X_C} = \frac{220}{80}\text{A} = 2.75\text{A}$

(3)在纯电容电路中,电流超前电压 90°,即

$$\varphi = \varphi_u - \varphi_i = -90°$$

所以

$$\varphi_i = \varphi_u + 90° = 90° - 60° = 30°$$

则电流的瞬时值为

$$i = 2.75\sqrt{2}\sin(100\pi t + 30°)\text{A}$$

图 4-36　电压与电流的相量图

(4)电路的有功功率　$P_C = 0$

无功功率　$Q_C = U_C I = 220 \times 2.75\text{var} = 605\text{var}$

(5)电压与电流的相量图如图 4-36 所示。

＊4.4.4　R, L, C 元件的相量模型和欧姆定律的相量形式

在正弦交流电路中,电阻 R、电感 L 和电容 C 元件上的电压与电流之间不仅有数量关系,而且有相位关系。它们的伏安关系用相量形式来表示,就可以同时反映数量和相位的情况。用相量形式体现元件的伏安关系的电路模型就是相量模型。

这里讨论的电路元件 R, L, C 都是线性元件。

1. 电阻元件的相量模型和欧姆定律的相量形式

设通过电阻 R 的电流为

$$i = \sqrt{2}\,I\sin(\omega t + \varphi_i)$$

则其对应的相量式为

$$\dot{I} = I\,\underline{/\varphi_i}$$

电阻 R 端电压为

$$u_R = \sqrt{2}\,U_R\sin(\omega t + \varphi_u)$$

则其对应的相量式为

$$\dot{U}_R = U_R\,\underline{/\varphi_u}$$

因为纯电阻电路中，$U_R = RI$，$\varphi_u = \varphi_i$，代入上式中得

$$\dot{U}_R = U_R\,\underline{/\varphi_u} = RI\,\underline{/\varphi_i}$$

即

$$\dot{U}_R = R\dot{I}$$

或

$$\dot{I} = \frac{\dot{U}_R}{R} \tag{4-34}$$

上式为电阻元件欧姆定律的相量形式。它是复数关系式，其模的关系表示电压与电流有效值之间的数量关系，其幅角的关系表示电压与电流的相位关系。所以欧姆定律相量形式可同时反映电压与电流之间的数量关系和相位关系。将相量式 $\dot{U}_R = R\dot{I}$ 用复数的极坐标形式表示，即

$$U_R\,\underline{/\varphi_u} = RI\,\underline{/\varphi_i}$$

根据两个复数相等的性质，很容易看出：其模 $U_R = IR$，其幅角 $\varphi_u = \varphi_i$。其物理意义表明：电阻元件电压与电流有效值遵从欧姆定律，电压与电流同相位。

电阻 R 的相量模型和对应的相量图如图 4-37 所示。

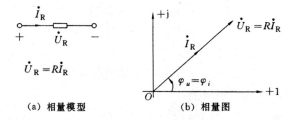

(a) 相量模型　　　　　　(b) 相量图

图 4-37　电阻 R 的相量模型和相量图

2. 电感元件的相量模型和欧姆定律的相量形式

设通过电感元件 L 的电流为

$$i = \sqrt{2}\,I\sin(\omega t + \varphi_i)$$

则其对应的相量式为

$$\dot{I} = I\,\underline{/\varphi_i}$$

电感元件的端电压为

$$u_L = \sqrt{2}\,U_L\sin(\omega t + \varphi_u)$$

则其对应的相量式为

$$\dot{U}_L = U_L\,\underline{/\varphi_u}$$

因为纯电感电路中 $U_L = X_L I$，$\varphi_u = \varphi_i + 90°$，代入上式得

$$\dot{U}_L = U_L \underline{/\varphi_u} = X_L I \underline{/\varphi_i + 90°} = jX_L I \underline{/\varphi_i}$$

即

$$\dot{U}_L = jX_L \dot{I} = j\omega L \dot{I} \tag{4-35}$$

或

$$\dot{I} = \frac{\dot{U}_L}{j\omega L} = -j\frac{\dot{U}_L}{\omega L}$$

上式为电感元件的欧姆定律的相量形式。它表明，电感元件的电压有效值是电流有效值的 ωL 倍，电压的相位超前电流 90°。在相量图中，表示 $\dot{I}$ 的矢量在长度上乘以 ωL 后，再逆时针旋转 90°，即表示 $\dot{U}_L$ 的矢量。

电感元件的相量模型和对应的相量图如图 4-38 所示。

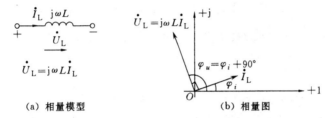

(a) 相量模型 **(b) 相量图**

图 4-38 电感元件的相量模型和相量图

3. 电容元件的相量模型和欧姆定律的相量形式

设电容的端电压为

$$u_C = \sqrt{2}U\sin(\omega t + \varphi_u)$$

则其对应的相量式为

$$\dot{U}_C = U_C \underline{/\varphi_u}$$

通过电容的电流为

$$i = \sqrt{2}I\sin(\omega t + \varphi_i)$$

则其对应的相量式为

$$\dot{I} = I \underline{/\varphi_u}$$

因为纯电容电路中 $U_L = X_C I$，$\varphi_u = \varphi_i - 90°$，代入上式

$$\dot{U}_C = U_C \underline{/\varphi_u} = X_C I \underline{/\varphi_i - 90°} = -jX_C I \underline{/\varphi_i}$$

即

$$\dot{U}_C = -jX_C \dot{I} = -j\frac{1}{\omega C}\dot{I} \tag{4-36}$$

或

$$\dot{I} = \frac{\dot{U}_C}{-jX_C} = j\omega C \dot{U}_C$$

上式为电容元件的欧姆定律的相量形式。它表明，电容元件电流有效值是电压有效值的 ωC 倍，电流的相位比电压超前 90°。在相量图中，表示 $\dot{I}$ 的矢量在长度上除以 ωC 后，再顺时

针旋转 $90°$, 即为表示 $\dot{U}_C$ 的矢量。

电容元件的相量模型和对应的相量图如图 4-39 所示。

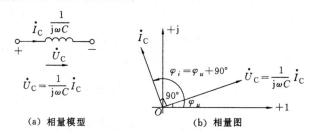

$$\dot{U}_C = \frac{1}{j\omega C}\dot{I}_C$$

(a) 相量模型　　　　　　(b) 相量图

图 4-39　电容元件的相量模型和相量图

综上所述,电路的三种基本元件电阻 R、电感 L 和电容 C 的相量模型分别为 R,$jX_L(j\omega L)$ 和 $-jX_C(-j\frac{1}{\omega C})$。它们既表征了元件阻碍电流通过的性质,又反映了电压和电流的相位关系。R,jX_L 和 $-jX_C$ 又称为电阻、感抗和容抗的复数表示法。

4.4.5　RLC 串联电路

由电阻 R、电感 L 和电容 C 串联而成的交流电路,称为 RLC 串联电路,如图 4-40 所示。这是一种实际应用中常见的典型电路,如供电系统中的补偿电路,单相异步电动机的起动电路和电子技术中常用的串联谐振电路等都是 RLC 串联电路。电工、电子线路中,RL 或 RC 串联电路也可以看做是它的特例。

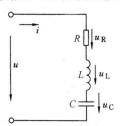

图 4-40　RLC 串联电路

我们知道:串联电路中电流处处相等,电阻元件端电压与电流同相位,电感元件端电压超前电流 $90°$,电容元件端电压滞后电流 $90°$。设 RLC 串联电路中的电流为

$$i = \sqrt{2}\,I\sin\omega t$$

则电阻的 R 的端电压为

$$u_R = \sqrt{2}\,IR\sin\omega t$$

电感 L 的端电压为

$$u_L = \sqrt{2}\,IX_L\sin(\omega t + 90°)$$

电容 C 的端电压为

$$u_C = \sqrt{2}\,IX_C\sin(\omega t - 90°)$$

当电流正方向与电压 u,u_R,u_L,u_C 正方向关联一致时,电路总电压瞬时值等于各元件上电压瞬时值之和,即

$$u = u_R + u_L + u_C$$

对应的有效值相量关系是

$$\dot{U} = \dot{U}_R + \dot{U}_L + \dot{U}_C \tag{4-37}$$

1. RLC 串联电路中电压与电流的相位关系

作出与 i,u_R,u_L 和 u_C 相对应的相量图,方法如下:以电流相量 $\dot{I}$ 为参考相量,画在水平位置上;再按比例分别作出与 $\dot{I}$ 同相的 $\dot{U}_R$,超前 $\dot{I}\,90°$ 的 $\dot{U}_L$ 和滞后 $\dot{I}\,90°$ 的 $\dot{U}_C$ 的相量图,如

图 4-41 所示。为使相量图更加简单、明了,也可以采用矢量的多边形合成法则作图:把表示各相量的有向线段首尾依次连接,则首首与尾尾相连接的有向线段表示它们的相量和。

由相量图可知,由于电感上的电压 U_L 与电容上的电压 U_C 反相,因此 RLC 串联电路的性质由这两个储能元件上电压的大小来决定;因为 $U_L = IX_L$,$U_C = IX_C$,所以实际上电路的性质是由 X_L 和 X_C 的大小来决定的。

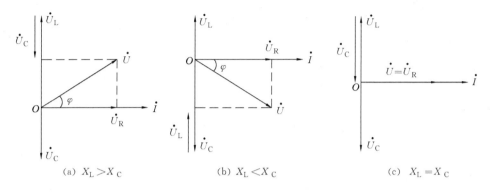

(a) $X_L > X_C$ (b) $X_L < X_C$ (c) $X_L = X_C$

图 4-41 RLC 串联电路的相量图

当 $X_L > X_C$ 时,$U_L > U_C$。由图 4-41(a)可知,此时电路总电压 u 超前电流 i 锐角 φ,电路呈电感性,称为电感性电路。总电压 u 与电流 i 的相位差为

$$\varphi = \varphi_u - \varphi_i = \arctan \frac{U_L - U_C}{U_R} > 0 \tag{4-38a}$$

当 $X_L < X_C$ 时,$U_L < U_C$。由图 4-41(b)可知,此时电路总电压 u 滞后于电流 i 锐角 φ,电路呈电容性,称为电容性电路。总电压 u 与电流 i 的相位差为

$$\varphi = \varphi_u - \varphi_i = \arctan \frac{U_L - U_C}{U_R} < 0 \tag{4-38b}$$

当 $X_L = X_C$ 时,$U_L = U_C$。由图 4-41(c)可知,此时电路电感 L 和电容 C 端电压大小相等,相位相反,电路总电压就等于电阻的端电压。总电压 u 与电流 i 同相位,即它们的相位差为

$$\varphi = \varphi_u - \varphi_i = 0 \tag{4-38c}$$

电路呈电阻性。我们把 RLC 串联电路中电压与电流同相位,电路呈电阻性的状态叫做串联谐振,在第 7 章中将另作介绍。

2. RLC 串联电路电压与电流的大小关系

由图 4-41(a)和图 4-41(b)可以看到:以电阻电压 $\dot{U}_R$、感电压与电容电压的相量和 $\dot{U}_L + \dot{U}_C$ 为直角边,总电压 $\dot{U}$ 为斜边构成一个直角三角形,称为电压三角形。由电压三角形可知,电路总电压的有效值与各元件端电压有效值的关系是相量和而不是代数和。这是因为在交流电路中,各种不同性质元件的端电压除有数量关系外还存在相位关系,所以其运算规律与直流电路有明显差异。这一点请同学们特别注意。

根据电压三角形,有

$$U = \sqrt{U_R^2 + (U_L - U_C)^2}$$

将 $U_R = IR$,$U_L = IX_L$,$U_C = IX_C$ 代入上式,得

$$U = \sqrt{(IR)^2 + (IX_L - IX_C)^2}$$
$$= I\sqrt{R^2 + (X_L - X_C)^2} = I\sqrt{R^2 + X^2} = I\,|Z|$$
$$\text{或} \quad I = \frac{U}{|Z|} \tag{4-39}$$

式(4-39)称为 RLC 串联电路中欧姆定律的表达式。式中，

$$|Z| = \sqrt{R^2 + (X_L - X_C)^2} = \sqrt{R^2 + X^2}$$

其中，$|Z|$叫做电路的阻抗，单位是 Ω；

$X = X_L - X_C$ 叫做电抗，单位也是 Ω。

由电阻 R、电抗 $X = X_L - X_C$ 为直角边，阻抗 $|Z|$ 为斜边也构成一个直角三角形，称为阻抗三角形，如图 4-42 所示。它也可以由电压三角形各边同除以电流 I 得到。所以，阻抗三角形与电压三角形相似。阻抗三角形中，R 与 $|Z|$ 的夹角 φ 叫阻抗角，其大小等于电压与电流的相位差 φ，即

$$\varphi = \arctan\frac{X_L - X_C}{R} = \arctan\frac{X}{R} \tag{4-40}$$

由阻抗三角形可知，$|Z|$，φ 与 R，X 关系为

$$R = |Z|\cos\varphi$$
$$X = |Z|\sin\varphi$$

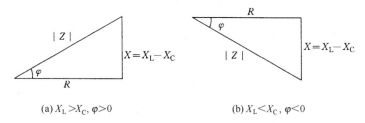

(a) $X_L > X_C$，$\varphi > 0$ (b) $X_L < X_C$，$\varphi < 0$

图 4-42　阻抗三角形

例 4.15　在 RLC 串联电路中，已知 $R = 20\Omega$，$L = 10\text{mH}$，$C = 10\mu\text{F}$，电源电压 $u = 50\sqrt{2}\sin(2500t + 30°)\text{V}$。试求：

(1) 电路感抗 X_L、容抗 X_C 和阻抗 $|Z|$。

(2) 电路的电流 I 和各元件的端电压 U_R，U_L，U_C。

(3) 电压与电流的相位差 φ，并确定电路的性质。

(4) 按比例画出相量图。

解：(1) 由 $u = 50\sqrt{2}\sin(2500t + 30°)\text{V}$ 可知，

$$\omega = 2500\ \text{rad/s}$$

$$X_L = \omega L = 2500 \times 10 \times 10^{-3}\Omega = 25\Omega$$

$$X_C = \frac{1}{\omega C} = \frac{1}{2500 \times 10 \times 10^{-6}}\Omega = 40\Omega$$

$$|Z| = \sqrt{R^2 + (X_L - X_C)^2} = \sqrt{20^2 + (25-40)^2}\Omega = 25\Omega$$

(2) $\quad I = \dfrac{U}{|Z|} = \dfrac{50}{25}\text{A} = 2\text{A}$

$\quad\quad U_R = RI = 20 \times 2\text{V} = 40\text{V}$

$$U_L = X_L I = 25 \times 2\text{V} = 50\text{V}$$

$$U_C = X_C I = 40 \times 2\text{V} = 80\text{V}$$

(3) $\varphi = \arctan \dfrac{X_L - X_C}{R} = \arctan \dfrac{25 - 40}{20} = -36.87° < 0$

所以,电路呈电容性。

(4)相量图如 4-43 所示。

3. RLC 串联电路的二个特例

(1) 当电路中 $X_C = 0$,即 $U_C = 0$ 时,就成了 RL 串联电路。实际的电感性负载(如电动机等)若其电阻 R 较大,不可忽略,则可以等效看做是 RL 串联电路;由镇流器和灯管组成的日光灯电路也是 RL 串联电路。RL 串联电路的相量图如图 4-44(a)所示。

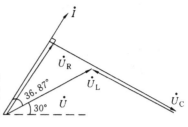

图 4-43　例 4.15 相量图

由图 4-44(b)电压三角形可知,总电压与电流的大小关系为

$$U = \sqrt{U_R^2 + U_L^2} = \sqrt{(IR)^2 + (IX_L)^2} = I\sqrt{R^2 + X_L^2} = I|Z| \qquad (4\text{-}41)$$

式(4-41)就是 RL 串联电路的欧姆定律表达式。式中

$$|Z| = \sqrt{R^2 + X_L^2} \qquad (4\text{-}42)$$

电阻 R、感抗 X_L 和阻抗 $|Z|$ 也构成一个阻抗三角形,如图 4-44(c)所示。阻抗角 φ 就是总电压与电流的相位差,其大小为

$$\varphi = \arctan \frac{U_L}{U_R} = \arctan \frac{X_L}{R} > 0 \qquad (4\text{-}43)$$

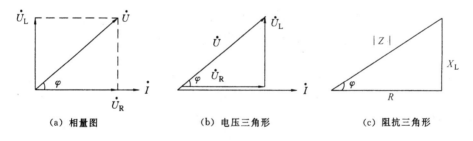

(a) 相量图　　　　　　(b) 电压三角形　　　　　　(c) 阻抗三角形

图 4-44　RL 串联电路相量图、电压三角形、阻抗三角形

所以 RL 串联电路中,电压超前电流 φ,电路呈电感性。

由图 4-44(c)阻抗三角形可知,$|Z|$,φ 与 R,X_L 关系为

$$R = |Z|\cos\varphi$$

$$X_L = |Z|\sin\varphi$$

例 4.16　把一个电感线圈接到电压为 20V 的直流电流上,测得通过线圈的电流为 0.4A,当把该线圈接到电压有效值为 65V 的工频交流电源上时,测得通过线圈的电流为 0.5A。试求该电感线圈的参数 R 和 L。

解:因为电感线圈接到直流电源上时感抗等于零,所以

$$R = \frac{U}{I} = \frac{20}{0.4}\Omega = 500\Omega$$

接到工频交流电源上时,电路阻抗为

$$|Z| = \frac{U'}{I'} = \frac{65}{0.5}\Omega = 130\Omega$$

由

$$|Z| = \sqrt{R^2 + X_L^2}$$

得

$$X_L = \sqrt{|Z|^2 - R^2}$$

所以

$$X_L = \sqrt{130^2 - 50^2}\,\Omega = 120\Omega$$

由 $X_L = 2\pi fL$，得

$$L = \frac{X_L}{2\pi f} = \frac{120}{314}\text{H} = 0.382\text{H}$$

（2）当电路中 $X_L = 0$，即 $U_L = 0$ 时，就成了 RC 串联电路，在电子技术中常见到的阻容耦合放大电路，RC 振荡器，RC 移相电路等，都是 RC 串联电路的实例。

RC 串联电路的相量图，如图 4-45(a) 所示。

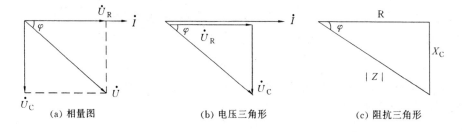

（a）相量图　　　　　　　（b）电压三角形　　　　　　　（c）阻抗三角形

图 4-45　RC 串联电路相量图、电压三角形、阻抗三角形

由图 4-45(b) 电压三角形可知，总电压与电流的大小关系为

$$U = \sqrt{U_R^2 + U_C^2} = \sqrt{(IR)^2 + (IX_C)^2} = I\sqrt{R^2 + X_C^2} = I|Z|$$

或

$$I = \frac{U}{|Z|} \tag{4-44}$$

式(4-44)这就是 RC 串联电路中的欧姆定律表达式，式中

$$|Z| = \sqrt{R^2 + X_C^2} \tag{4-45}$$

电阻 R、容抗 X_C 和阻抗 $|Z|$ 也构成一个阻抗三角形，如图 4-45(c) 所示，阻抗角 φ 等于总电压与电流的相位差，其大小为

$$\varphi = \arctan\frac{U_C}{U_R} = \arctan\frac{X_C}{R} < 0 \tag{4-46}$$

所以 RC 串联电路中，电压滞后电流 φ，电路呈电容性。

由图 4-45(c) 阻抗三角形可知，$|Z|$，φ 与 R，X_C 的关系式为

$$R = |Z|\cos\varphi$$

$$X_C = |Z|\sin\varphi$$

前面已学过的纯电阻电路、纯电感电路和纯电容电路，也可看做是 RLC 串联电路的特例，电路的阻抗分别为 $|Z| = R$，$|Z| = X_L$ 和 $|Z| = X_C$。所以掌握 RLC 串联电路的规律具有普遍意义。

例 4.17　在电子技术中，常利用 RC 串联作移相电路，如图 4-46 所示。已知输入电压 $u_i = \sqrt{2}\sin6280t$ V，电容器 $C = 0.01\mu\text{F}$，现要使输出电压 u_o 在相位上前移 $60°$，问：

（1）应配多大的电阻 R？

（2）此时输出电压的有效值 U_o 等于多大？（要作出相量图进行分析计算）

解：根据题意作相量图，如图 4-47 所示。

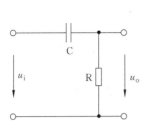

图 4-46 例 4.17 移相电路

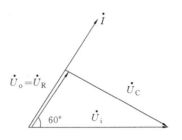

图 4-47 例 4.17 相量图

以 $\dot{U}_i$ 为参考相量。因为 $\dot{U}_o = \dot{U}_R$ 与 $\dot{I}$ 同相，先作 $\dot{I}$ 超前 $\dot{U}_i 60°$ 的相量图。又因为 $\dot{U}_C$ 滞后 $\dot{I} 90°$，而 $\dot{U}_R + \dot{U}_C = \dot{U}_i$，所以再由相量 $\dot{U}_i$ 末端向 $\dot{I}$ 作垂线，即可作出 $\dot{U}_o = \dot{U}_R$ 和 $\dot{U}_C$ 的相量图。最后根据电压三角形作阻抗三角形，如图 4-48 所示。

因为，$X_C = \dfrac{1}{\omega C} = \dfrac{1}{6280 \times 0.01 \times 10^{-6}} \text{k}\Omega = 15.92 \text{k}\Omega$

由阻抗三角形可知

$$R = X_C \cdot \tan 60° = 15.92 \times 0.577 \text{k}\Omega \approx 9.2 \text{k}\Omega$$

由电压三角形可知

$$U_o = U_R = U_i \cos 60° = 1 \times 0.5 \text{V} = 0.5 \text{V}$$

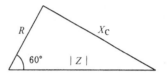

图 4-48 例 4.17 阻抗三角形

从本例题可以看出，根据题意正确作出相量图和阻抗三角形是进行分析计算的关键。

4. RLC 串联电路的功率

在 RLC 串联电路中，既有耗能元件电阻 R，又有储能元件电感 L 和电容 C。所以，电路既有有功功率 P，又有无功功率 Q_L 和 Q_C。

由于 RLC 串联电路中只有电阻 R 是消耗功率的，所以电路的有功功率 P 就是电阻上所消耗的功率，即

$$P = U_R I$$

由图 4-41 所示的电压三角形可知，电阻端电压 U_R 与总电压 U 关系为

$$U_R = U \cos\varphi$$

所以

$$P = U_R I = UI \cos\varphi = I^2 R \tag{4-47}$$

式（4-47）为 RLC 串联电路的有功功率公式。纯电阻电路中，电压与电流同相，$\varphi = 0$，$\cos\varphi = 1$，所以有功功率公式 $P = UI$ 可看作是一个特例。

纯电感电路和纯电容电路中 $\varphi = \pm 90°$，$\cos\varphi = 0$，所以 $P_L = 0$，$P_C = 0$。由此可见，有功功率公式 $P = UI \cos\varphi$ 具有普遍意义。

电路中的储能元件电感 L 和电容 C 虽然不消耗能量，但与电源之间进行着周期性的能量交换。无功功率 Q_L 和 Q_C 分别表征它们这种能量交换的最大速率，即

$$Q_L = U_L I$$

$$Q_C = U_C I$$

由于电感和电容的端电压在任何时刻都是反相的，所以 Q_L 和 Q_C 的符号相反。RLC 串联电路的无功功率为

$$Q = Q_L - Q_C = (U_L - U_C)I = I^2(X_L - X_C) \tag{4-48a}$$

由图 4-41 所示电压三角形可知

$$U_L - U_C = U\sin\varphi$$

所以

$$Q = UI\sin\varphi \tag{4-48b}$$

　　我们把电路的总电压有效值和电流有效值的乘积称为视在功率，用符号 S 表示，单位是伏安（V·A）或千伏安（k·VA），即

$$S = UI \tag{4-49a}$$

　　视在功率表征电源提供的总功率，也用来表示交流电源的容量。

　　将电压三角形的各边同时乘以电流有效值 I，就可得到功率三角形，如图 4-49 所示。P 与 S 的夹角称为功率因数角，其大小等于总电压与电流的相位差，等于阻抗角。显然，功率三角形与电压三角

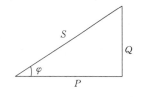

图 4-49　功率三角形

形、阻抗三角形都相似。

　　由功率三角形可得

$$S = \sqrt{P^2 + Q^2} \tag{4-49b}$$

$$P = S\cos\varphi$$

$$Q = S\sin\varphi$$

　　应该指出，公式（4-49a）和式（4-49b）虽然由 RLC 串联电路推导得出，也适用于任何交流电路。

5. 功率因数

　　由 $P = UI\cos\varphi = S\cos\varphi$ 可知，当 $\cos\varphi = 1$ 时，电路消耗的有功功率与电源提供的视在功率相等，这时，电源的利用率最高；在 $\cos\varphi \neq 1$ 时，电路消耗的有功功率总小于视在功率；而当 $\cos\varphi = 0$ 时，电路有功功率等于零，这时电路只有能量交换，没有能量消耗，就不能转换成热能或机械能等被人们所利用。

　　为了表征电源功率被利用的程度，我们把有功功率与视在功率的比值称为功率因数，用 $\cos\varphi$ 表示，即

$$\cos\varphi = \frac{P}{S}$$

对于同一电路，电压三角形、阻抗三角形和功率三角形都相似，所以

$$\cos\varphi = \frac{P}{S} = \frac{U_R}{U} = \frac{R}{|Z|} \tag{4-50}$$

　　提高功率因数具有重要的现实意义。首先，由于任何发电机、变压器等电源设备都会受绝缘和温度等因数限制，都有一定的额定电压和额定电流，即有一定额定容量（视在功率）。设电路功率因数只有 0.5 时，其输出功率 $P = 0.5S$，这时，电源功率只有 50% 被利用；若设法把功率因数提高到 1，则可在不增加投资情况下，输出功率可增加 1 倍。显然，提高功率因数可充分发挥电源设备的潜在能力，提高经济效益。其次，根据 $P = UI\cos\varphi$ 可知，提高功率因后，在输送相同功率、相同电压情况下，由于输电线路中电流减小，可大大地减小输电线路的电压损耗和功率损耗，节省电能。因此，在电力工程中，力求使功率因数接近于 1。

提高功率因数的方法之一,是在电感性负载的两端并联一个容量适当的电容器,如图4-50所示。电感性负载等效为 RL 串联电路,电流 i_1 滞后电压角度 φ_1。并联适当电容 C 后,电流 i_C 超前电压角度 $90°$,电路总电流 $i=i_1+i_C$,其对应的相量式为 $\dot{I}=\dot{I}_1+\dot{I}_C$,作出相量图,如图4-51所示。由相量图可知,并联适当电容后,电路总电流减小,电压与电流的相位差 φ 也小于并联电容前的 φ_1,所以 $\cos\varphi>\cos\varphi_1$,即功率因数提高了。

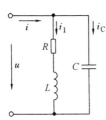
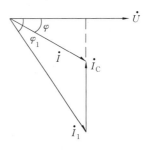

图 4-50　电感性负载并联电容器　　　　图 4-51　电感性负载并联电容后的相量图

例 4.18　在 RLC 串联电路中,如图 4-52 所示,$R=40\Omega$,$L=223\text{mH}$,$C=80\mu\text{F}$,电源电压 $u=220\sqrt{2}\sin100\pi t\text{V}$,试求:

(1) 电路的阻抗 $|Z|$;

(2) 电流的有效值 I;

(3) 电路的有功功率 P、无功功率 Q 和视在功率 S;

(4) 确定电路的性质,并作出相量图;

(5) 写出电流瞬时值表达式 i,并求电路功率因数。

解:

(1)由 $u=220\sqrt{2}\sin100\pi t\text{V}$,得

$$U = 220\text{V}, \quad \omega = 100\pi\text{rad/s} = 314\text{rad/s}$$

所以电路的感抗为

$$X_L = \omega L = 314 \times 223 \times 10^{-3}\Omega \approx 70\Omega$$

电路的容抗为

$$X_C = \frac{1}{\omega C} = \frac{1}{314 \times 80 \times 10^{-6}}\Omega \approx 40\Omega$$

电阻的阻抗为

$$|Z| = \sqrt{R^2 + (X_L - X_C)^2} = \sqrt{40^2 + (70-40)^2}\Omega = 50\Omega$$

(2) 电流有效值为

$$I = \frac{U}{|Z|} = \frac{220}{50}\text{A} = 4.4\text{A}$$

(3)电路的有功功率为

$$P = I^2 R = 4.4^2 \times 40\text{W} = 744.4\text{W}$$

电路的无功功率为

$$Q = I^2(X_L - X_C) = 4.4^2 \times (70-40)\text{var} = 580.8\text{var}$$

电路的视在功率为

$$S = UI = 220 \times 4.4\text{VA} = 968\text{V}\cdot\text{A}$$

（4）因为 $X_{\mathrm{L}} > X_{\mathrm{C}}$，所以电路呈电感性。相量图如图4-53所示。

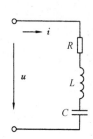

图4-52 例4.18电路图

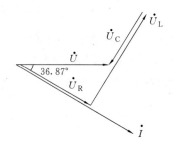

图4-53 例4.18相量图

（5）阻抗角为

$$\varphi = \arctan \frac{X_{\mathrm{L}} - X_{\mathrm{C}}}{R} = \arctan \frac{70-40}{40} = \arctan 0.75 \approx 36.87°$$

$$\therefore \quad i = 4.4\sqrt{2}\sin(100\pi t - 36.87°)\,\mathrm{A}$$

电路的功率因数为

$$\cos\varphi = \cos 36.87° = 0.8$$

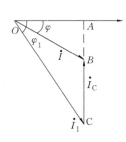

图4-54 例4.19相量图

例4.19 标有"220V 40W"的日光灯接在220V的工频交流电源上。现要使其功率因数由0.5提高到0.9，试问应并联多大的电容C?

在日光灯电路中，灯管可看做纯电阻负载，它与电感性负载镇流器串联，组成RL串联电路，电流 i_1 滞后电压 φ_1；并联电容C后，其电流超前电压90°；总电流 $\dot{I} = \dot{I}_1 + \dot{I}_{\mathrm{C}}$，其相位滞后电压 φ，作出相量图，如图4-54所示。

我们先推导一个求解公式。由相量图可知：

在$\triangle OAC$中，$OA = I_1\cos\varphi_1 = \dfrac{P}{U}$

$$AC = OA\tan\varphi_1 = \frac{P}{U}\tan\varphi_1$$

在$\triangle OAB$中，$AB = OA\tan\varphi = \dfrac{P}{U}\tan\varphi$

所以

$$BC = AC - AB = \frac{P}{U}(\tan\varphi_1 - \tan\varphi)$$

而

$$BC = I_{\mathrm{c}} = \frac{U}{X_{\mathrm{C}}} = U\omega C$$

所以

$$U\omega C = \frac{P}{U}(\tan\varphi_1 - \tan\varphi)$$

由此可得公式

$$C = \frac{P}{\omega U^2}(\tan\varphi_1 - \tan\varphi) = \frac{P}{2\pi f U^2}(\tan\varphi_1 - \tan\varphi) \tag{4-51}$$

解：由 $\cos\varphi_1 = 0.5$，得 $\tan\varphi_1 = 1.732$

由 $\cos\varphi = 0.9$，得 $\tan\varphi = 0.484$

代入公式得

$$C = \frac{P}{2\pi f U^2}(\tan\varphi_1 - \tan\varphi) = \frac{40}{314 \times 220^2} \times (1.732 - 0.484)\text{F} = 3.28\mu\text{F}$$

利用公式(4-51)可直接求解有功功率为 P 的电感性负载，需将功率因数由 $\cos\varphi_1$ 提高到 $\cos\varphi$ 时，应并联的电容 C 的大小。在实际应用中如果使用计算器，计算过程将更快捷、方便。

例 4.20 用伏特表、安培表和瓦特表测量一个电感线圈的参数 R 和 L，如图 4-55 所示。已知电源频率为 50Hz，伏特表读数为 50V，电流表读数为 1A，瓦特表读数（有功功率）为 30W。求 R 和 L 的大小。

解：电感线圈可看作 RL 串联电路，其阻抗为

$$|Z| = \frac{U}{I} = \frac{50}{1}\Omega = 50\Omega$$

由于只有电阻消耗功率，由 $P = I^2 R$，得

$$R = \frac{P}{I^2} = \frac{30}{1}\Omega = 30\Omega$$

由阻抗三角形，得

$$|Z| = \sqrt{R^2 + X_L^2}$$

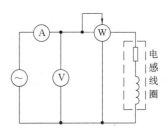

图 4-55　例 4.20 电路图

所以感抗

$$X_L = \sqrt{|Z|^2 - X_L^2} = \sqrt{50^2 - 30^2}\,\Omega = 40\Omega$$

由 $X_L = 2\pi f L$，得电感 L 为

$$L = \frac{X_L}{2\pi f} = \frac{40}{314}\text{H} \approx 0.127\text{H}$$

*4.4.6　相量法分析 RLC 串联电路

正弦交流电用相量式表示后，正弦交流电路的分析和计算都可以用复数来进行，这时直流电路中应用的分析方法和基本定律就可以全部应用到正弦交流电路之中，使解题更简便、更快捷。

1. 基尔霍夫定律的相量形式

基尔霍夫定律阐明了电路中各电流、电压的约束关系，对任何电路都适用。在正弦交流电路中，所有的电流、电压都是同频率的正弦量，它们的瞬时值和对应的有效值相量关系都遵从基尔霍夫定律。

基尔霍夫节点电流定律（KCL）指出：在任一时刻，电路中任一节点上电流的代数和为零，即

$$\sum i = 0$$

它对应的相量形式为

$$\sum \dot{I} = 0 \tag{4-52}$$

上式即为 KCL 的相量形式。它表明在正弦交流电路中，任一节点上各电流有效值的相量和等于零。

同理可得，KVL 应用于正弦交流电路在任何瞬时都成立，即

$$\sum u = 0$$

其对应的相量形式为

$$\sum \dot{U} = 0 \tag{4-53}$$

上式即为 KVL 的相量形式。它表明：在正弦交流电路中，沿任一回路的各部分电压有效值的相量和等于零。

2. 用相量法分析 RLC 串联电路

上节我们已学习了 RLC 串联电路的分析和计算方法。本节我们在建立电路相量模型的基础上，介绍用相量法分析和计算 RLC 串联电路。

RLC 串联电路和它的相量模型及等效电路如图 4-56 所示。

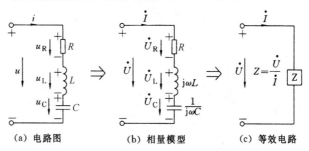

(a) 电路图　　　　(b) 相量模型　　　　(c) 等效电路

图 4-56　RLC 串联电路及其相量模型

设正弦交流电压 $u = \sqrt{2}U\sin(\omega t + \varphi_u)$，其对应的电压相量为

$$\dot{U} = U \angle \varphi_u$$

电路中正弦电流为 $i = \sqrt{2}I\sin(\omega t + \varphi_i)$，其对应的电流相量为

$$\dot{I} = I \angle \varphi_i$$

由三种基本元件的欧姆定律相量形式可知，电流在电阻 R 上产生一个与电流同相位的正弦电压。

$$\dot{U}_R = R\dot{I}$$

在电感 L 上产生一个超前电流 90° 的电压。

$$\dot{U}_L = j\omega L\dot{I} = jX_L\dot{I}$$

在电容 C 上产生一个滞后于电流 90° 的电压。

$$\dot{U}_C = -j\frac{1}{\omega C}\dot{I} = -jX_C\dot{I}$$

由 KVL 的相量形式可得

$$\dot{U} = \dot{U}_R + \dot{U}_L + \dot{U}_C = R\dot{I} + jX_L\dot{I} - jX_C\dot{I} = [R + j(X_L - X_C)] = Z\dot{I} \tag{4-54}$$

式(4-54)称为 RLC 串联电路中欧姆定律的相量形式。Z 称为复阻抗，即

$$Z = R + j(X_L - X_C) = R + jX \tag{4-55}$$

可见，复阻抗 Z 是以复数形式出现的，单位是 Ω。复阻抗 Z 的实部是电阻 R，虚部为电抗 $X = X_L - X_C$。复阻抗 Z 虽然是复数，但它不是正弦量，所以它不是相量，符号 Z 上不加"·"。在 RLC 串联电路中，Z 是二端网络端口的等效复阻抗，与直流电路中串联电阻的等效电阻的情况相似。复阻抗 Z 也可以用极坐标形式来表示。

$$Z = \frac{\dot{U}}{\dot{I}} = \frac{U \underline{/\varphi_u}}{I \underline{/\varphi_i}} = \frac{U}{I} \underline{/\varphi_u - \varphi_i} = |Z| \underline{/\varphi} \tag{4-56}$$

式中,$|Z| = \dfrac{U}{I}$ 称为复阻抗的模,简称阻抗,其大小等于电压有效值与电流有效值之比;

$\varphi = \varphi_u - \varphi_i$ 是复阻抗的辐角,称为阻抗角,大小等于总电压与电流的相位差。

在 RLC 串联电路中,流过各元件的电流相等,一般以电流相量 $\dot{I}$ 为参考相量作相量图。电阻电压 $\dot{U}_R$、电抗电压 $\dot{U}_X$ 和总电压 $\dot{U}$ 构成电压三角形;电阻 R、电抗 X 和阻抗$|Z|$构成阻抗三角形,如图 4-57(a)和图 4-57(b)所示,它们是相似三角形。

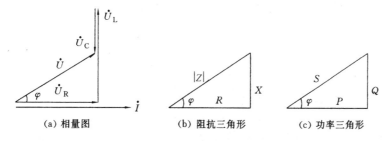

图 4-57 RLC 串联电路相量、阻抗三角形和功率三角形

电流相量 $\dot{I} = I \underline{/\varphi_i}$ 的共轭复数为 $\overset{*}{I} = I \underline{/-\varphi_i}$。我们把二端网络的电压相量 $\dot{U} = U \underline{/\varphi_u}$ 与电流相量的共轭复数 $\overset{*}{I} = I \underline{/-\varphi_i}$ 的乘积 $\dot{U}\overset{*}{I}$,称为复功率,用 $\widetilde{S}$ 表示,单位是 VA。则有

$$\widetilde{S} = \dot{U}\overset{*}{I} = U \underline{/\varphi_u} \times I \underline{/-\varphi_i} = UI \underline{/\varphi_u - \varphi_i}$$
$$= S \underline{/\varphi} = S(\cos\varphi + j\sin\varphi) = P + jQ$$

即

$$\widetilde{S} = \dot{U}\overset{*}{I} = P + jQ = S \underline{/\varphi} \tag{4-57}$$

由此可见,复功率的实部为二端网络中所有电阻元件所消耗的有功功率的总和,虚部 Q 为二端网络中所有储能元件的无功功率的总和。复功率 $\widetilde{S}$ 的模 S 为视在功率,其大小为 $S = UI = \sqrt{P^2 + Q^2}$;复功率 $\widetilde{S}$ 的辐角 φ 称为功率因数角,大小等于阻抗角,即电压与电流的相位差。由 P,Q 和 S 组成功率三角形,如图 4-57(c)所示,它与电压三角形和阻抗三角形相似。

复功率的引入,可把功率的计算变成复数的代数运算,可十分方便地求出电路的有功功率 P、无功功率 Q、视在功率 S 和功率因数 $\cos\varphi$。

例 4.21 在 RLC 串联电路中,电源电压 $U = 220\sqrt{2}\sin314t\,\text{V}$,电阻 $R = 30\,\Omega$,电感 $L = 445\text{mH}$,电容 $C = 32\mu\text{F}$。试用相量法求:

(1) 电路的复阻抗 Z;

(2) 电路中的电流 i,各元件端电压 u_R, u_L, u_C;

(3) 电路的有功功率 P、无功功率 Q、视在功率 S 和功率因数 $\cos\varphi$;

(4) 作出相量图。

解: 由 $u = 220\sqrt{2}\sin314t\,\text{V}$ 可知,

$$\dot{U} = 220 \underline{/0°}\,\text{V} \quad \omega = 314\text{rad/s}$$

(1) $X_L = \omega L = 314 \times 0.445\,\Omega \approx 140\,\Omega$

$$X_C = \frac{1}{\omega C} = \frac{1}{314 \times 32 \times 10^{-6}}\Omega \approx 100\Omega$$

$$Z = R + j(X_L - X_C) = [30 + j(140 - 100)]\Omega = (30 + j40)\Omega = 50\underline{/53.13°}\Omega$$

（2）由 $\dot{I} = \dfrac{\dot{U}}{Z} = \dfrac{220\underline{/0°}}{50\underline{/53.13°}}A = 4.4\underline{/-53.13°}A$

得

$$i = 4.4\sqrt{2}\sin(314t - 53.13°)A$$

由

$$\dot{U}_R = R\dot{I} = 30 \times 4.4\underline{/-53.13°}V = 132\underline{/-53.13°}V$$

得

$$u_R = 132\sqrt{2}\sin(314t - 53.13°)V$$

由

$$\dot{U}_L = jX_L\dot{I} = 140\underline{/90°} \times 4.4\underline{/-53.13°}V = 616\underline{/36.87°}V$$

得

$$u_L = 616\sqrt{2}\sin(314t + 36.87°)V$$

由

$$\dot{U}_C = -jX_C\dot{I} = 100\underline{/-90°} \times 4.4\underline{/-53.13°}V$$
$$= 440\underline{/-143.13°}V$$

得

$$u_C = 440\sqrt{2}\sin(314t - 143.13°)V$$

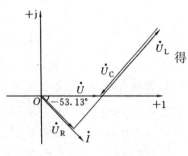

（3）由 $\tilde{S} = \dot{U}\overset{*}{\dot{I}} = 220\underline{/0°} \times 4.4\underline{/53.13°}VA = 968\underline{/53.13°}VA$
$$= (580.8 + j774.4)VA$$

得

$$P = 580.8W$$
$$Q = 774.4var$$
$$S = 968V \cdot A$$
$$\cos\varphi = \cos53.13° = 0.6$$

图 4-58　例 4.21 相量图

（4）相量图如图 4-58 所示。

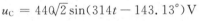

阅读材料

交流电路的实际元件

在前面的讨论中，我们对电路的三种基本元件电阻 R、电感 L 和电容 C 都是采用模型化的理想元件处理的。用理想的电路模型，近似地反映实际电路元件，只考虑它们本身具有的单一特性，忽略其次要因素。

必须指出,理想元件只是实际电路元件在一定条件下的近似替代,并非实际元件本身。实际元件的性能往往很复杂,常受到多种因素的影响。在交流电路中,实际元件的性能会受到频率的影响,特别在频率较高时,这种影响将会很大。下面我们分别加以讨论。

1. 导体的电阻

我们知道,导体对直流电和交流电都具有电阻。当直流电通过导体时,导体横截面上各处的电流分布是均匀的,即电流密度处处相等。但交流电通过导体时,其横截面上电流分布则不均匀;越靠近中心处,电流密度越小;越靠近表面,电流密度越大,这种现象称为趋肤效应。

由于趋肤效应,电流大部分集中在导体表面,而中心处的电流很小,这就相当于减小了导体的有效横截面积,也就增大了电阻。由于趋肤效应随着频率的增大而显著,因此同一导体对不同频率的交流电的电阻也不同。通常,我们把导体的直流电阻称为欧姆电阻,而对交流电的电阻称为有效电阻。有效电阻随频率的增大而增大。

对于工频交流电,趋肤效应并不显著,可近似认为有效电阻与欧姆电阻相等。但在高频电路中,电流几乎都集中在导线表面一层通过,导线中心部分电流近似等于零,此时导线的有效电阻比欧姆电阻大许多倍。为了有效地利用导电材料,在一些高频电路中常采用空心导线或表面镀银。

2. 电感线圈

一个电阻不可忽略的实际电感线圈,在低频交流电路中,常把它等效为电阻与纯电感串联的元件,如图 4-59(a)所示。在直流电路中,由于纯电感对直流电相当于短路,因此可把它等效为一个电阻元件,如图 4-59(b)所示。在高频交流电路中,线圈的电阻和感抗都有很大变化:电阻除因趋肤效应要增大外,还会因线圈相近线匝间同方向电流所产生的磁场影响,产生邻近效应而使导线中的电流分布更加不均匀,使有效电阻增大更为显著。此外,在高频条件下,线圈的线匝之间存在的分布电容也不可忽略,其等效电路如图 4-59(c)所示。

3. 电容器

理想电容器两极间的电介质是完全绝缘的,两极间没有电流通过。实际的电容器两极间的电介质不可能做到完全绝缘,在电压作用下,总有些漏电流通过,从而产生功率损耗。此外,在交变电压作用下,电容器两极板间的电介质会交变极化而产生热损耗,这种热损耗将随频率的增高而随之增大。因此,一个实际电容器可用一个电阻 R 与电容的并联电路来等效代替,如图 4-60 所示。漏电流可认为从电阻 R 上通过。

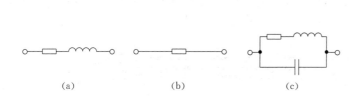

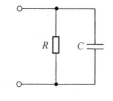

(a)　　　　　　(b)　　　　　　(c)

图 4-59　实际电感线圈在不同频率下的等效电路

图 4-60　实际电容器
的等效电路

综上所述,我们所学的理想元件只是在一定条件下近似地替代实际器件。

阅读材料

常用电光源

常用电光源按其发光原理可分为三大类，即热辐射光源、气体光源和场致发光源。

1. 热辐射光源

热辐射光源是人类最早发明的电光源，例如白炽灯和在它基础上发展起来的卤钨灯，都是利用电流通过灯丝，使灯丝加热到白炽状态（2200℃～3000℃）而发出可见光的。

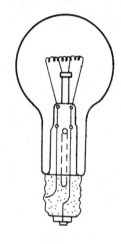

（1）白炽灯的构造和工作原理。普通白炽灯主要由灯丝、灯头、玻璃壳体等构成，如图4-61所示。灯丝是灯泡的发光体，由熔点高达3410℃，且升华率很低的金属钨丝绕制而成。灯头有卡口灯头和螺旋灯头两种。

玻璃壳体常用钠——钙硅酸盐类玻璃制成，有透明、白色半透明和彩色三种。为了抑制钨丝在高温下升华，以延长灯泡寿命并提高发光效率，在40W以上的白炽灯泡壳内充有一定压强的氮气或氩气、氪气等惰性气体。40W及以下功率较小的灯泡则采用真空。

当灯泡加以额定电压后，灯丝中即有电流通过。由于电流的热效应，使灯丝达到白炽状态而发出光线。所以白炽灯的电能绝大部分转化为热能和看不见的辐射能，只有约10%的电能转化为可见光，所以白炽灯发光效率很低。

图4-61　白炽灯

自1879年英国发明家爱迪生完成对白炽灯的应用研究后，一百多年以来，为了提高白炽灯的发光效率和寿命，人们一直在不断探索、改进和创新。例如灯丝的形状由最初的直丝改进为单螺旋形，后来又改为发光效率更高的双螺旋形。白炽灯的形状也由一般的梨形，发展为蘑菇状的反射型等。目前，一种双灯丝白炽灯也已开发投产，这种灯泡装有两条不同功率的灯丝，既可分别单独使用，也可并联同时使用，以满足不同的照明要求。

白炽灯由于结构简单、价格低廉和使用方便，目前仍在广泛使用。但在不久的将来，它将逐渐被节能、高效的新型光源所代替，从而完成它的历史使命。

（2）卤钨灯。卤钨灯是在白炽灯的基础上充入微量卤素（碘、溴等）或卤化物后，利用卤钨循环原理来提高发光效率和使用寿命的，其结构如图4-62所示。

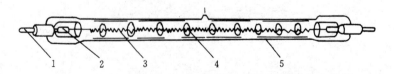

1——灯脚；2——钼箔；3——灯丝；4——支架；5——石英玻管（内充微量卤素）

图4-62　卤钨灯

卤钨灯的工作原理是：当灯管工作时灯丝温度很高，钨从灯丝升华后向泡壳扩散，一般白炽灯会逐渐发黑就是这个原因；同时卤素分子被灯丝加热分解，变为原子态卤素，也扩散到泡壳处,与钨发生化学反应,产生挥发性的卤化钨(即碘化钨或溴化钨)。当卤化钨分子扩散到灯丝附近时,在灯丝高温作用下又分解为钨和卤素,其中钨沉积回到钨丝上,而卤素又重新扩散到温度较低的壳壁附近,准备再次参与另一次循环。如此循环,卤素可把升华出来的钨送回灯丝上,防止钨沉积在泡壳上,这样既可提高钨丝的使用寿命,又提高了发光率。

卤钨灯具有体积小(只有相同功率白炽灯体积的 1/10),发光效率高(是白炽灯的 5 倍),光色好,寿命长(是白炽灯的 2 倍),不用附件,使用方便等优点,适用于照明要求较高的场合。

2. 气体放电电光源

20 世纪 30 年代初,人们发现在汞蒸气和惰性气体弧光放电过程中可辐射紫外线,而当荧光粉受到紫外线激发时,能发出可见光。根据这一原理,人们制造出日光灯、汞灯、钠灯等气体放电光源,又称为冷光源。

(1) 日光灯的构造及工作原理。日光灯主要由灯管、镇流器和启辉器组成,日光灯电路如图 4-63(a)所示。

日光灯管是一根圆形直玻璃管,两端灯头上固定着两根金属插脚,用于连接电源。插脚在管内与作阴极用的钨制灯丝相连,其上涂有碳酸钡、碳酸锶和碳酸钙组成的涂层,供发射电子用。当交流电的方向改变时,两端灯丝相互交替承担阴极的作用。灯管壁涂有一层荧光粉薄膜。灯管封闭前放入少量水银,然后抽成真空,并充入少量惰性气体氩气。

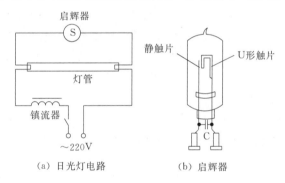

(a) 日光灯电路   (b) 启辉器

图 4-63 日光灯电路和启辉器结构

启辉器又叫启动器,俗称跳泡,由氖气泡、电容器和罩壳构成。充有氖气的小玻璃泡里装有两个电极,一个固定不动的静触片和一个用双金属片制成的倒 U 形动触片,如图 4-63(b)所示。双金属片的热膨胀系数不同,里层金属片的热膨胀系数大。启辉器相当于一个自动开关。与氖泡并联的纸介小电容器的作用是减弱触点断开时产生的电火花,消除灯管启辉时对附近收音机、电视机等无线电设备的干扰。

镇流器是一个铁心电感线圈,装在铁皮壳内,再用沥青固封,绝缘而成。镇流器的主要作用是:日光灯启动时由于自感而产生瞬时高电压,与电源电压一起加在灯管两端,使管内汞蒸气导电而开始发光;日光灯正常发光后,又起降压限流的作用。

综上所述,日光灯的工作原理是:当日光灯接通电源时,启辉器在电源电压作用下辉光放电,U 形双金属片受热膨胀与静触片接触,使镇流器、灯管灯丝和启辉器组成闭合回路,灯丝中有电流通过使其被预热,同时启辉器两电极接触后电压降为零,辉光放电停止,双金属片冷缩,动、静触头自动分断,导致电路中电流突然中断。镇流器由于自感产生瞬时脉冲高压,与电源电压一起加在灯管已被预热的灯丝之间,使管内的惰性气体电离而引起弧光放电,使水银蒸气电离放电,辐射出波长为 253.7×10^{-9} m、强度很高的紫外线。紫外线照射到管内壁的荧光粉上激发出近似"日光色"的可见光。灯管放电后，电流从灯管通过，启辉器不再起作用。

日光灯具有发光效率高（约为白炽灯的4倍）、使用寿命长（约为白炽灯的3倍）、节能省电、光线柔和等优点，是一种应用十分广泛的冷光源。

（2）高压汞灯的构造及工作原理。高压汞灯又称高压水银荧光灯，是普通荧光灯的改进产品，属于高气压（压强高达10^5Pa以上）的汞蒸气放电光源。按其结构可分为三类：

a.镇流器式高压汞灯（GGY型），如图4-64所示。它主要由灯头、石英放电管和玻璃壳等组成，是应用最广泛的照明光源之一。

b.自镇流式高压汞灯（GYZ型）。它外形、构造和工作状况与镇流器式高压汞灯基本相同，不同的是它串联了镇流用的钨丝来控制放电管中的电流，以代替镇流器，是一种利用汞放电管、白炽体和荧光质三种发光元素同时发光的复合光源，所以又称复合灯。

c.反射型高压汞灯（GYF型）。其结构特点是采用部分玻壳内镀铝等反射层，使光线集中地均匀地定向反射。

高压汞灯不需启辉器预热灯丝，但它必须与相应功率的镇流器串联使用（自镇流式除外）。其工作原理如下：当电源开关闭合后，电压经镇流器加在电极之间，第一主电极与辅助电极（触发极）首先辉光放电，使管内的汞蒸发，导致第一主电极与第二主电极间击穿，发生弧光放电。由于两主电极间弧光放电后，主电极与辅助电极间的电压低于辉光放电电压，因此辉光放电停止，随着主电极间的弧光放电，汞逐渐汽化，灯泡稳定工作，发出可见光和紫外线，使外层玻璃管壁的荧光粉受激，发出大量的日光似的可见光。高压汞灯发光效率高，使用寿命长，耐震性能好，用电省，但启动时间较长，显色性较差。高压汞灯熄灭后要过5~10min后才能重新启动。

（3）高压钠灯的构造及工作原理。高压钠灯的主要构造如图4-65所示。它利用高气压（压强可达10^4Pa）的钠蒸气放电发光，特点是光色为全白色，红光成分十分丰富，其光谱集中在人眼较为敏感区域，因此其光效比高压汞灯还高一倍，穿透云雾能力强，使用寿命长，是一种新型光电照明灯，适用于道路和室外大面积照明。使用时要配用相应的镇流器。

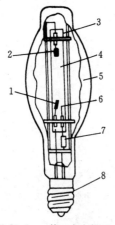

1——第一主电极；2——第二主电极；3——金属支架；
4——内层石英玻壳（内充适量汞和氩）；
5——外层石英玻壳（内涂荧光粉，内外玻壳间充氮）；
6——辅助电极（触发极）；7——限流电阻；8——灯头
图4-64 高压汞灯（GGY型）

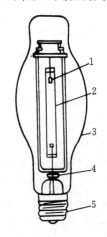

1——主电极；2——半透明陶瓷放电管；
（内充钠、汞及氙或氖氩混合气体）；
3——外玻壳（内外壳间充氮）；4——消气剂；5——灯头
图4-65 高压钠灯

由于高压钠灯内充满了金属蒸气钠，腐蚀性极强，任何透明玻璃都会耐受不住。因此，高压钠灯用氧化铝制成的半透明陶瓷管来作灯管。这种陶瓷管既能耐高压高温,又能抗腐蚀,虽不完全透明,但能有90%以上可见光透射出来。

目前又研制生产出低压钠灯,其外形、结构和特点与高压钠灯相似,利用其具有穿透云雾的特点,常用于航线和机场跑道作指示灯,也可作光学仪器中的单色光源。

3. 场致发光光源

场致发光光源是20世纪80年代初研制使用的新颖光源,目前仍在进一步研究、改进、开发之中。发光板照明即是其应用实例。

发光板类似平行板电容器结构,具有两个电极,其中一个电极涂有磷化镓、硫化锌、氮化硼等发光体,另一个电极涂有透明的导电材料。当两电极加上电场后,这些荧光材料在电场激发下就能发光。用发光板照明具有光线柔和、亮度均匀、耗电省、寿命长、使用安全等优点,可做飞机仪表照明、夜光瞄准器、暗室灯等。

 思考与练习题

1.电阻对交流电的电压与电流的相位有没有影响? 在纯电阻电路中,电压与电流的大小关系和相位关系各是怎样的? 写出纯电阻电路的欧姆定律表达式和平均功率公式。

2.什么叫感抗? 它的大小等于什么? 在纯电感电路中,电压与电流的大小关系和相位关系各是怎样的? 写出纯电感电路的欧姆定律表达式。

3.什么是容抗? 它的大小等于什么? 在纯电容电路中,电压与电流的大小关系和相位关系各是怎样的? 写出纯电容电路的欧姆定律表达式。

4.无功功率能否理解为"无用"功率? 它是用来表示什么的? 国际单位是什么? 写出纯电感电路和纯电容电路无功功率公式。

5.画出纯电阻元件、纯电感元件和纯电容元件的相量模型,分别写出这三种基本元件的欧姆定律相量形式,作出相应相量图。

6.在RLC串联电路中,什么叫电路的总阻抗? 它与电阻、感抗、容抗有什么关系? 作出阻抗三角形。

7.在RLC串联电路中,总电压与各元件端电压之间有什么关系? 写出欧姆定律表达式;作出电流、各元件端电压和总电压的相量图。电压三角形与阻抗三角形有什么关系?

8.什么叫感性电路? 什么叫容性电路? 什么叫谐振电路?

9.写出KCL,KVL的相量表达式。

10.什么是RLC串联电路的复阻抗? 它是不是相量? 为什么? 复阻抗的代数形式中实部表示什么? 虚部表示什么? 复阻抗的极坐标形式中模表示什么? 辐角表示什么?

11.写出RLC串联电路的欧姆定律相量表达式。

12.什么叫正弦交流电路的瞬时功率? 什么叫有功功率、无功功率和视在功率? 三者之间有什么关系? 功率三角形与电压三角形、阻抗三角形有什么联系? 写出RLC串联电路中有功功率、无功功率和视在功率公式及相应单位。

13.什么叫功率因数? 它是用来表征什么的物理量? 提高功率因数有什么重要意义?

14.提高感性负载的功率因数常用什么方法? 如何计算将功率为 P 的感性负载的功率因数由 $\cos\varphi_1$ 提高到 $\cos\varphi$ 时,应并联多大的电容 C?

一、正弦交流电一般由交流发电机产生

简单的交流发电机原理：矩形线圈绕对称轴，以角速度 ω 在匀强磁场中匀速转动，由于电磁感应，在线圈两端产生感应电动势 e，对外输出正弦交流电压 u；若电路闭合，则有正弦电流 i 产生。

$$e = E_m \sin(\omega t + \varphi_e)$$
$$u = U_m \sin(\omega t + \varphi_u)$$
$$i = I_m \sin(\omega t + \varphi_i)$$

二、正弦量的三要素

在正弦电压解析式 $u = U_m \sin(\omega t + \varphi_u)$ 中，U_m 称为电压的最大值或幅值；$(\omega t + \varphi_0)$ 称为 t 时刻的相位，表示正弦量在某一时刻所处的状态；开始时刻（$t=0$）时的相位 φ_0 叫初相；ω 称角频率，表示正弦量每秒变化的电角度。

正弦量的最大值（有效值）、角频率（频率或周期）和初相称为正弦量的三要素。它们可以确定一个正弦量。

周期（T）指交流电完成一次周期性变化所用的时间，单位是秒（s）。

频率（f）指交流电每秒钟完成周期性变化的次数，单位是赫兹（Hz）。周期与频率互为倒数。

$$f = \frac{1}{T} \text{ 或 } T = \frac{1}{f}$$

角频率、周期和频率都表示交流电变化的快慢，它们之间的关系是

$$\omega = 2\pi/T = 2\pi f$$

三、正弦量的有效值指与交流电热效应相当的直流电的值

最大值是有效值的 $\sqrt{2}$ 倍，有效值是最大值的 $1/\sqrt{2}$ 即 0.707 倍。

正弦量的平均值指交流电在半个周期内瞬时值的平均数，其大小等于最大值的 0.637 倍。

四、两个正弦量的相位之差叫相位差，用 φ 表示

它反映两个正弦量在变化过程中的步调情况，即它们的相位超前与滞后关系，或到达正（负）最大值的先后情况。两个同频率正弦量的相位差等于它们的初相之差。

$$\varphi = (\omega t + \varphi_1) - (\omega t + \varphi_2) = \varphi_1 - \varphi_2$$

五、正弦量有四种表示方法

解析式表示法和波形图表示法属于直接表示法；旋转矢量（相量图）表示法和相量（复数）表示法属于间接表示法。用间接表示法进行正弦量的加、减运算比用直接表示法简便得多。

作相量图时，取一个长度与正弦量的最大值或有效值成正比，方向与横轴正方向夹角等于正弦量初相的矢量（相量）来表示正弦量。

画在同一笛卡儿坐标系中，表示几个同频率正弦量的相量的图示，叫相量图。运用相量图进行正弦量加减运算时，遵从平行四边形法则。显然，不同频率的正弦量不能在同一个相量图上表示，也不能用相量图进行加减运算。

*六、表示正弦量的复数称为相量。用相量（复数）表示正弦量的方法称为相量法

正弦量的解析式与相量式之间的对应关系为

$$u = U_m \sin(\omega t + \varphi_u) \iff \dot{U} = U \underline{/\varphi_u}$$

用相量表示正弦量后，正弦交流电路的分析、计算就可以利用复数来进行，直流电路中的基本定律、规律和分析方法就可以全部应用到正弦交流电路中去。

七、纯电阻、纯电感、纯电容电路中电压与电流关系及特性比较

见表 4.1。

表 4.1　单一参数的交流电路的比较

比较项目＼电路形式		纯电阻电路	纯电感电路	纯电容电路
阻抗 Z Z 与 f 的关系		电阻 R R 与 f 无关	感抗 $X_L=\omega L=2\pi fL$ X_L 与 f 成正比	容抗 $X_C=1/\omega C=1/2\pi fC$ X_C 与 f 成反比
电压与电流的关系	大小	$U=IR$	$U=IX_L$	$U=IX_C$
	相位	电压与电流同相	电压超前电流 $90°$	电压滞后电流 $90°$
	相量式	$\dot{U}=\dot{I}R$	$\dot{U}=\mathrm{j}\dot{I}X_L$	$\dot{U}=-\mathrm{j}\dot{I}X_C$
解析式		$u=U_m\sin\omega t$ $i=I_m\sin\omega t$	$u=U_m\sin\omega t$ $i=I_m\sin(\omega t-90°)$	$u=U_m\sin\omega t$ $i=I_m\sin(\omega t+90°)$
相量图		$\dot{I} \longrightarrow \dot{U}$	$\dot{I}$ ⊥ $\dot{U}$	$\dot{I}$ ⊥ $\dot{U}$
有功功率		$P=U_RI=I^2R$	$P=0$	$P=0$
无功功率		$Q=0$	$Q_L=U_LI=I^2X_L$	$Q_C=U_CI=I^2X_C$
复阻抗		$Z=R$	$Z=\mathrm{j}X_L$	$Z=-\mathrm{j}X_C$

八、常见的串联交流电路中电压与电流关系、功率关系及其特性的比较

见表 4.2 所示。

表 4.2　常见的串联交流电路的比较

比较项目＼电路形式		RL 串联电路	RC 串联电路	RLC 串联电路
阻抗 复阻抗		$\vert Z\vert=\sqrt{R^2+X_L^2}$ $Z=R+\mathrm{j}X_L$	$\vert Z\vert=\sqrt{R^2+X_C^2}$ $Z=R-\mathrm{j}X_C$	$\vert Z\vert=\sqrt{R^2+(X_L-X_C)^2}$ $Z=R+\mathrm{j}(X_L-X_C)$
电流与电压的关系	大小	$U=I\vert Z\vert$	$U=I\vert Z\vert$	$U=I\vert Z\vert$
	相位	电压超前电流 φ 角 $\varphi=\arctan\dfrac{X_L}{R}$	电压滞后电流 φ 角 $\varphi=\arctan\dfrac{X_C}{R}$	$X_L>X_C$ 时电压超前电流 φ $X_L<X_C$ 时电压滞后电流 φ $X_L=X_C$ 时电压与电流同相 $\varphi=\arctan\dfrac{X_L-X_C}{R}$
	相量式	$\dot{U}=\dot{I}Z$	$\dot{U}=\dot{I}Z$	$\dot{U}=\dot{I}Z$
相量图		$\dot{U},\dot{U}_L,\dot{U}_R,\varphi,\dot{I}$	$\dot{I},\varphi,\dot{U}_R,\dot{U},\dot{U}_C$	$\dot{U}_L,\dot{U},\dot{U}_C,\dot{U}_R,\varphi,\dot{I}$
有功功率(W)		$P=UI\cos\varphi=I^2R$	$P=UI\cos\varphi=I^2R$	$P=UI\cos\varphi=I^2R$
无功功率(var)		$Q_L=UI\sin=I^2X_L$	$Q_L=UI\sin=I^2X_C$	$Q=UI\sin\varphi=I^2(X_L-X_C)$
视在功率(V·A)		$S=UI=\sqrt{P^2+Q^2}$		
复功率(V·A)		$\tilde{S}=\dot{U}\dot{I}=P+\mathrm{j}Q=S\angle\varphi$		

串联交流电路的性质由感抗 X_L 和容抗 X_C 的大小决定:若 $X_L>X_C$,则 $\varphi=\varphi_u-\varphi_i>0$,电压超前电流 φ 角,电路呈电感性;若 $X_L<X_C$,则 $\varphi=\varphi_u-\varphi_i<0$,电压滞后电流 φ 角,电路呈电容性;若 $X_L=X_C$,则 $\varphi=\varphi_u-\varphi_i$ $=0$,电压与电流同相,电路呈电阻性,这种状态称为串联谐振。

九、电压三角形、阻抗三角形和功率三角形是相似形;阻抗角等于功率因数角,都等于电压与电流的相位差

十、电路的有功功率 P 与视在功率 S 的比值叫功率因数

用 $\cos\varphi$ 表示。

$$\cos\varphi=\frac{P}{S}=\frac{U_R}{U}=\frac{R}{|Z|}$$

　　功率因数是用来表征电源功率被利用程度的物理量。提高电路功率因数可提高电源利用率;在输送相同电压、相同功率情况下,可减小线路损耗。

　　常用提高功率因数的方法是:在感性负载两端并联适当的电容 C。将功率为 P 的感性负载的功率因数由 $\cos\varphi_1$ 提高到 $\cos\varphi$ 时,应并联的电容 C 可由以下公式求出:

$$C=\frac{P}{\omega U^2}(\tan\varphi_1-\tan\varphi)$$

习题 4

　　4.1　已知正弦电流 $i=10\sqrt{2}\sin(200\pi t-150°)\text{A}$,求它的最大值、角频率、频率、周期、相位、初相,作出 i 的波形图。

　　4.2　求下列各组正弦量的相位差,并说明超前、滞后情况。

　　(1) $u_1=220\sqrt{2}\sin(\omega t+120°)\text{V}$,　 $u_2=220\sqrt{2}\sin(\omega t-120°)\text{V}$

　　(2) $i_1=10\sin(\omega t-30°)\text{A}$,　 $i_2=10\sin(\omega t-70°)\text{A}$

　　(3) $i_1=220\sqrt{2}\sin(100\pi t+180°)\text{A}$,　 $i_2=10\sqrt{2}\sin(100\pi t-180°)\text{A}$

　　(4) $e_1=380\sqrt{2}\sin100\pi t\text{V}$,　 $e_2=380\sqrt{2}\sin(100\pi t-180°)\text{V}$

　　4.3　照明电路的电压是 220V,动力供电线路的电压是 380V,试问它们的有效值、最大值和平均值各是多少?

　　4.4　有一个工频交流电的最大值是 10A,初相是 30°,求:

　　(1) 写出它的解析式;

　　(2) 画出它的图像;

　　(3) 求 $t=0.1\text{s}$ 时,电流的瞬时值。

　　4.5　根据下列条件写出角频率都是 ω 的正弦量的解析式。

　　(1) $U=220\text{V}$,$\varphi_u=120°$;　 $I_m=10\text{A}$,i 滞后于 $u90°$;　 $E_m=220\sqrt{2}\text{V}$,$\varphi_e=\varphi_u$。

　　(2) $I=5\text{A}$,$\varphi_i=-30°$;　 $U=100\text{V}$,u 滞后于 $i30°$;　 $E_m=100\sqrt{2}\text{V}$,e 与 u 反相。

　　4.6　某正弦电流 i 的图像如图 4-66 所示,根据波形图求它的最大值、有效值、周期、频率、角频率和初相,并写出它的解析式。

　　4.7　已知 $u_1=220\sqrt{2}\sin(100\pi t-45°)\text{V}$,$u_2=110\sqrt{2}\sin(100\pi t+45°)\text{V}$,在同一坐标系上作

出它们的相量图。

4.8 用相量图法先求下列各组正弦量的和与差的相量，再写出它们的解析式。

(1) $u_1 = 100\sin(10\pi t + 60°)$ V，$u_2 = 100\sin(10\pi t - 60°)$ V；

(2) $i_1 = 12\sin(100\pi t - 150°)$ A，$i_2 = 5\sin(100\pi t + 30°)$ A。

4.9 作出 $u_1 = 5\sin(\omega t + 30°)$ V 和 $u_2 = 10\sin(\omega t - 60°)$ V 的波形图和相量图，并求它们的相位差。

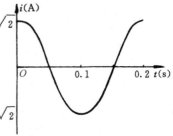

图 4-66 习题 4.6 波形图

4.10 把一个标有"220V 4.4kW"的电炉接到 $u = 220\sqrt{2}\sin(100\pi t - 60°)$ V 的电源上，求：

(1) 写出流过电炉丝中电流的解析式；

(2) 画出电压与电流的相量图。

4.11 把一个电感 $L = 0.35$H 的线圈，接到 $u = 220\sqrt{2}\sin(100\pi t + 30°)$ V 的电源上，试求：

(1) 线圈的感抗；

(2) 电流的有效值；

(3) 写出电流的解析式；

(4) 作出电压与电流的相量图；

(5) 电路的无功功率。

4.12 已知某电感线圈通过 50Hz 电流时感抗为 100Ω，电压与电流相位差是 $90°$，求当频率升高到 5kHz 时，其感抗是多大？电压与电流相位差是多少？

4.13 某电感电阻可忽略不计，当它接到 220V 工频交流电路中通过的电流是 10A，求该线圈的电感 L。

4.14 把 $C = 10\mu$F 的电容器接到 $u = 220\sqrt{2}\sin(100\pi t - 30°)$ V 的电源上，试求：

(1) 电容的容抗；

(2) 电流的有效值；

(3) 写出电流的解析式；

(4) 作出电压与电流的相量图；

(5) 电路的无功功率。

4.15 某电容器通过 50Hz 的电流时，容抗为 100Ω，电流与电压的相位差是 $90°$，求当频率升高到 5kHz 时容抗为多大？电流与电压的相位差是多大？

4.16 某电容器接在正弦电压 $u = 220\sqrt{2}\sin(100\pi t - 60°)$ V 的电源上，通过的电流为 259mA，求该电容器的电容 C。

4.17 在 RLC 串联电路中，$u = 20\sqrt{2}\sin50t$ V，电阻 $R = 40\Omega$，电感 $L = 0.6$H，电容 $C = 333\mu$F，试求：

(1) 电路中的总阻抗 $|Z|$；

(2) 电流 I；

(3) 各元件的端电压 U_L，U_R，U_C；

(4) 电压与电流的相位差 φ；

(5) 电路的性质；

(6) 作出相量图；

（7）电路的有功功率 P、无功功率 Q 和视在功率 S；

（8）电路的功率因数。

＊4.18　电路参数同上题，试用相量分析法求：

（1）电路的复阻抗 Z；

（2）电流 i；

（3）各元件端电压 u_L、u_R、u_C；

（4）电路的功率因数；

（5）电路的性质；

（6）电路的复功率、有功功率、无功功率和视在功率；

（7）作出相量图。

4.19　将一个电阻 $R=60\Omega$，电感 $L=255\text{mH}$ 的实际电感线圈，接到电压 $u=220\sqrt{2}\sin100\pi t\text{V}$ 的电源上。求：

（1）电感的感抗 X_L；

（2）该线圈的阻抗 $|Z|$；

（3）电路中的电流 I；

（4）电路的有功功率 P、无功功率 Q 和视在功率 S；

（5）功率因数 $\cos\varphi$；

（6）作出相量图。

4.20　把一个线圈接到 120V 直流电源上，测得电流为 20A，当把它改接到 220V、50Hz 的交流电源上时，测得电流为 28.2A，求该线圈的参数 R 和 L。

4.21　把一个 $R=30\Omega$ 的电阻与 $C=80\mu\text{F}$ 的电容器串联后接到 $u=220\sqrt{2}\sin100\pi t\text{V}$ 电源上，试求：

（1）电容的容抗 X_C；

（2）电路的阻抗 $|Z|$；

（3）电路中的电流 I；

（4）电路的有功功率 P、无功功率 Q 和视在功率 S；

（5）功率因数 $\cos\varphi$；

（6）写出电流的解析式；

（7）作出相量图。

4.22　在电子放大电路中，常用 RC 串联电路进行耦合，如图 4-67 所示，已知 $C=10\mu\text{F}$，$R=1.5\text{k}\Omega$，输入电压 $U_i=5\text{V}$，$f=100\text{Hz}$，试求 U_C 和 U_o 各为多大？U_i 与 U_o 之间的相位差是多少？

4.23　如图 4-67 是一个移相电路，如果 $C=0.01\mu\text{F}$，输入电压 $u_i=\sqrt{2}\sin1200\pi t\text{V}$，今欲使输出电压 U_o 在相位上向前移动 $60°$，问应配多大的电阻 R？此时输出电压 U_o 等于多大？试画出相量图进行分析计算。

4.24　RC 移相电路如图 4-68 所示，输入电压 $u_i=10\sqrt{2}\sin1000\pi t\text{V}$，电容 $C=7.96\mu\text{F}$，现要使输出电压向落后方向移动 $60°$，求：

（1）应选配多大电阻 R？

（2）写出输出电压 u_o 的解析式。

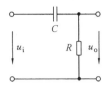

图 4-67　习题 4.22 和习题 4.23 电路图

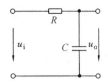

图 4-68　习题 4.24 电路图

4.25　流过某负载的电流 $i = \sqrt{2}\sin(100\pi t + 15°)\,\text{A}$ 时,其端电压 $u = 220\sqrt{2}\sin(100\pi t - 45°)\,\text{V}$,试问:

(1) 该负载是感性还是容性?

(2) 该负载的电阻和电抗各为多大?

4.26　在 RLC 串联电路中,$R = 40\,\Omega$,$X_C = 50\,\Omega$,$U_C = 100\,\text{V}$,加在电路两端的正弦电压为 $u = 100\sqrt{2}\sin100\pi t\,\text{V}$,求电感 L 的大小。

4.27　某发电机的容量是 500kVA,最多可安装多少台功率 $P = 10\text{kW}$,$\cos\varphi = 0.8$ 的电动机? 若安装 50 台这样的电动机安全吗? 为什么?

4.28　某功率 $P = 10\text{kW}$,$\cos\varphi = 0.6$ 的感性负载,接到 220V、50Hz 的交流电路中,现要使功率因数提高到 0.9,应并联多大的电容器?

4.29　一台发电机的容量是 10kVA,若负载功率因数为 0.5,能提供多少 kW 的有功功率? 无功功率又是多少?

4.30　已知某负载需用功率为 3000kW,额定电压是 10kV,功率因数是 0.6,若输电线电阻为 $1\,\Omega$,输电线损耗功率是多大? 若将功率因数提高到 0.9,输电线损耗功率又为多大?

4.31　为使标有"36V 0.3A"的灯泡接在 220V、50Hz 的交流电源上正常使用,应串联一个多大的电容进行分压限流?

4.32　某交流电路端电压 $u = 282.8\sin\omega t\,\text{V}$,通过的电流 $i = 2.828\sin(\omega t - 60°)\,\text{A}$,求:电路的功率因数、有功功率、无功功率和视在功率。

4.33　某单相异步电动机的输入功率为 2.42kW,接在 220V 交流电源上通过电流为 22A,求该电动机的功率因数。

4.34　为求得某一电感线圈的参数,把该线圈接在 220V、50Hz 的交流电源上,用电流表测得通过它的电流为 5A,用功率表测得它消耗的功率为 940W,求该线圈的电阻 R 和电感 L。

* 4.35　已知 $i_1 = 30\sin\omega t\,\text{A}$,$i_2 = 40\sin(\omega t + 90°)\,\text{A}$,试用相量法求 $i_1 + i_2$ 和 $i_1 - i_2$。

* 4.36　已知电流相量 $\dot{I} = 100\,\underline{/30°}\,\text{A}$,$f = 50\text{Hz}$,试求:

(1) 它的有效值、初相和解析式;

(2) 当它通过复阻抗 $Z = (-2 + j2)\,\Omega$ 的负载时产生的电压相量,并写出电压的解析式。

* 4.37　两个复阻抗 $Z_1 = (50 + j50)\,\Omega$,$Z_2 = (50 - j50)\,\Omega$,试求:

(1) 它们串联时的等效复阻抗;

(2) 它们并联时的等效复阻抗。

* 4.38　已知 $u_1 = 220\sqrt{2}\sin100\pi t\,\text{V}$,$u_2 = 220\sqrt{2}\sin(100\pi t - 120°)\,\text{V}$,$u_3 = 220\sqrt{2}\sin(100\pi t + 120°)\,\text{V}$,试用相量法求 $u_1 + u_2 + u_3$ 的值,并画出相应的波形图和相量图。

* 4.39　两个复阻抗为 $Z_1 = (30 + j40)\,\Omega$,$Z_2 = (30 - j20)\,\Omega$ 的负载,串联后接在 $u = 220\sqrt{2}\sin\omega t\,\text{V}$ 的电源上,试求:

(1) 电路中电流的解析式；

(2) 各负载端电压的解析式。

*4.40　某负载两端的电压相量为 $\dot{U}=(120-\mathrm{j}50)\mathrm{V}$，通过的电流相量为 $\dot{I}=(8-\mathrm{j}6)\mathrm{A}$，试求：

(1) 电压和电流的有效值及它们的相位差；

(2) 负载的复阻抗、阻抗、电阻和电抗；

(3) 电路的有功功率、无功功率、视在功率和功率因数；

(4) 作出电压、电流的相量图。

［探索与研究］

1. 测电笔是最常使用的电工工具之中，你会使用吗？

每次使用前必须先在能正常供电的单相交流电源插座上测试一下它能否正常工作，方法是用右手大姆指触及测电笔后端的金属处将测电笔插入插座右端，即火线上若氖泡发光说明该测电笔能正常工作。

若电源插座发生故障，不能正常工作，如何利用测电笔检查并排除故障呢？现介绍一种简易的测试方法：用测电笔分别插入插座的右、左插孔内，若氖泡都不发光，则可判定是火线开路或接触不良；若氖泡都能发光，则可判定是零线开路或接触不良。查明故障原因后，即可对症下药地进行检修了。不信，你可实践一下，并想一想，这是为什么？

2. 为确保安全，需在实验室的演示台及每张实验桌上都安装一个"急停"开关，这样指导教师无论在实验室何处，发现异常情况都能就近及时地断总电源。试设计出符合上述要求的"急停"开关电路图，并说明其工作原理。

3. 吊扇的调速器是一个有多个中间抽头的电抗器。试分析这种电抗器的调速原理。

折开调速器的外壳，用万用表交流电压 250V 档，分别测量各档的端电压，测量结果与你的理论分析相同吗？

4. 就近实地调查变电所现在的工作情况及近年来的发展情况。请技术人员介绍安全用电知识及日常电路维护的知识和技能。

5. 观察自己家照明电路的分布情况，并画出相应的电路图。

(1) 记录你家常用电器铭牌上所标注的各个功率（如：照明灯，电冰箱、电饭锅、微波炉、空调、洗衣机等。）

(2) 观察自己家庭的电能表的额定电压、额定电流和额定功率，并分析该电能表能否满足现有用电器全部工作时的需求？还可增添家用电器的总功率是多大？

(3) 观察转盘式电能表的表面上各种数据，并了解其意义。设计一个粗略测定电能表转动是否正常的检测过程。想一想能否用空调器或洗衣机作为检测对象？为什么？

(4) 利用电能表分别测试自己家在冬季和夏季每周的用电情况。通过统计分析说明不同季节用电量不同的原因。

第5章

三相交流电路

目前,世界各国电力系统普遍采用三相制供电方式,组成三相交流电路。日常生活中的单相用电也是取自三相交流电中的一相。三相交流电之所以被广泛应用,是因为它节省线材,输送电能经济方便,运行平稳。三相交流电动机构造简单、性能良好,是工农业生产的主要动力设备。

因此,在单相交流电路基础上,进一步研究三相交流电路具有重要的现实意义。

5.1 三相交流电的产生

三相交流电由三相交流发电机产生,其过程与单相交流电基本相似。

5.1.1 三相交流发电机的简单构造

三相交流发电机原理示意图如图 5-1 所示,它主要由定子和转子两部分组成。发电机定子铁心由内圆开有槽口的绝缘薄硅钢片叠制而成,槽内嵌有三个尺寸、形状、匝数和绕向完全相同的独立绕组 U_1U_2,V_1V_2 和 W_1W_2。它们在空间位置互差 $120°$,其中 U_1,V_1,W_1 分别是绕组的始端,U_2,V_2,W_2 分别是绕组的末端。每个绕组称为发电机中的一相,分别称为 U 相、V 相和 W 相。发电机的转子铁心上绕有励磁绕组,通过固定在轴上的两个滑环引入直流电流,使转子磁化成磁极,建立磁场,产生磁通。

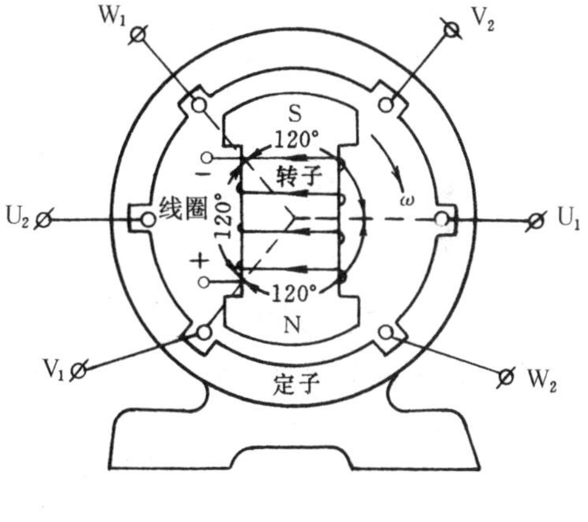

5.1.2 三相对称正弦量

当转子磁极在原动机驱动下以角速度 ω 顺时针匀速旋转时,相当于每相绕组沿逆时针方向

图 5-1 三相交流发电机原理示意图

匀速旋转,做切割磁感线运动,从而产生三个感应电压 u_U,u_V,u_W。由于三相绕组的结构完全相同,在空间位置互差 $120°$,并以相同角速度 ω 切割磁感线,所以这三个正弦电压的最大值相等,频率相同,而相位互差 $120°$。以 u_U 为参考电压,则这三个绕组的感应电压瞬时值表达式为

$$\left.\begin{aligned}
u_U &= \sqrt{2}U_{相}\sin\omega t \\
u_V &= \sqrt{2}U_{相}\sin(\omega t - 120°) \\
u_W &= \sqrt{2}U_{相}\sin(\omega t - 240°) = \sqrt{2}U_{相}\sin(\omega t + 120°)
\end{aligned}\right\} \tag{5-1}$$

上式中 u_U,u_V,u_W 分别叫 U 相电压、V 相电压和 W 相电压。我们把这种最大值(有效值)相等、频率相同、相位互差 $120°$ 的三相电压称为三相对称电压。每相电压都可以看做是一个

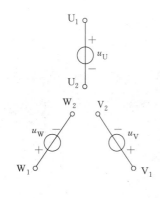

图 5-2　三相电源

独立的正弦电压源，其参考极性规定：各绕组的始端为"＋"极，末端为"－"极，如图 5-2 所示。将发电机三相绕组按一定方式联接后，就组成一个三相对称电压源，可对外供电。

根据公式(5-1)，可作出三相对称电压的波形图和相量图，如图 5-3(a)和图 5-3(b)所示。

由三相对称电压的波形图可以看出：三相对称电压的瞬时值，在任一时刻的代数和等于零，即 $u_U + u_V + u_W = 0$

将图 5-3(b)所示相量图中任意两个电压相量按平行四边形法则合成，其相量和必与第三个电压相量大小相等，方向相反，相量和为零。即

$$\dot{U}_U + \dot{U}_V + \dot{U}_W = 0 \tag{5-2}$$

三相对称电压瞬时值的代数和等于零，有效值的相量和等于零的结论，同样适用于三相对称电动势、三相对称电流，即三相对称正弦量之和恒等于零。

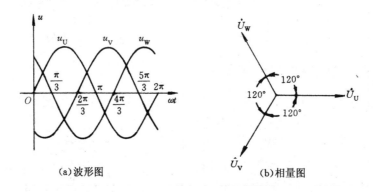

(a)波形图　　　　(b)相量图

图 5-3　对称三相电压波形图和相量图

5.1.3　相序

在三相电压源中，各相电压到达正的或负的最大值的先后次序，称为三相交流电的相序，习惯上，选用 U 相电压作参考，V 相电压滞后 U 相电压 120°，W 相电压又滞后 V 相电压 120°（或 W 相电压超前 U 相电压 120°），所以它们的相序为 U—V—W，称为正序，反之则为负序。

在实际工作中，相序是一个很重要的问题。例如，几个发电厂并网供电，相序必须相同，否则发电机都会遭到重大损害。因此，统一相序是整个电力系统安全、可靠运行的基本要求。为此，电力系统并网运行的发电机、变压器，发电厂的汇流排，输送电能的高压线路和变电所等，都按技术标准采用不同颜色来区别电源的 U，V，W 三相：用黄色表示 U 相，绿色表示 V 相，红色表示 W 相。相序可用相序器来测量。

例 5.1　在三相对称电压中，已知 $u_V = 220\sqrt{2}\sin(314t + 30°)\mathrm{V}$，试写出其他两相电压的瞬时值表达式，并作出相量图。

解：根据三相电压的对称关系，因为已知，

$$u_V = 220\sqrt{2}\sin(314t + 30°)\mathrm{V}$$

所以

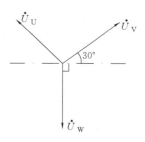

$$u_{\mathrm{U}} = 220\sqrt{2}\sin(314t + 30^\circ + 120^\circ)\,\mathrm{V}$$
$$= 220\sqrt{2}\sin(314t + 150^\circ)\,\mathrm{V}$$
$$u_{\mathrm{W}} = 220\sqrt{2}\sin(314t + 30^\circ - 120^\circ)\,\mathrm{V}$$
$$= 220\sqrt{2}\sin(314t - 90^\circ)\,\mathrm{V}$$

三相对称电压的相量图如图 5-4 所示。

图 5-4　例 5.1 相量图

思考与练习题

1. 以 $i_{\mathrm{V}} = 5\sqrt{2}\sin\omega t\,\mathrm{A}$ 为参考，写出三相对称电流解析式。它有什么特点？

2. "如果知道三相对称正弦量中的任意一相，其他两相自然就可以知道了。"这种说法对吗？为什么？

3. 什么叫相序？相序在实际工作中有什么作用？

5.2　三相电源的联接

5.2.1　三相电源的星形联接

把三相电源的三个绕组的末端 U_2, V_2, W_2 联接成一个公共点 N，由三个始端 U_1, V_1, W_1 分别引出三根导线 L_1, L_2, L_3 向负载供电的联接方式称为星形（Y 形）联接，如图 5-5(a) 所示。

公共点 N 称为中点或零点，从 N 点引出的导线称为中线或零线。若 N 点接地，则中线又叫地线。由 U_1, V_1, W_1 端引出的三根输电线 L_1, L_2, L_3 称为相线，俗称火线。这种由三根火线和一根中线组成的三相供电系统称为三相四线制系统，在低压配电中常采用。有时为简化线路图，常省略三相电源不画，只标相线和中线符号，如图 5-5(b) 所示。

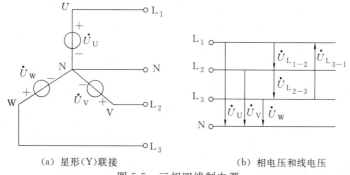

(a) 星形（Y）联接　　　　　　　(b) 相电压和线电压

图 5-5　三相四线制电源

电源每相绕组两端的电压称为相电压。在三相四线制中，相电压就是相线与中线之间的电压。三个相电压的瞬时值用 $u_{\mathrm{U}}, u_{\mathrm{V}}, u_{\mathrm{W}}$ 表示（通用符号为 $u_{\text{相}}$），相电压的正方向规定为由绕组的始端指向末端，即由相线指向中线。

相线与相线之间的电压称为线电压，它们的瞬时值用 $u_{\mathrm{L1-2}}, u_{\mathrm{L2-3}}, u_{\mathrm{L3-1}}$ 表示（通用符号为 $u_{\text{线}}$），线电压的正方向由下标数字的先后次序来标明。例如表示两相线 L_1 和 L_2 之间的线电

压是由 L_1 线指向 L_2 线，如图 5-5(b)所示。

根据电压与电位的关系，可得出线电压与相电压的关系式：

$$\left.\begin{array}{l} u_{L1-2} = u_U - u_V \\ u_{L2-3} = u_V - u_W \\ u_{L3-1} = u_W - u_U \end{array}\right\} \tag{5-3}$$

上式表明，线电压的瞬时值等于相应两个相电压的瞬时值之差。由此可得它们对应的相量关系为

$$\left.\begin{array}{l} \dot{U}_{L1-2} = \dot{U}_U - \dot{U}_V \\ \dot{U}_{L2-3} = \dot{U}_V - \dot{U}_W \\ \dot{U}_{L3-1} = \dot{U}_W - \dot{U}_U \end{array}\right\} \tag{5-4}$$

上式表明线电压的有效值的相量等于相应两个相电压的有效值的相量之差。

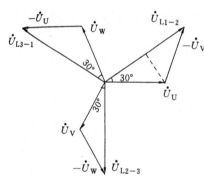

图 5-6 三相电源星形联接
相电压和线电压的相量图

以 $\dot{U}_U$ 为参考相量，作出各相电压、线电压的相量图，如图 5-6 所示。由相量图可以看出，线电压与相电压之间的数量关系为

$$\frac{1}{2}U_{线} = U_{相}\cos 30°$$

即

$$U_{线} = \sqrt{3}U_{相} \tag{5-5a}$$

在相位上，线电压超前对应的相电压 $30°$，

$$\varphi_{线} = \varphi_{相} + 30° \tag{5-5b}$$

由于三个线电压的大小相等，频率相同，相位互差 $120°$，所以也是三相对称正弦量，即

$$\dot{U}_{L1-2} + \dot{U}_{L2-3} + \dot{U}_{L3-1} = 0 \tag{5-6}$$

例 5.2 星形联接的三相对称电源电压为 $380V$，试以 u_U 为参考，写出 $u_V,u_W,u_{L1-2},u_{L2-3}$ 和 u_{L3-1} 的表达式。

解： 题目所给电源电压为 $380V$ 是指线电压的有效值，所以相电压有效值为

$$U_{相} = \frac{U_{线}}{\sqrt{3}} = \frac{380}{\sqrt{3}}V = 220V$$

以 u_U 为参考，即

$$u_U = 220\sqrt{2}\sin\omega t\,V$$

则

$$u_V = 220\sqrt{2}\sin(\omega t - 120°)\,V$$

$$u_W = 220\sqrt{2}\sin(\omega t + 120°)\,V$$

因为线电压超前对应相电压 $30°$，则

$$u_{L1-2} = 380\sqrt{2}\sin(\omega t + 30°)\,V$$

$$u_{L2-3} = 380\sqrt{2}\sin(\omega t - 90°)\,V$$

$$u_{L3-1} = 380\sqrt{2}\sin(\omega t + 150°)\,V$$

5.2.2　三相电源的三角形联接

将三相电源的三个绕组的始、末端顺次相联,接成一个闭合三角形,再从三个联接点 U、V、W 分别引出三根输电线 L_1、L_2、L_3,如图 5-7 所示,这就是三相电源的三角形(△)联接。

由图 5-7 可以看出,三相电源三角形联接时,各线电压就是相应的相电压,即

$$u_{L1-2} = u_U$$
$$u_{L2-3} = u_V$$
$$u_{L3-1} = u_W \qquad (5-7)$$

其对应的相量形式为

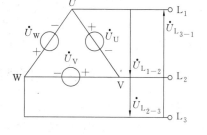

图 5-7　三相电源的三角形联接

$$\left. \begin{array}{l} \dot{U}_{L1-2} = \dot{U}_U \\ \dot{U}_{L2-3} = \dot{U}_V \\ \dot{U}_{L3-1} = \dot{U}_W \end{array} \right\} \qquad (5-8)$$

由于三相对称电压 $\dot{U}_U + \dot{U}_V + \dot{U}_W = 0$,所以三角形闭合回路的总电压为零,不会引起环路电流。要特别注意的是:三相电源作三角形联接时,必须把各相绕组始、末端顺次联接,任何一相绕组接反,闭合回路中的总电压将会是相电压的两倍,从而产生很大的环路电流,致使电源绕组烧毁。想一想,这是什么原因?你能用相量图证明这个结论吗?

例 5.3　已知某三相电源的相电压为 220V,试分别求出三相绕组作星形联接和三角形联接时的线电压和相电压的大小。

解:该三相电源作星形联接时

$$U_相 = 220V, \quad U_{Y线} = \sqrt{3}U_相 = \sqrt{3} \times 220V = 380V$$

三相电源作三角形联接时

$$U_{△线} = U_相 = 220V$$

在生产实际中,由于三相发电机产生的三相电压只是近似正弦波,数值也并非是完全相等,所以作△联接时,即使接法正确,也会出现环路电流。因此,三相发电机的绕组极少接成三角形,通常是星形联接。只有三相变压器有时会根据需要采用三角形联接。

　思考与练习题

1. 分别画出三相电源的星形联接和三角形联接的电路图。

2. 在三相四线制中,线电压与相电压在数量上和相位上各有什么关系?作出它们的相量图。

3. 三相电源作三角形联接时线电压和相电压有什么关系?

　*4.电源线电压为 380V,负载 1 的相电压为 220V,负载 2 的相电压为 380V,两个负载应怎样与电源相连?

5.3　三相负载的联接

目前使用的交流用电器,有一类是接在三相电源中任意一相上工作的,称为单相负载,如

电灯、电烙铁、电冰箱等家用电器。另一类负载必须接上三相电压才能正常工作，称为三相负载，如家用中央空调，工业上常用的三相异步电动机、三相工业电炉等。在三相负载中，如果每相负载的电阻、电抗分别相等，即它们的复阻抗相等，则称为三相对称负载，否则称为三相不对称负载。一般情况下，三相异步电动机、三相电炉等三相用电设备是三相对称负载；而由三组单相负载组合成的三相负载常是不对称的。

　　要使负载正常工作，必须满足负载实际承受的电源电压等于其额定电压。因此，三相负载也有星形和三角形两种联接方式，以满足它对电源电压的要求。

5.3.1　三相负载的星形联接

　　把三相负载的一端连接在一起，称为负载中性点，在图5-8中用 N′ 表示，它常与三相电源的中线联接；把三相负载的另一端分别与三相电源的三根相线联接，这种联接方式称为三相负载的星形（Y）联接，如图5-8所示。这是最常见的三相四线制供电线路。

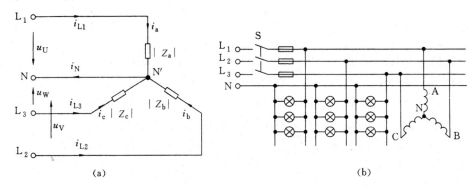

图 5-8　三相负载的星形联接

　　在三相四线制电路中，每相负载两端的电压叫做负载的相电压，用 $U_{Y相}$ 表示，其正方向规定为由相线指向负载的中性点，即相线指向中线。若忽略输电线电阻上的电压降，负载的相电压等于电源的相电压，电源的线电压等于负载相电压的 $\sqrt{3}$ 倍，即

$$U_{线} = \sqrt{3}\,U_{Y相} \tag{5-9}$$

当电源的线电压为各相负载的额定电压的 $\sqrt{3}$ 倍时，三相负载必须采用星形联接。

　　在三相电路中，流过每相负载的电流叫相电流，用 $I_{相}$ 表示，正方向与相电压方向相同；流过每根相线的电流叫线电流，用 $I_{线}$ 表示，正方向规定由电源流向负载，工程上通称的三相电流，若无特别说明，都是指线电流的有效值；流过中线的电流称为中线电流，用 I_{N} 表示，正方向规定为由负载中点流向电源中点。显然，在三相负载的星形联接中，线电流就是相电流，即

$$I_{Y线} = I_{Y相} \tag{5-10}$$

　　由三相对称电源和三相对称负载组成的电路称为三相对称电路。在三相四线制三相对称电路中，每一相都组成一个单相交流电路，各相电压与电流的数量和相位关系，都可采用单相交流电路的方法来处理。

　　在三相对称电压作用下，流过三相对称负载的各相电流也是对称的，即

$$I_{Y相} = I_{U} = I_{V} = I_{W} = \frac{U_{Y相}}{\mid Z_{相} \mid} \tag{5-11}$$

$$\varphi_{Y相} = \varphi_{U} = \varphi_{V} = \varphi_{W} = \arccos \frac{R_{相}}{\mid Z_{相} \mid} = \arctan \frac{X_{相}}{R_{相}} \tag{5-12}$$

因此,计算三相对称电路,只要计算出其中一相,再根据对称特点,就可以推知其他两相。

当三相对称负载为电感性时,其相电压与相电流的相量图如图 5-9 所示。

由于 $I_{Y线} = I_{Y相}$,所以三个线电流也对称。由基尔霍夫第一定律可知

$$i_N = i_{L1} + i_{L2} + i_{L3} = 0$$

或

$$\dot{I}_N = \dot{I}_{L1} + \dot{I}_{L2} + \dot{I}_{L3} = 0 \qquad (5\text{-}13)$$

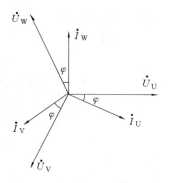

图 5-9　相量图

所以,三相对称负载作星形联接时,中线电流为零,因此可以把中线去掉,而不影响电路的正常工作,各相负载的相电压仍为对称的电源相电压,三相四线制变成了三相三线制,称为 Y-Y 对称电路。因为在工农业生产中普遍使用的三相异步电动机等三相负载一般是对称的,所以三相三线制也得到广泛应用。

例 5.4　在 Y-Y 对称电路中,电源电压为 380V,每相电阻 $R = 6\Omega$,电感 $X_L = 8\Omega$,设 U 相电压的初相为零,求每相负载电流的瞬时值,并作出电压、电流相量图。

解:

$$U_{Y相} = \frac{U_{线}}{\sqrt{3}}V = \frac{380}{\sqrt{3}} = 220V$$

$$I_{Y相} = \frac{U_{Y相}}{|Z_{相}|} = \frac{220}{\sqrt{6^2 + 8^2}}A = \frac{220}{10}A = 22A$$

相电压与相电流的相位差

$$\varphi = \arctan \frac{X_L}{R} = \arctan \frac{8}{6} = 53.13°$$

以 U 相电压为参考,由 $\varphi = \varphi_u - \varphi_i$ 得

$$\varphi_i = \varphi_u - \varphi = 0 - 53.13° = -53.13°$$

所以

$$i_U = 22\sqrt{2}\sin(\omega t - 53.13)A$$

$$i_V = 22\sqrt{2}\sin(\omega t - 53.13° - 120°)A = 22\sqrt{2}\sin(\omega t - 173.13°)A$$

$$i_W = 22\sqrt{2}\sin(\omega t - 53.13° + 120°)A = 22\sqrt{2}\sin(\omega t + 66.87°)A$$

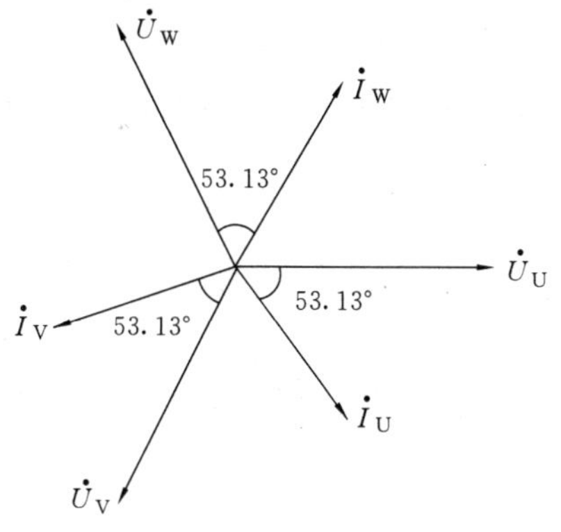

电压与电流相量图如图 5-10 所示。

本例题还可直接用相量法求解,更加快捷、方便。

$$Z_U = R + jX = (6 + j8)\Omega = 10\underline{/53.13°}\,\Omega$$

由欧姆定律相量形式得

$$\dot{I}_U = \frac{\dot{U}_U}{Z_U} = \frac{220\underline{/0°}}{10\underline{/53.13°}}A = 22\underline{/-53.13°}A$$

所以

$$i_U = 22\sqrt{2}\sin(\omega t - 53.13°)A$$

根据对称特点可推出 i_V 和 i_W 的解析式。

图 5-10　例 5.4 相量图

例 5.5　在 Y-Y 联接的三相对称电路中,电源电压为 380V,每相负载的电阻 $R = 8\Omega$,电抗 $X = 6\Omega$,额定

电压为 220V，无中线。试求：

（1）在正常情况下，每相的相电压、相电流和线电流。

（2）若 W 相负载短路时，其余两相的相电压、相电流和线电流。

（3）若 W 相负载开路时，其余两相的相电压、相电流和线电流。

解：（1）在正常情况下，由于三相负载对称，中线电流为零，所以无中线时，各相负载的相电压仍然等于对称的电源相电压，即

$$U_{U} = U_{V} = U_{W} = U_{Y相} = \frac{U_{线}}{\sqrt{3}} = \frac{380}{\sqrt{3}}V = 220V$$

每相负载阻抗为

$$|Z_{相}| = \sqrt{R^2 + X^2} = \sqrt{8^2 + 6^2}\ \Omega = 10\Omega$$

所以每相的相电流等于线电流，为

$$I_{Y线} = I_{Y相} = \frac{U_{相}}{|Z_{相}|} = \frac{220}{10}A = 22A$$

（2）当 W 相短路时，U 相和 V 相负载实际承受的相电压等于电源线电压，即

$$U_{U} = U_{V} = U_{线} = 380V$$

这时相应的相电流等于线电流都为

$$I_{L1} = I_{YU} = I_{L2} = I_{YV} = \frac{U_{U}}{|Z_{相}|} = \frac{380}{10}A = 38A$$

（3）当 W 相开路时，U 相和 V 相负载串联后接在线电压上，由于两相负载相同，所以每相负载的相电压等于线电压的一半，即

$$U_{U} = U_{V} = \frac{U_{线}}{2} = \frac{380}{2}V = 190V$$

这时相应的相电流等于线电流，都为

$$I_{L1} = I_{YU} = I_{L2} = I_{YV} = \frac{U_{U}}{|Z_{相}|} = \frac{190}{10}A = 19A$$

上例说明，当三相负载不对称时，若无中线，各相负载实际承受的电压不再等于对称的电源相电压，负载将不能正常工作。如果接上中线，则 $U_{U} = U_{V} = 220V$，$I_{YU} = I_{YV} = 22A$。由此可知，星形联接的三相负载不论是否对称，只要有中线，各相负载都在对称的相电压作用下，通过额定电流，保证负载正常工作。所以在三相四线制系统中规定：中线不准安装熔丝和开关，并必须有足够的机械强度，以免断开。

理论研究和实践都证明：三相负载越接近对称，其中线电流就越小。所以，我们在安装照明电路时，应尽量将它们平均地分配在各相电路之中，使各相负载尽量平衡，以减小中线电流。

5.3.2　三相负载的三角形联接

三相负载分别接在三相电源的每两根相线之间的联接方式，称为三相负载的三角形联接，如图 5-11 所示。

三相负载作三角形联接时，不论负载是否对称，各相负载所承受的相电压就是对称的电源线电压，即

$$U_{\triangle相} = U_{线} \tag{5-14}$$

所以，当电源线电压等于各相负载的额定电压时，三相负载应该接成三角形。

由图 5-11 可知，三相负载作三角形联接时，线电流与相电流是不一样的。线电流正方向

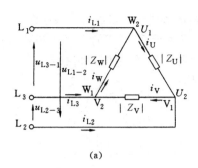
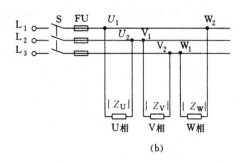

图 5-11 三相负载的三角形联接

仍然是由电源流向负载,而相电流正方向与相电压正方向一致:相电流 i_U 由 L_1 指向 L_2,i_V 由 L_2 指向 L_3,i_W 由 L_3 指向 L_1。对三角形联接的每一相负载都可按照单相交流电路的方法计算其相电流。若三相负载对称,则流过各相负载的相电流也对称,即它们的大小相等,相差互为 120°。三相对称负载各相电流大小为

$$I_{\triangle 相} = \frac{U_{\triangle 相}}{|Z_{\triangle 相}|} = \frac{U_{线}}{|Z_{\triangle 相}|} \tag{5-15}$$

各相电流与对应的相电压的相位差为

$$\varphi = \arccos \frac{R_相}{|Z_相|} = \arctan \frac{X_相}{R_相} \tag{5-16}$$

线电流与相电流的关系可由基尔霍夫第一定律求出

$$i_{L1} = i_U - i_W$$
$$i_{L2} = i_V - i_U \tag{5-17}$$
$$i_{L3} = i_W - i_V$$

上式表明线电流的瞬时值等于相应两个相电流的瞬时值之差。

由此可得出它们对应的相量关系为

$$\dot{I}_{L1} = \dot{I}_U - \dot{I}_W$$
$$\dot{I}_{L2} = \dot{I}_V - \dot{I}_U \tag{5-18}$$
$$\dot{I}_{L3} = \dot{I}_W - \dot{I}_V$$

上式表明线电流的有效值相量等于相应两个相电流的有效值相量之差。

以 $\dot{I}_U$ 为参考相量,作出各相电流、线电流的相量图,如图 5-12 所示。由相量图可以看出,线电流与相电流之间的数量关系为

$$\frac{1}{2}I_{\triangle 线} = I_{\triangle 相}\cos 30°$$

$$I_{\triangle 线} = \sqrt{3}\,I_{\triangle 相} \tag{5-19a}$$

在相位上,线电流滞后于对应相电流 30°,即

$$\varphi_线 = \varphi_相 - 30° \tag{5-19b}$$

显然,三相对称负载作三角形联接时,三个线电流也是对称的。值得注意的是:不论三相负载是否对称,作三角形联接时,线电压总等于相电压;而只有三相负载对称时,线电流才等于相电流的 $\sqrt{3}$ 倍,且相位滞后对应相电流 30°。

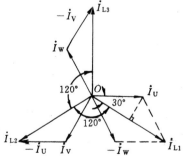

图 5-12 对称负载△联接的
电流相量图

若三相负载不对称，则应根据基尔霍夫第一定律的相量形式分别求出各个线电流。

例 5.6 有三个 100Ω 的电阻，分别接成星形和三角形后，接到电压为 380V 的对称三相电源上，如图 5-13 所示。试分别求出它们的线电压、相电压、线电流和相电流。

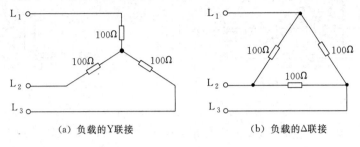

图 5-13 例 5.6 的电路图

解：

（1）负载作星形联接时，负载的线电压为

$$U_{Y线} = U_线 = 380\text{V}$$

由于三相负载对称，负载相电压为线电压的 $\dfrac{1}{\sqrt{3}}$，即

$$U_{Y相} = \frac{U_线}{\sqrt{3}} = \frac{380}{\sqrt{3}}\text{V} = 220\text{V}$$

负载的线电流等于相电流

$$I_{Y线} = I_{Y相} = \frac{U_{Y相}}{R} = \frac{220}{100}\text{A} = 2.2\text{A}$$

（2）负载作三角形联接时，线电压等于相电压，即

$$U_{\triangle线} = U_{\triangle相} = U_线 = 380\text{V}$$

负载相电流为

$$I_{\triangle相} = \frac{U_{\triangle相}}{R} = \frac{380}{10}\text{A} = 3.8\text{A}$$

负载线电流等于相电流的 $\sqrt{3}$ 倍，即

$$I_线 = \sqrt{3}\,I_相 = \sqrt{3} \times 3.8\text{A} = 6.58\text{A}$$

通过上述计算可知，在同一个三相对称电源作用下，同一个三相对称负载作三角形联接时的相电流是作星形联接时相电流的 $\sqrt{3}$ 倍，作三角形联接时的线电流是作星形联接时线电流的 3 倍。根据这个规律，为了减小大功率三相电动机起动时，会产生很大起动电流的不良影响，实践中常采用 Y-$\triangle$ 降压起动的方法，即起动时将三相绕组先接成 Y 形，使起动电流降为 $\triangle$ 形联接起动时的 1/3，起动完毕后再改接成 $\triangle$ 形全压运行。

5.4 三相电路的功率

在三相交流电路中，不论负载采用何种联接方式，三相负载的总功率都等于各相负载功率的总和，即

$$P = P_U + P_V + P_W = U_U I_U \cos\varphi_u + U_V I_V \cos\varphi_v + U_W I_W \cos\varphi_w$$

$$Q = Q_U + Q_V + Q_W = U_U I_U \sin\varphi_u + U_V I_V \sin\varphi_v + U_W I_W \sin\varphi_w$$

$$S = S_\text{U} + S_\text{V} + S_\text{W} = U_\text{U} I_\text{U} + U_\text{V} I_\text{V} + U_\text{W} I_\text{W}$$

以上各式中 $U_\text{U}, U_\text{V}, U_\text{W}$ 和 $I_\text{U}, I_\text{V}, I_\text{W}$ 分别为各相电压和相电流,$\varphi_\text{U}, \varphi_\text{V}, \varphi_\text{W}$ 分别为各相负载的相电压与相电流之间的相位差。

在三相对称电路中,由于各线电压、相电压、线电流、相电流都对称,所以各相功率相等,总功率为一相功率的 3 倍,即

$$P = 3P_\text{相} = 3U_\text{相}\, I_\text{相}\, \cos\varphi_\text{相}$$
$$Q = 3Q_\text{相} = 3U_\text{相}\, I_\text{相}\, \cos\varphi_\text{相} \qquad (5\text{-}20)$$
$$S = 3S_\text{相} = 3U_\text{相}\, I_\text{相}$$

在实际应用中,由于测量线电压、线电流比较方便,所以三相电路的总功率常用线电压和线电流来表示和计算。

当三相负载作星形联接时有

$$U_\text{Y相} = \frac{U_\text{线}}{\sqrt{3}}, \quad I_\text{Y相} = I_\text{Y线}$$

所以

$$P_\text{Y} = 3U_\text{Y相} I_\text{Y相} \cos\varphi_\text{相} = 3\frac{U_\text{线}}{\sqrt{3}} I_\text{Y线} \cos\varphi_\text{相} = \sqrt{3} U_\text{线}\, I_\text{线}\, \cos\varphi_\text{相}$$

当三相负载作三角形联接时有

$$U_{\triangle\text{相}} = U_\text{线}, \quad I_{\triangle\text{相}} = \frac{I_{\triangle\text{线}}}{\sqrt{3}}$$

所以

$$P_{\triangle} = 3U_{\triangle\text{相}} I_{\triangle\text{相}} \cos\varphi_\text{相} = 3U_\text{线} \frac{I_{\triangle\text{线}}}{\sqrt{3}} \cos\varphi_\text{相} = \sqrt{3} U_\text{线}\, I_\text{线}\, \cos\varphi_\text{相}$$

因此,三相对称负载不论作星形还是三角形联接,总有功功率公式可统一写成

$$P = \sqrt{3} U_\text{线}\, I_\text{线}\, \cos\varphi_\text{相} \qquad (5\text{-}21)$$

同理可得三相对称负载的无功功率和视在功率的计算公式为

$$Q = \sqrt{3} U_\text{线}\, I_\text{线}\, \sin\varphi_\text{相} \qquad (5\text{-}22)$$
$$S = \sqrt{3} U_\text{线}\, I_\text{线} \qquad (5\text{-}23)$$

三相对称电路中有功功率 P、无功功率 Q 和视在功率 S 三者之间的关系为

$$S = \sqrt{P^2 + Q^2} \qquad (5\text{-}24)$$

例 5.7 某三相对称负载电阻 $R = 80\Omega$,电抗 $X = 60\Omega$,接到电压为 380V 的三相对称电源上,试求负载作 Y 联接和△联接时的有功功率各为多大?

解: 每相负载阻抗为

$$|Z| = \sqrt{R^2 + X^2} = \sqrt{80^2 + 60^2}\,\Omega = 100\Omega$$

负载作 Y 联接时

$$U_\text{Y相} = \frac{U_\text{线}}{\sqrt{3}} = \frac{380}{\sqrt{3}}\text{V} = 220\text{V}$$

$$I_\text{Y线} = I_\text{Y相} = \frac{U_\text{Y相}}{|Z|} = \frac{220}{100}\text{A} = 2.2\text{A}$$

$$\cos\varphi_\text{相} = \frac{R}{|Z|} = \frac{80}{100} = 0.8$$

所以有功功率为

$$P_Y = \sqrt{3}U_线 I_线 \cos\varphi_相 = \sqrt{3} \times 380 \times 2.2 \times 0.8\text{W} = 1158\text{W}$$

或

$$P_Y = 3U_相 I_线 \cos\varphi_相 = 3 \times 220 \times 2.2 \times 0.8\text{W} = 1161.6\text{W}$$

负载作△联接时

$$U_{△相} = U_线 = 380\text{V}$$

$$I_{△相} = \frac{U_{△相}}{|Z|} = \frac{380}{100}\text{A} = 3.8\text{A}$$

$$I_{△线} = \sqrt{3}I_{△相} = \sqrt{3} \times 3.8\text{A} = 6.58\text{A}$$

负载功率因数不变，所以有功功率为

$$P_△ = \sqrt{3}U_线 I_线 \cos\varphi_相 = \sqrt{3} \times 380 \times 6.58 \times 0.8\text{W} = 3465\text{W}$$

或

$$P_△ = 3U_相 I_相 \cos\varphi_相 = 3 \times 380 \times 3.8 \times 0.8\text{W} = 3466\text{W}$$

通过计算证明，在相同的线电压作用下，三相对称负载作△联接时的线电流和功率分别是作 Y 联接时的 3 倍。所以在实际应用时，必须根据电源的线电压和负载的额定电压来选择负载的正确联接方式，使每相负载的实际承受电压都等于其额定电压，才能保证负载正常工作。

 思考与练习题

1. 分别画出三相负载的星形联接和三角形联接的电路图。

2. 什么是三相对称负载？什么是三相对称电路？

3. 在三相对称电路中，负载作星形联接时线电压与相电压，线电流与相电流关系是怎样的？作出它们的相量图。有中线和没有中线有无差别？为什么？若电路不对称，则情况又如何？三相四线制供电线路的中线有什么重要作用？

4. 在三相对称电路中，负载作三角形联接时线电压与相电压，线电流与相电流关系是怎样的？作出它们的相量图。

5. 写出三相负载对称时，三相功率的计算公式。

阅读材料

三相电动机

1. 三相异步电动机的基本构造

三相异步电动机是一种将电能转换为机械能，输出机械转矩的动力设备。它主要由定子和转子两个基本部分组成，如图 5-14 所示。

三相异步电动机的定子是由机座、定子铁心和三相绕组等组成。机座通常由铸铁或铸钢制成，机座内装有用 0.5 毫米厚、表面绝缘的硅钢片叠制而成的筒形铁心，铁心内圆上冲有均匀分布的平行槽口，如图 5-15 所示。定子铁心是电动机的磁路部分。

三相异步电动机的定子绕组由三相对称绕组组成，按一定空间角度依次嵌放在定子槽

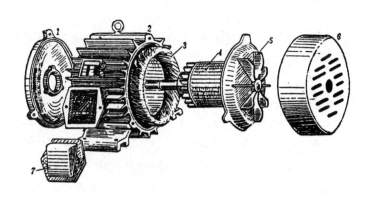

1——端盖;2——定子;3——定子绕组;4——转子;5——风扇;6——风扇罩;7——接线盒盖

图 5-14 鼠笼式电动机的各个部件

  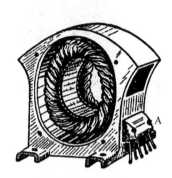

定子的硅钢片　　　　　　未装绕组的定子　　　　　装有三相绕组的定子

图 5-15 三相异步电动机的定子

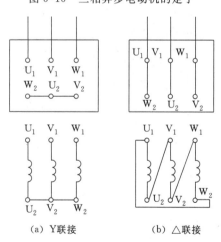

(a) Y联接　　　　　　(b) △联接

图 5-16 三相绕组的联接

内,并与铁心绝缘,是电动机的电路部分。三相定子绕组的三个始端 U_1,V_1,W_1 和三个末端 U_2,V_2,W_2,都从机座上的接线盒内引出,并按电动机铭牌上的说明接成星形或三角形,如图 5-16 所示。

三相异步电动机的转子分为鼠笼式和绕线式两种,都由转轴、转子铁心和转子绕组组成,其作用是输出机械转矩。转子铁心由相互绝缘的硅钢片叠压固定在转轴上,呈圆柱形。在转子铁心的外圆周上冲有均匀分布的沟槽，用来嵌放转子绕组。转子冲片如图 5-17(a) 所示。鼠笼式转子绕组是在沟槽内嵌放铜条或铝条，并在两端与金属短路环(称为端环)焊接而成，其形状与鼠笼相似，所以称为鼠笼式转子，如图 5-17(b) 所示。100kW 以下鼠笼式电动机的转子通常用熔化的铝浇铸在沟槽内制成，称为铸铝转子。在浇铸的同时，把转子端环和冷却电动机用的扇叶也一起用铝铸成，如图 5-17(c) 所示。

　　绕线式转子绕组与定子绕组形式相似，如图 5-18 所示。嵌放在转子铁心沟槽内的对称三相绕组通常末端接在一起，呈星形联接，三个始端分别与固定在转轴上的彼此绝缘的三个铜环联接。三相电源经外加变阻器通过电刷与滑环的接触，跟转子绕组接通，以便电动机起动，如图 5-19 所示。绕线式三相异步电动机具有良好的起动性能，适用于需重载下起动，且起动频繁的生产机械。

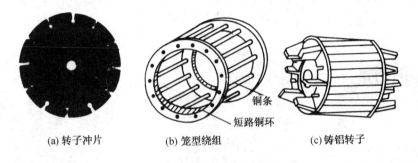

(a) 转子冲片　　　　　(b) 笼型绕组　　　　　(c) 铸铝转子

图 5-17　三相异步电动机的转子结构

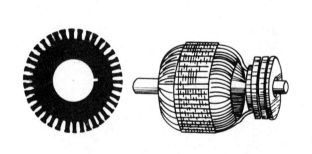

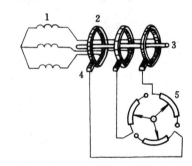

1—绕组；2—滑环；3—轴；4—电刷；5—变阻器

图 5-18　绕线式转子绕组　　　　　图 5-19　绕线式电动机起动电路

2. 三相异步电动机的工作原理

　　三相异步电动机的定子绕组中通入对称三相电流后，就会在电动机内部产生一个与三相电流的相序方向一致的旋转磁场。这时，静止的转子导体与旋转磁场之间存在相对运动，切割磁感线而产生感应电动势，转子绕组中就有感应电流通过。载流的转子导体受到旋转磁场的电磁力作用，相对转轴产生电磁转矩，使转子按旋转磁场方向转动，其转速 n 略小于旋转磁场的转速 n_0，所以称为"异步"电动机。

　　为了更好地理解三相异步电动机的工作原理和掌握旋转磁场转速 n_0 的计算，我们需要进一步分析旋转磁场的产生情况。

　　最简单的三相异步电动机的定子绕组，如图 5-20 所示，每相绕组只有一个线圈，当三相绕组接成星形并与三相对称电源相接后，三相绕组中就有三相对称电流通过，即

$$i_U = I_m \sin\omega t$$
$$i_V = I_m \sin(\omega t - 120°)$$
$$i_W = I_m \sin(\omega t + 120°)$$

其波形图如图 5-21 所示。

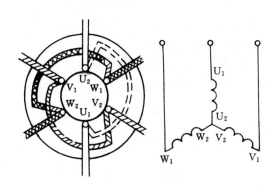

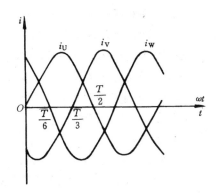

图 5-20　三相异步电动机最简单的定子绕组　　　　　　图 5-21　三相电流的波形图

正弦电流通过每相绕组,都要产生一个按正弦规律变化的磁场。为了确定某一时刻绕组中的电流方向及所产生的磁场方向,我们规定:三相交流电在正半周时(电流为正值),电流由绕组始端流入,末端流出。电流流入端用"⊗"表示,流出端用"⊙"表示。电流为负值时则相反。下面分别取 $t=0, T/6, T/3, T/2$ 四个时刻所产生的合成磁场作定性分析。

当 $t=0$ 时,由三相电流波形图可知,$i_U=0$,表示 U 相绕组无电流,不产生磁场;$i_V<0$,表示 V 相绕组电流由末端 V_2 流向始端 V_1;$i_W>0$,表示 W 相绕组电流由始端 W_1 流向末端 W_2。由安培定则可以判定,这一时刻由三个线圈电流所产生的合成磁场如图 5-22(a)所示,它在空间形成二极磁场(磁极对数 $P=1$),上为 S 极,下为 N 极。

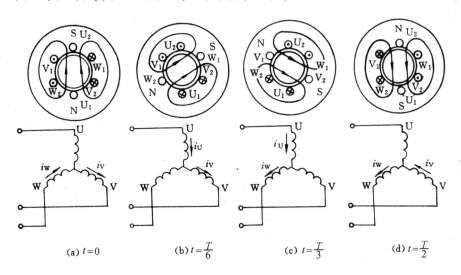

$$(a)\ t=0 \qquad (b)\ t=\frac{T}{6} \qquad (c)\ t=\frac{T}{3} \qquad (d)\ t=\frac{T}{2}$$

图 5-22　三相异步电动机的旋转磁场

当 $t=T/6$ 时,$i_U>0$,表示 U 相绕组电流由 U_1 端流向 U_2 端;$i_V<0$,表示 V 相绕组电流由 V_2 端流向 V_1 端;$i_W=0$,表示 W 相绕组无电流。由安培定则确定的合成磁场方向与 $t=0$

时相比较，在空间顺时针方向转了 $60°$，如图 5-22(b) 所示。

用同样的分析方法可得，当 $t=T/3$ 时，合成磁场又比 $t=T/6$ 时刻向前转过了 $60°$，如图 5-22(c) 所示。当 $t=T/2$ 时，合成磁场比 $t=T/3$ 时刻又转过了 $60°$ 空间角。请同学们自己分析一下三相交流电后半个周期在定子中产生合成磁场的情况。

通过上述分析我们可以得出结论：对称三相交流电 i_U, i_V, i_W 分别通入定子三相绕组时，会产生一个随时间变化的旋转磁场。定子每相绕组只有一个线圈时，产生二极旋转磁场，当正弦交流电的电角度变化 $360°$ 时，二极旋转磁场在空间也正好旋转 $360°$，即磁极对数 $P=1$ 时，旋转磁场与正弦电流同步变化。对工频交流电来说，旋转磁场每秒钟在空间旋转 50 周。以 r/min 为单位，旋转磁场的转速 $n_0=50×60 \text{r/min}=3000 \text{r/min}$。若交流电的频率为 $f \text{Hz}$，则旋转磁场的转速 $n_0=60f \text{r/min}$。

如果定子的每相绕组由两个线圈串联而成，则各绕组的始端之间相差 $60°$（想一想，这是为什么？），通入对称三相交流电后产生四个磁极（磁极对数 $P=2$），称为四极电动机。同理可知，若定子每相绕组由三个线圈串联而成，则各绕组始端之间相差 $40°$，能产生三对磁极（$P=3$），称为六极电动机。

用分析二极旋转磁场的同样方法可以得出结论：当磁极对数 $P=2$ 时，交流电变化一周，旋转磁场只转动二分之一周；当磁极对数 $P=3$ 时，交流电变化一周，旋转磁场只转动三分之一周。由此类推，磁极对数为 P 的电动机（$2P$ 极电动机），交流电每变化一周，旋转磁场只转动 P 分之一周。当交流电频率为 f、磁极对数为 P 时，旋转磁场的转速 n_0 为

$$n_0 = \frac{60f}{P} \tag{5-25}$$

旋转磁场的转速 n_0 又称为同步转速，单位是 r/min。

如改变通入定子绕组中任意两相交流电的相序后，旋转磁场就反向，三相异步电动机就随之反转。

旋转磁场的转速 n_0 与转子转速 n 的差称为转差，转差与同步转速的比值称为异步电动机的转差率，用字母 S 表示：

$$S = \frac{n_0 - n}{n_0} × 100\% \tag{5-26}$$

转差率是异步电动机的重要参数，可以表明异步电动机的转速。电动机起动瞬间，转速 $n=0$，此时转差率最大，$S=1$。当异步电动机空载时，转子转速 n 接近于同步转速 n_0，此时转差率最小，$S→0$。所以转差率的变化范围为

$$0 < S \leqslant 1$$

三相异步电动机在额定负载下运转时，转差率一般为 $(3\sim6)\%$ 左右。

由公式 (5-26) 可推导出异步电动机的转速公式：

$$n = (1-S)n_0 = (1-S)\frac{60f}{P} \tag{5-27}$$

由式 (5-27) 可知，三相异步电动机调速的方法有三种：

（1）变频调速　连续改变电源频率 f，可实现异步电动机的无极平滑调速。以前由于变频设备复杂、昂贵，极少采用变频调速。近年来，随着电子变频技术的发展，使异步电动机的变频调速方法逐渐被应用。

（2）变极调速　制造多速电动机时，设计了不同的磁极对数，通过改变定子绕组的接法来改变磁极对数，使电动机得到不同的转速，以满足工作需求。变极调速一般适用于鼠笼式异步

电动机。

（3）变转差率调速　通常适用于绕线式电动机。在绕线式电动机的转子电路中,接入一个调速变阻器,通过改变电阻的大小,就可以实现平滑调速。

3.三相异步电动机的铭牌

每台电动机的机座上都有一个铭牌,它标记着电动机的型号、各种额定值和联接方法等,如图 5-23 所示。

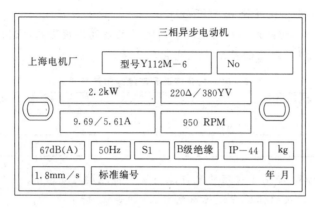

图 5-23　电动机的名牌

要正确使用电动机,必须能看懂铭牌。按电动机铭牌所规定的条件和额定值运行,称做额定运行状态。下面以三相异步电动机 Y112M—6 型电动机为例,说明铭牌上各数据的含义。

（1）型号:指电动机的产品代号、规格代号和特殊环境代号。

国产异步电动机的型号一般用汉语拼音字母和一些阿拉伯数字组成。

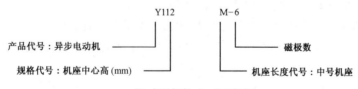

异步电动机的产品名称代号及其汉字意义见表5.1所示。

表 5.1　异步电动机产品名称代号及汉字意义

产品名称	新代号	汉字意义	老代号
异步电动机	Y	异	J,JO
绕线式异步电动机	YR	异绕	JR,JRO
防爆型异步电动机	YB	异爆	JB,JBS
高起动转矩异步电动机	YQ	异起	JQ,JQO

（2）额定功率 P_N:指电动机在额定运行时轴上输出的机械功率,单位是 kW。本例 $P_N=2.2$kW。输入功率为电动机从电源的取用功率 $P=\sqrt{3}U_{线}I_{线}\cos\varphi_{相}$,输出功率 P_N 与输入功率 P 的比值称为电动机的效率 η。

（3）额定电压 U_N 与接法:指电动机在额定运行时定子绕组应加的线电压,单位为 V。本

例铭牌标为 $220\triangle/380YV$，是指当电源线电压为 $220V$ 时，定子绕组应采用三角形联接；而电源线电压为 $380V$ 时，定子绕组应采用星形联接。

（4）额定电流 I_N：指电动机在额定运行时定子绕组的线电流，单位是 A。

（5）额定频率 f_N：指加在电动机定子绕组上的允许频率。我国电力网的频率规定为 $50Hz$。

（6）额定转速 n_N：指电动机在额定电压、额定频率和额定输出功率情况下，电动机的转速，单位是 r/min。本例额定转速 $n_N=950r/min$。

（7）绝缘等级：指电动机内部所用绝缘材料允许的最高温度等级，它决定了电动机工作时允许的温升。各种等级所对应的温度关系见表5.2所示

表 5.2　电动机允许温升与绝缘耐热等级关系

绝缘耐热等级	A	E	B	F	H	C
允许最高温度(℃)	105	120	130	155	180	180 以上
允许最高温升(℃)	60	75	80	100	125	125 以上

本例电动机为 B 级绝缘，即定子绕组的允许最高温度不能超过 $130℃$。

此外三相异步电动机的铭牌中还标有定额、防护等级、噪声量等。

思考与练习题

1. 三相异步电动机是由哪几部分组成的？各起什么作用？

2. 简述三相异步电动机的工作原理，并说明"异步"的由来。

3. 什么叫三相异步电动机的转差率？旋转磁场的转速跟哪些因素有关？有什么关系？

4. 如何计算电动机的转速？调速方法有哪些？

5. 电动机的额定功率指什么？额定电压和额定电流各指什么？

6. 当电源电压一定时，若把应按△联接的电动机误接成 Y 联接，或把应按 Y 联接的电动机误接成△联接，各会产生什么后果？为什么？

阅读材料

保护接地和保护接零

从事电气电子工作的人员经常会接触到各种电气设备，因此必须具备一定的安全用电知识，严格按照安全用电的有关规定从事工作，才能避免人身和设备事故。

1. 触电

人体因触及高压带电体而承受过大电流，以致引起死亡或局部受伤的现象称为触电。

触电按其伤害程度可分为电击和电伤两种。电击是指人体触及高压带电体时，电流通过人体而使内部器官受损，造成休克或死亡的现象，它是最危险的触电事故。电伤是指由于电流的热效应、化学效应、机械效应等对人体外部造成的伤害现象。经对触电事故的研究表明：触电对人体的伤害程度，主要决定于通过人体的电流大小、频率、时间、途径及触电者的情况。例

如,10mA 以下的工频交流电通过人体就可引起麻痹的感觉,但自己能摆脱电源;30mA 左右的工频交流电,会使人感觉麻痹或剧痛,呼吸困难,不能自己摆脱电源,有生命危险;50mA 以上的工频交流电通过人体就能致人于死地。此外人体通过电流时间越长,伤害越严重,电流直接通过人的心脏、大脑而导致的死亡率最高。

人体触电时,致命的因素是通过人体的电流,而电流的大小又决定于人体触及带电体的电压和人体的电阻。人体的电阻因人而异,通常为 800 欧至几万欧不等;皮肤干燥时电阻大,而潮湿时电阻小。为了减少触电危险,我国规定 36V 为安全电压。

常见的触电情况主要有三种:第一种是人体同时触及两根相线,承受 380V 线电压作用,称为双相触电,是最危险的一种;第二种是人体站在地面上而触及一根相线,称为单相触电,电流通过人体、大地和电源中线或对地电容形成回路,也极危险;第三种是某些电气设备因绝缘破损而漏电,人体触及其外壳也会造成危险的触电事故。

2. 接地保护和接零保护

在正常情况下,电气设备的外壳是不带电的,但若电气设备因绝缘损坏,带电导体碰壳时,外壳就会带电。此时人体若触及该设备的金属外壳时,就可能发生触电事故,如图 5-24(a)所示。为防止触电,除应注意火线必须进开关,用电线路的导线和熔断丝应合理选择,用电设备必须按要求正确安装外,电气设备的外壳还必须采取保护接地或保护接零措施。

(1)保护接地。把电气设备的金属外壳用电阻很小的导线和埋在地中的接地装置可靠联接的方式称为保护接地。电气设备采用保护接地后,即使带电导体因绝缘损坏且碰壳,人体触及带电的外壳时,由于人体相当于与接地电阻并联,而人体电阻远大于接地电阻,因此通过人体的电流就微乎其微,保证了人身的安全,如图 5-24(b)所示。保护接地通常适用于电压低于 1kV 的三相三线制供电线路或电压高于 1kV 的电力网中。

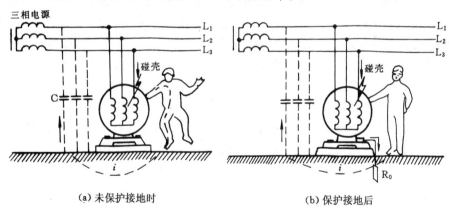

(a)未保护接地时　　　　(b)保护接地后

图 5-24　保护接地原理示意图

(2)保护接零。把电气设备的金属外壳用导线单独与电源中线相连的方式称为保护接零。保护接零适用于电压低于 1kV 且电源中点接地的三相四线制供电线路。保护接零后,一旦电气设备的某相绝缘损坏且碰壳时,就会造成该相短路,立即把熔丝熔断或使其他保护装置动作,因而自动切断电源,避免触电事故的发生。

家用电器等单相负载的外壳,用接零导线接到电源线三脚插头中央的长而粗的插脚上,使用时通过插座与中线单独相连,如图 5-25 所示。绝不允许把用电器的外壳直接与用电器的零线相连,这样不仅不能起到保护作用,还可能引起触电事故,如图 5-26 所示的是几种错误的接零方法。

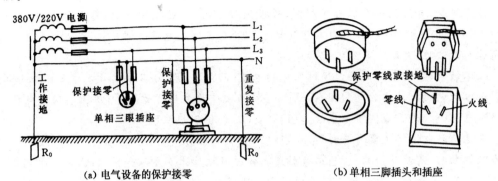

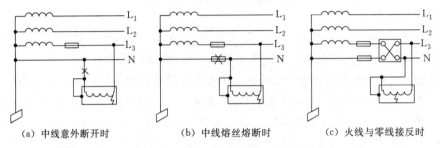

　　(a) 中线意外断开时　　　　　(b) 中线熔丝熔断时　　　　(c) 火线与零线接反时

图 5-26　单相用电器保护接零的错误方法

　　在图 5-26(a) 和图 5-26(b) 中，一旦中线因故断开，用电器外壳将带电，极为危险。图 5-26(c) 中，一旦插座或接线板上的火线与零线接反，当用电器正常工作时，外壳也带电，就有触电危险，也是绝不允许的。单相用电器正确的保护接零方式，如图 5-27 所示。

　　必须指出，在同一供电线路上，不允许一部分电气设备保护接地，另一部分电气设备保护接零，如图 5-28 所示。因为当接地电气设备绝缘损坏使外壳带电时，若熔丝未能熔断，此时就有电流由接地电极经大地回到电源，形成闭合电路。由于电流在大地中是流散的（$R_地 \rightarrow O$），只有在接地电极附近才有电阻值和较大的电压降，这样使所有接中线的电气设备外壳与大地的零电位之间都存在一个较大的对地电压，站在地面上的人体若触及这些设备，就可能引起触电。如果有人同时触到接地设备外壳和接零设备外壳，人体将承受电源的相电压，这是非常危险的。

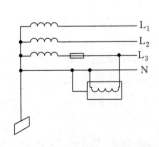

图 5-27　单相用电器正确的接零方式

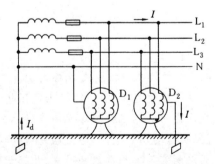

图 5-28　同一供电线路上不允许部分电气设备保护接地另一部分设备保护接零

思考与练习题

1. 什么是保护接地？适用于何种供电系统？试分析为什么能保证人身安全？
2. 什么是保护接零？适用于何种供电系统？试分析为什么能保证人身安全？
3. 为什么同一供电线路中不允许一部分设备保护接地,另一部分设备保护接零?

一、三相交流电一般由三相交流发电机产生。它可输出三个频率相同、幅值相等、相位互差 $120°$ 的电源电压,称为三相对称电压,即

$$u_U = U_m \sin\omega t$$
$$u_V = U_m \sin(\omega t - 120°)$$
$$u_W = U_m \sin(\omega t + 120°)$$

三相交流电到达正(或负)最大值的先后次序称为相序。习惯采用 $U \rightarrow V \rightarrow W$ 的相序。在电力系统中统一相序十分重要,并网供电相序必须相同。

二、三相电源有星形(Y)和三角形(△)两种联接方式。三相对称电源通常接成星形,采用三相四线制供电,这样可同时向负载提供两种电压,线电压是相电压的 $\sqrt{3}$ 倍。三相电源作三角形联接时,线电压等于相电压。

三相负载也有星形和三角形两种联接方式,究竟采用哪一种接法,应根据负载的额定电压和电源的线电压来决定:当每相负载额定电压等于电源线电压时,应采用△联接;每相负载额定电压等于电源线电压的 $1/\sqrt{3}$ 时,应采用 Y 联接。

三、三相负载中,如果每相负载的阻抗值和阻抗角都相等,即它们的复阻抗相等,则称为三相对称负载,否则是不对称负载。由三相对称电源和对称负载组成的电路称为三相对称电路。

三相对称电路中,星形联接时 $I_{Y线} = I_{Y相}$,$U_{Y线} = \sqrt{3}U_{Y相}$,线电压超前对应的相电压 $30°$,中性线电流为零,可采用三相三线制;三角形联接时 $U_{△线} = U_{△相}$,$I_{△线} = \sqrt{3}I_{△相}$,线电流滞后对应的相电流 $30°$。

三相不对称负载作星形联接时,必须采用三相四线制。中性线的作用,就是保证不论三相负载是否对称,都能在对称的相电压下正常工作。所以,在三相四线制中规定,中线不准安装开关和熔丝,同时应尽量使三相负载接近对称,以减小中性线电流。

四、在三相对称电路中,线电压、相电压、线电流、相电流都分别对称,统称为三相对称正弦量。它们的瞬时值代数和、有效值的相量和都等于零。

三相对称电路,只要计算出一相的电压、电流,就可以根据对称的特点推算出其他两相的电压、电流。

$$I_{相} = \frac{U_{相}}{|Z_{相}|}$$

五、三相对称电路,不论负载联接方式如何,功率的计算公式都相同,即

$$P = 3U_{相} I_{相} \cos\varphi_{相} = \sqrt{3}U_{线} I_{线} \cos\varphi_{相}$$

$$Q = 3U_{相} I_{相} \sin\varphi_{相} = \sqrt{3}U_{线} I_{线} \sin\varphi_{相}$$
$$S = 3U_{相} I_{相} = \sqrt{3}U_{线} I_{线} = \sqrt{P^2 + Q^2}$$

习题5

5.1　已知三相对称电源 U 相电压瞬时值表达式为 $u_U = 380\sqrt{2}\sin(100\pi t + 60°)$ V。试求：

(1) 按正序写出 V 相和 W 相电压的瞬时值表达式；

(2) 作出它们的相量图；

*(3) 作出它们的波形图。

5.2　把三相交流发电机的三个绕组接成如图 5-29(a) 和图 5-29(b) 所示电路，在 U_1 与 W_2 两端接一个交流电压表，问电压表上读数各为多大？为什么？

5.3　已知某三相电源的相电压为 10kV，绕组接成星形，它的线电压是多少？如果 u_U 的初相为零，写出所有相电压和线电压的解析式。

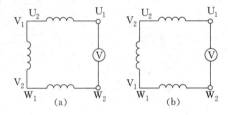

图 5-29　习题 5.2 电路图

5.4　某作星形联接的三相异步电动机，每相绕组的电阻为 6Ω，感抗为 8Ω，接在 380V 的三相对称电源上。当电动机在额定功率下运行时，求各相绕组的相电压、相电流和各相线的线电流。

5.5　在下列三相电路中，其中一相负载改变对其他两相有无影响？

(1) 负载星形联接，有中线的电路；

(2) 负载星形联接，无中线的电路；

(3) 负载三角形联接的电路。

5.6　一个三相电炉每相电阻为 22Ω，接到线电压为 380V 的三相电源上。

(1) 当电炉接成星形时，求电炉的线电压、相电压、相电流和线电流；

(2) 当电炉接成三角形时，求电炉的线电压、相电压、相电流和线电流；

(3) 若星形联接无中线，其中一相开路时，求电炉其他两相负载的相电压和相电流；

(4) 若星形联接无中线，其中一相短路时，求电炉其他两相负载的相电压和相电流。

5.7　每相负载电阻为 80Ω，电抗为 60Ω 的三相对称负载作三角形联接后，接于线电压 380V 的三相对称电源上，试求相电流和线电流。

5.8　下列说法哪些是正确的？哪些是错误的？为什么？

(1) 在同一电源作用下，负载作星形联接时的线电压等于作三角形联接时的线电压；

(2) 当负载作星形联接时，必须有中线；

(3) 负载作星形联接时，线电压必为相电压的 $\sqrt{3}$ 倍；

(4) 负载作三角形联接时，线电流必为相电流的 $\sqrt{3}$ 倍；

(5) 负载作星形联接时，线电流必等于相电流；

(6) 负载作三角形联接时，线电压等于相电压；

(7) 三相负载越接近对称，中线电流就越小；

（8）同一个三相负载作星形联接或作三角形联接时，有功功率都可以用 $P=\sqrt{3}U_{线}\ I_{线}\cos\varphi_{相}$ 求得；

（9）在同一电源电压作用下，同一个三相对称负载作星形或三角形联接时，总功率相等，都为 $P=\sqrt{3}U_{线}\ I_{线}\cos\varphi_{相}$；

（10）在三相四线制供电线路中，任何一相负载的变化，都不会影响其他两相。

5.9　已知电源电压为380V，每个电阻都为100Ω，试求图5-30(a)和图5-30(b)两电路中各电压表、电流表的读数。

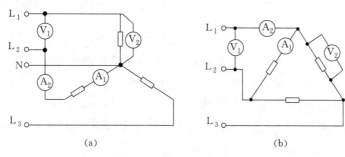

(a)　　　　　　　　　　　　　　　(b)

图5-30　习题5.9电路图

5.10　我国低压供电系统的电压是380V/220V，现有两组三相负载，一组额定电压是220V，另一组额定电压是380V。试问，应将它们如何联接后，才能在380V/220V的电网上正常工作？

5.11　三相对称负载接到线电压为220V的三相电源上，获得电功率为5.5kW，测得线电流为20.8A，求负载的功率因数。

5.12　三相对称负载每相电阻为6Ω，电感 $L=25.5$mH，若电源线电压为380V，频率为50Hz，试求：

（1）作星形联接时的相电流和有功功率、无功功率和视在功率；

（2）作三角形联接时的相电流、线电流和有功功率、无功功率和视在功率。

5.13　有一台三相电动机有功功率为20kW，无功功率为15kvar，求这台电动机的功率因数。

5.14　某三相对称负载作星形联接后接到380V的三相对称电源上，消耗的有功功率5.28kW，功率因数 $\cos\varphi=0.8$，求负载的相电流。若把负载改为三角形联接，电源电压不变，求相电流、线电流和有功功率。

＊5.15　有一台三相异步电动机额定功率为7.5kW，线电压为380V，功率因数为0.866，满载运行时，测得线电流为14.9A，求该电动机的效率。

＊5.16　有一个电阻性三相负载，$R_{U}=20\Omega$，$R_{V}=20\Omega$，$R_{W}=10\Omega$，作星形联接后接到380V三相电源上，如图5-31所示，试求：

（1）各相电流、线电流和中线电流；

（2）若U相开路，V，W两相电流各为多大？

（3）若U相开路，中线也断了，V，U两相负载的端电压是多大？相电流是多大？

＊5.17　在线电压为380V的三相电源上，接两组纯电阻对称负载，如图5-32所示，设 $\dot{U}_{L1-2}=380\underline{/0°}$V 为参考相量，试求：$\dot{I}_{UY}$，$\dot{I}_{U\triangle}$，$\dot{I}_{U}$，$\dot{I}_{V}$，$\dot{I}_{W}$。

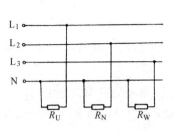

图 5-31　习题 5.16 图

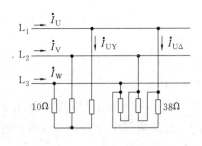

图 5-32　习题 5.17 图

*5.18　有一台三相八极异步电动机,各相绕组的额定电压为 220V,频率为 50Hz,若电源电压为 380V,则定子绕组应采用何种接法? 旋转磁场的转速是多大?

*5.19　有一台三相六极电动机,频率为 50Hz,额定转差率 $S_N=5\%$,求转子转速 n。

*5.20　有一台三相异步电动机的铭牌上标 $P_N=10$kW,$U_N=380$V,$\eta_N=87.5\%$,$\cos\varphi_e=0.88$,$n_N=2920$r/nin。试求:(1)这是几极电动机?;(2)额定转差率 S_N;(3)额定电流 I_N。

[探索与研究]

1.某三相对称电源联接成三相四线制对外供电,使用前必须先进行测试,若任意一相始末两端接返,则该电源不能正常工作。试根据三相对称电源的特性,设计一种简单易行的测试方法来判断该三相对称电源的星形联接是否正确。若发现接错,如何纠正? 简述所需器材,测试方法和判断依据。

2.三相对称电源要按三角形联接时,若有一相始末两端接反,电源即会被烧毁,想一想,这是为什么? 为防止出现这种现象,联接前必须先进行测试。试用交流电压表作测试工具,画出测试电路图,并简述测试方法和依据。想一想,如果该三相电源的相电压为 220V,交流电压表的量程应为多大? 如果发现联接错误,应如何纠正?

3.单相交流电只能产生脉动磁场,所以单相异步电动机不能自行起动,必须有起动装置。家用微风扇又是如何起动的呢? 你能说出其中奥妙吗?

4.某三相异步电动机正常工作一段时间后,突然发现声音异常、转速明显减慢。切断电源后发现无法重新起动。试分析该电动机可能出现了什么故障? 如何检测和排除?

5.市场上有一种倾斜后能立即自动停转,放好后又能自动运行的鸿运电风扇。你能说出这种具有"倒即停"功能的电风扇的奥妙所在吗? 想一想,这种原理还能应用到哪些地方?

6.有 Y/△电动机,起动时要求电流较大,运行时要求电流较小,问起动时电动机应怎样连接,运行又应怎样连接?

第**6**章

磁路与变压器

同学们在供电线路上都见到过变压器,变压器由铁心及绕在铁心上的两个线圈组成。当高压线圈接通电源后,低压线圈就有低压输出。这是什么原因呢? 我们都用过洗衣机,全自动洗衣机进、排水系统是由电磁阀控制的,电磁阀由电磁铁和阀门组成,当电磁铁线圈通电后,产生强大的电磁吸力打开阀门;线圈失电后,阀门在弹簧的作用下自动关闭。你知道电磁铁的工作原理吗? 你知道变压器的工作原理吗? 通过本章学习,你就能了解这些知识。

6.1 磁路

*6.1.1 磁路及磁路定律

(一) 磁路

如图 6-1 所示,在玻璃板上洒上铁粉,玻璃板下方紧靠玻璃放一马蹄形磁铁,振动玻璃板,我们发现铁粉就会作有规则的排列,即磁感线由 N 极指向 S 极。如果在马蹄形磁铁的 N 极和 S 极上放一长方形扁铁板,重做图 6-1 所示的实验,铁粉还会有规则的排列吗? 做做看。显然,铁粉没有按规则排列。原因是什么呢,在实验中,没放扁铁板时,磁感线透过玻璃板,经铁粉由 N 极到 S 极,当放了扁铁板后磁感线基本上没经玻璃板到铁粉,而是直接由 N 极经铁板到 S 极。由此我们知道了磁感线是按一定路径通过的,磁感线所通过的路径是可以人为控制的。

磁感线(磁通)所经过的路径叫磁路。

图 6-2 是图 6-1 及"U"形铁心的磁路示意图。

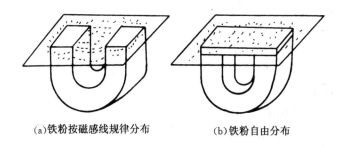

(a)铁粉按磁感线规律分布   (b)铁粉自由分布

图 6-1 磁感线的示意图

(二) 磁路的欧姆定律

1. 磁动势

在图 6-2(b)中,线圈中的磁通 Φ 的多少与线圈通过的电流有关,电流越大,磁通越多。线

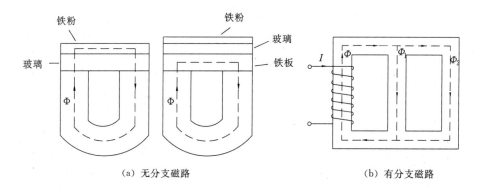

（a）无分支磁路　　　　　　　　　　（b）有分支磁路

图 6-2　磁路的示意图

圈中磁通的多少还与线圈的匝数有关，每匝线圈都要产生磁通，只要线圈绕向一致，每一匝线圈的磁通方向就相同，这些磁通就可以相加，可见，线圈的匝数越多，磁通就越多。由此可知，线圈的匝数及通过线圈的电流决定了线圈中磁通的多少。

通过线圈的电流与线圈匝数的乘积称为磁动势。可表示为

$$E_{\mathrm{m}} = IN \tag{6-1}$$

式中，I 为通过线圈的电流，单位为安培；

　　N 表示线圈的匝数；

　　E_{m} 为磁动势，单位为安培。

2. 磁阻

在图 6-1 所示的两次实验中，图 6-1(a)所示的磁路是从马蹄形磁铁的 N 极－玻璃－铁粉－玻璃－S 极，最后经马蹄形磁铁回到 N 极。图 6-1(b)的磁路是 N 极－扁铁板－S 极，然后经马蹄形磁铁回到 N 极（磁感线基本没通过玻璃，所以通过玻璃的磁通被忽略）。为什么在图 6-1(b)中磁感线基本没有通过玻璃和铁粉呢？原来各种材料对磁通都有阻碍作用，材料、形状不同，阻碍作用的大小就不同，铁的导磁性能远远优于玻璃材料，理解了这一点，图 6-1(a)和图 6-1(b)的磁路不同的原因就很容易理解了。磁通有走阻碍作用小的路径的倾向。

磁通通过磁路时所受到的阻碍作用叫磁阻。磁阻用符号 R_{m} 表示。

磁路中磁阻的大小与磁路的长度 l 成正比，与磁路的横截面积 S 成反比，还与磁路中所用的材料的磁导率 μ 有关，可用下面的公式表示：

$$R_{\mathrm{m}} = \frac{l}{\mu S} \tag{6-2}$$

式中，l 的单位为米（m）；

　　S 的单位为平方米（m^2）；

　　μ 的单位为亨/米（H/m）；

可以导出 R_{m} 的单位为 1/亨（1/H）。

3. 磁路的欧姆定律

由磁动势及磁阻的定义可以得到，通过磁路的磁通与磁动势成正比，与磁阻成反比，这一规律叫磁路的欧姆定律，可表示为

$$\Phi = \frac{E_{\mathrm{m}}}{R_{\mathrm{m}}} \tag{6-3}$$

磁动势的单位为（A），磁阻的单位为（1/H），磁通的单位为（Wb）。

磁路的欧姆定律与电路的欧姆定律有很多相似之处,我们用表 6.1 对磁路、电路的相关物理量进行类比,以利于学习与记忆。

表 6.1 电路与磁路的物理量比较

电 路	磁 路
电流:I	磁通:Φ
电阻:$R = \rho \dfrac{1}{S}$	磁阻 $R_{\mathrm{m}} = \dfrac{l}{\mu S}$
电阻率:ρ	磁导率:μ
电动势:$E = \dfrac{W}{q}$	磁动势:$E_{\mathrm{m}} = IN$
电路的欧姆定律:$I = \dfrac{E}{R}$	磁路的欧姆定律:$\Phi = \dfrac{E_{\mathrm{m}}}{R_{\mathrm{m}}}$

(三)全电流定律

铁磁性物质的 R_{m} 是随其磁导率变化而变化的,所以 R_{m} 在此不是一个常数,这给我们对磁路的分析、计算带来了很多不便。但我们知道磁场强度 H 是不随 μ 变化而变化的。全电流定律是通过磁场强度 H 来描述磁路中的又一定律。

因为
$$\Phi = \frac{E_{\mathrm{m}}}{R_{\mathrm{m}}}$$

而
$$E_{\mathrm{m}} = IN, \quad R_{\mathrm{m}} = \frac{l}{\mu S}, \quad \Phi = BS$$

所以
$$\Phi = BS = \frac{IN}{\dfrac{l}{\mu S}}$$

即
$$B = \frac{\mu IN}{l}$$

将此式与 $B = \mu H$ 比较,得到
$$H = \frac{IN}{l}$$

或
$$Hl = NI$$

我们把 Hl 称做磁位差,用 U_{m} 来表示,其单位为安培(A),与磁动势的单位相同。在磁路中,经常会遇到不同材料构成的磁路,我们可对不同材料的磁位差进行分段计算,然后求和,可用下式表示:
$$\sum Hl = H_1 l_1 + H_2 l_2 + \cdots + H_n l_n$$

此时
$$IN = \sum Hl \tag{6-4}$$

我们把(6-4)式称做全电流定律,即磁动势等于各段磁路的磁位差之和。

例 6.1 一空心环形螺旋线圈,其平均长度为 30cm,横截面积为 10cm²,匝数等于 10^3,线

圈中的电流为10A,求线圈的磁阻、磁势及磁通。

解:磁阻为

$$R_m = \frac{l}{\mu_0 S} = \frac{0.3}{4\pi \times 10^{-7} \times 10 \times 10^{-4}} \approx 2.39 \times 10^8 \, \mathrm{H}^{-1}$$

磁动势为

$$E_m = NI = 10^3 \times 10 = 10^4 \, \mathrm{A}$$

磁通为

$$\Phi = \frac{E_m}{R_m} = \frac{10^4}{2.39 \times 10^8} \approx 4.3 \times 10^{-3} \, \mathrm{Wb}$$

在图 6-2(b)的磁路中,设磁动势产生的磁通为 Φ,则 $\Phi = \Phi_1 + \Phi_2$,即两条支路的磁通和等于总磁通。实际上磁动势产生的总磁通等于各支路的磁通之和,即

$$\Phi = \sum_{i=1}^{n} \Phi_i \tag{6-5}$$

式中,n 为磁路的支路数。

这里所讲的支路指的是磁路的分支。例如在图 6-2(b)中,$\Phi = 8 \times 10^{-3}$ Wb,$\Phi_1 = 6 \times 10^{-3}$ Wb,则 $\Phi_2 = \Phi - \Phi_1 = 2 \times 10^{-3}$ Wb。

＊6.1.2　铁磁性物质的磁化

1.铁磁性物质的磁化

有些物质没有磁性,但把它放入磁场中后,就变得有磁性了,我们把从无磁性到有磁性的这一过程叫磁化。能够被磁化的这一类物质叫铁磁性物质。非铁磁性物质是不能被磁化的。

铁磁性物质为什么能够被磁化呢?原来铁磁性物质内存在许多小磁畴,每个小磁畴就是一个小磁体,有 N、S 极,无外磁场作用时,这些小磁畴自由无规则的排列,磁性相互抵消,如图6-3(a)所示。在外磁场的作用下,磁畴就沿外磁场的方向定向排列,形成附加磁场,使磁场显著加强。被磁化后,磁畴重新排列的分布状况,如图6-3(b)所示。

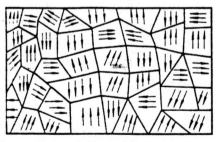
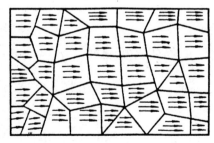

(a) 磁畴自由排列　　　　　　　　　(b) 在外磁场作用下磁畴定向排列

图 6-3　磁化的示意图

2.磁化曲线

各种铁磁性材料由于内部结构的不同,磁化后的附加磁场与离开磁场后的磁性都各有差异,有的铁磁性材料附加磁场很强,有的较弱;有的铁磁性材料离开磁场后附加磁场随之消失,有的留有较弱的剩磁,有的附加磁场基本没变。下面我们通过分析磁化曲线来了解各种铁磁性物质的磁化特性。

铁磁性物质的磁感应强度 B 随磁场强度 H 而变化的曲线称为磁化曲线,又称 B-H 曲线。

图 6-4 是测定磁化曲线的实验电路及实验所记录的磁化曲线。

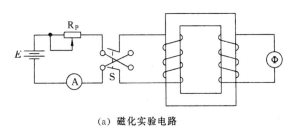

(a) 磁化实验电路

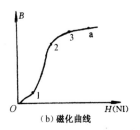

(b) 磁化曲线

图 6-4 磁化曲线实验电路及磁化曲线

实验前,设 $H=0$,$B=0$,即铁心已去磁。

当接通开关 S 后,调 R_P 使电流 I 由零逐渐增加,则 $H=\dfrac{IN}{l}$ 也由零逐渐增加,磁通表记录的磁通 Φ 由零逐渐增加,由于 $B=\dfrac{\Phi}{S}$,所以图 6-4(a) 的实验描述的是 B、H 之间的关系。将 B 与 H 逐点描绘成曲线,如图 6-4(b) 所示。该曲线就是我们所说的磁化曲线,由图可以看出 $u=\dfrac{B}{H}$ 不是常数。

在 B-H 曲线中,其 0～1 段,B 随 H 增加的较慢,这主要是磁惯性所致。在 1～2 段,随 H 的增大,B 几乎呈直线上升。在 2～3 段,随 H 的增加,B 增加趋缓,这主要是大部分磁畴已被磁化,沿 H 方向排列。到了 3 以后,曲线变得平坦,在 a 点以后,磁化已基本完毕,此时对应的磁感应强度 B 叫饱和磁感应强度。

不同的铁磁材料磁化曲线不同,在实际应用中,我们只要知道了磁场强度 H,就可以通过磁化曲线查出对应的 B 值。

3. 磁滞回线

当铁磁材料工作在交流电流中时,对应的 B 是交变的磁感应强度,只不过变化要更为复杂一些。

在图 6-4 的实验中,当达到饱和值时,我们逐渐减小电流到零,再反向增加电流,使 B 达到反向饱和,这时,我们描绘出的 B—H 曲线是一封闭曲线,如图 6-5 所示。

a 点对应的饱和值为 B_m 及 H_m,逐渐减小 H 至零,我们发现 B 并没有沿起始曲线回到零,当 $H=0$ 时,在 b 点处 $B=B_r$,B_r 叫剩磁,永久磁铁就是利用铁磁材料这一特性制造的。若使 $B=0$,则须加反向磁场,在 c 点,当 $H=-H_c$ 时,$B=0$,我们把消除剩磁的反向磁场强度 H_c 叫矫顽力。继续增加反向磁场强度,到 d 点处,B 就由零达到反向饱和值,对应为 $-B_m$。若使 $B=0$,则重新改变 H 的方向,在 e 点 $H=0$,$B=-B_r$,到 f 点 $H=H_c$,$B=0$,继续增加 H 到 a 点,$H=H_m$,$B=B_m$,完成一个循环。从整个过程看,B 的变化总是滞后于 H 的变化,这种现象叫磁滞现象,在交变磁场中,磁化过程的曲线就像图 6-5 一样,是一对称于原点的闭合曲线,我们把它称之为磁滞回线,而由原点 O 到 a 的这一曲线叫起始磁化曲线。

交流电的幅值不同,H 的幅值就不同,对应的磁滞回线大小也就不同。铁磁物质在交变磁场中被反复磁化,磁畴要不断地改变方向,会损耗一定的能量,这种损耗叫磁滞损耗。磁滞回线包围的面积越大,磁滞损耗也越大。磁滞回线的形状,还反映了剩磁的多少、矫顽力的大小、铁磁性物质磁化的难易程度等,这些都是我们选用磁性材料的依据。

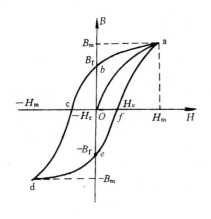

图 6-5　磁滞回线

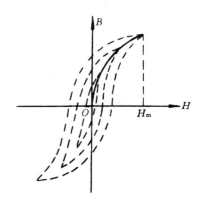

图 6-6　基本磁化曲线

4. 基本磁化曲线

在磁化曲线的测试、描绘过程中，在同一个 H—B 坐标中，取不同的 H_m 值，铁磁性物质的磁滞回线是不同的，将各个不同的 H_m 所对应的顶点连起来所描绘的曲线叫基本磁化曲线，如图 6-6 所示。基本磁化曲线略低于起始磁化曲线。

6.1.3 铁磁性物质的分类与应用

铁磁性物质根据其磁化过程的特性与使用条件的需要，可分为以下三类。

1. 软磁性物质

软磁性物质的磁滞回线如图 6-7(b)所示，它的形状窄而陡，回线包围的面积比较小，所以磁滞损耗较小，比较容易磁化，撤去外磁场后磁性基本消失，其剩磁与矫顽力都较小。

这类材料主要有硅钢、铁镍合金和软磁氧体等。

2. 硬磁性物质

硬磁性物质的磁滞回线如图 6-7(a)所示，它的形状宽而平，回线所包围的面积较大。所以磁滞损耗较大，剩磁、矫顽力也较大，需较强的磁场才能使它磁化，撤去外加磁场仍能保留较大的剩磁。

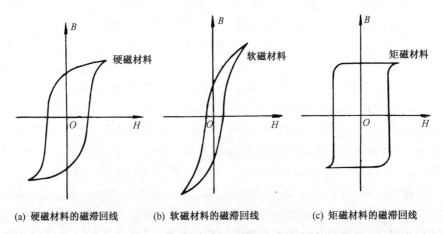

(a) 硬磁材料的磁滞回线　　(b) 软磁材料的磁滞回线　　(c) 矩磁材料的磁滞回线

图 6-7　硬磁、软磁、矩磁材料的磁化曲线

这类材料适用于制造永久磁铁。常用的材料有钨钢、铬钢、钴钢和钡铁氧体等。

3.矩磁性物质

矩磁性物质的磁滞回线如图 6-7(c)所示。它的特点是只需很小的外加磁场就能使之达到磁饱和,撤去外磁场时,磁感应强度(剩磁)与饱和时一样。计算机中的存储元件就用到矩磁性材料。常用的材料有锰镁铁氧体和锂锰铁氧体等。

常用磁性材料的相对磁导率、剩磁、矫顽力见表 6.2。

表 6.2 常用磁性材料的相对磁导率、剩磁、矫顽力

材料名称	μ_r	$B_r(T)$	$H_c(A/m)$
铸铁	240	0.475~0.500	880~1040
硅钢片	7500	0.800~1.200	32~64
坡莫合金(78.5%Ni)	115000	1.100~1.400	4~24
碳钢(0.45%C)		0.800~1.100	2400~3200
铁镍铝钴合金		1.100~1.350	40000~52000
稀土钴	174	0.600~1.000	320000~690000
稀土钕铁硼		1.100~1.300	600000~900000

 思考与练习题

1. 什么叫磁路、磁阻、磁动势? 分别写出磁阻、磁动势的公式。

2. 写出磁路欧姆定律的表达式,说明磁通与磁导体的面积、长度及磁导率有什么关系。

3. 全电流定律的内容是什么? 写出表达式。

4. 一圆柱形铸铁与一"空气柱"的截面、高度都相同,铸铁磁阻大,还是空气的磁阻大? 为什么? 两者的比值是多少?

5. 磁滞损耗与磁滞回线有什么关系?

6. 铁磁性物质分为哪三类? 各有什么作用?

7. 一个普通的铁块能吸引铁钉吗? 想一想,试一试,有哪些方法可以使铁块吸引铁钉? 你能说明其中的原因吗?

6.2 线圈的互感

*6.2.1 互感电动势

1.互感现象

变压器是常见的一种电工器件。图 6-8 是变压器的原理图,当线圈 N_1 通过电流 i_1 后,变压器的铁心磁路就会产生磁通 Φ,该磁通沿磁路穿过线圈 N_2,线圈 N_2 就会产生感应电动势 e_2,如果 N_2 带上负载,就会有感应电流 i_2。如果把电源接到 N_2 上 ,那么线圈 N_1 也必然会产生感应电动势或者感应电流(电路闭合时)。

我们把一个线圈的磁通穿过另一个线圈而产生感应电动势的现象叫互感现象,而产生的感应电动势、感应电流叫互感电动势、互感电流。

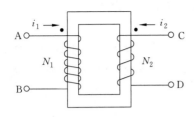

图 6-8　变压器的原理图

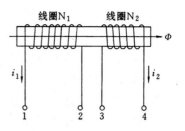

图 6-9　互感电流与互感系数

2. 互感系数

在图 6-9 中，设 i_1 产生的磁通 Φ_1 在线圈 N_2 上产生的互感磁链为 $N_2\Phi_1$，记作 ψ_{12}，i_2 产生的磁通 Φ_2 在线圈 N_1 上产生的互感磁链为 $N_1\Phi_2$，记作 ψ_{21}，则互感系数用 M 表示，定义为

$$M = \frac{\psi_{12}}{i_1} = \frac{\psi_{21}}{i_2} \tag{6-6}$$

或

$$M = K\sqrt{L_1 L_2} \tag{6-7}$$

式中，L_1 和 L_2 为两线圈的自感；

K 为耦合系数，$0 \leqslant K \leqslant 1$。

$K = 0$ 时，两线圈的磁通互不交链，$M = 0$；$K = 1$ 时，称全耦合，一个线圈产生的磁通完全与另一个线圈相交链。由式(6-7)$M = K\sqrt{L_1 L_2}$ 可知，互感系数取决于两线圈的自感系数与耦合系数，互感系数反映了两线圈耦合的紧密程度，互感系数与互感电动势、互感电流之间有密切的关系。

3. 互感电动势

在图 6-9 中，i_1 所产生的穿过线圈 N_2 的磁链为 ψ_{12}，根据法拉第电磁感应定律可知，互感电动势 e_2 为

$$e_2 = \frac{\Delta\psi_{12}}{\Delta t} = M\frac{\Delta i_1}{\Delta t} \tag{6-8}$$

同理，线圈 N_2 中电流 i_2 变化时，线圈 N_1 中的感应电动势为

$$e_1 = \frac{\Delta\psi_{21}}{\Delta t} = M\frac{\Delta i_2}{\Delta t} \tag{6-9}$$

由此可见，互感电动势的大小与互感系数的大小成正比，与另外一个线圈的电流变化率成正比。

供电系统中的电源变压器，电流、电压互感器，电子线路（如收音机）中的输入、输出变压器都是根据互感原理制造的。

4. 互感线圈的同名端

我们在三相供电线路中，经常会看到三相电源变压器，它是把高压交流电压变为 380V 的工业用动力电和 220V 的民用电。变压器的三相绕组作星形联接时，绕组互感电动势的负极性端要求联接于一点，正极性端接电源相线，不能接错，否则会造成严重故障。对于电子线路中的振荡电路，其起振条件之一是电路要正反馈，如果线圈极性接错，出现负反馈，电路就不能起振。

两个互感线圈的感应电动势，任一瞬间同时为正或同时为负的一对端点叫同名端。

在图 6-10 中设 i_1 增加，其磁通 Φ 要增加，根据楞次定律可知，这时感应电流的磁通 Φ' 的

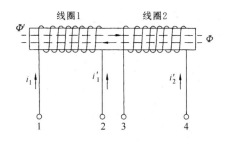

图 6-10 互感线圈的同名端

方向与 Φ 相反,用右手螺旋定则可以判断出感应电流 i_1',i_2' 分别从 1、3 流出,即 1、3 为感应电动势的正极,2、4 为负极,因此,1 与 3,2 与 4 是同名端。如果 i_1 减少,则 1、3 为感应电动势的负极,2、4 为正极,但是 1 与 3,2 与 4 是同名端没有变(请读者画图自己判断)。互感线圈的同名端是由两个线圈绕向所决定的,同名端用符号"·"表示。有了同名端,我们就可以用电路原理图来画互感线圈,而不再需要把线圈的绕法与结构全部画出来了。图 6-11 和图 6-12 分别是图 6-8 和图 6-10 的电路原理图。

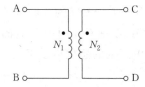

图 6-11 用同名端表示的变压器原理图

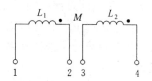

图 6-12 用同名端表示的互感线圈

在实际电路中,如果我们不知道互感线圈的同名端,则可根据楞次定律来判断互感线圈的同名端。如图 6-13 所示,合上 S 时,电流 i_1 是增加的,所以自感电流 i_1' 和 i_1 方向相反,这时 L_2 会产生互感电动势,如果电流表正向偏转,互感电流 i_2' 也从上端流出,即 1 和 3 是同名端。如果电流表反向偏转,则 1 和 4 是同名端。

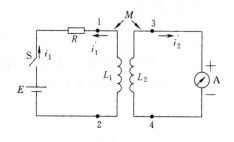

图 6-13 互感线圈同名端的实验判定

*6.2.2 互感线圈的串联

在图 6-14(a)中线圈 L_1 与 L_2 的异名端相连,我们称之为顺串,而在图 6-14(b)中,是同名端相连,则称之为反串。两线圈串联后,总的电感不仅与各自电感的大小有关,还与线圈的耦合情况有关。

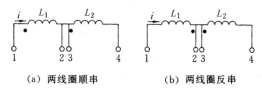

(a) 两线圈顺串　　　　　　(b) 两线圈反串

图 6-14 互感线圈的顺串与反串

1. 顺串

如图 6-14(a)所示,顺串时,两线圈中的电流均为 i。设 i 随时间增加。根据楞次定律可以判定自感电动势 e_1、互感电动势 e_{21} 的正极性端均为"1",所以线圈 L_1 中的感应电动势为

$$e_1 + e_{21} = L_1 \frac{\Delta i}{\Delta t} + M \frac{\Delta i}{\Delta t}$$

同理可得线圈 L_2 中的感应电动势为

$$e_2 + e_{12} = L_2 \frac{\Delta i}{\Delta t} + M \frac{\Delta i}{\Delta t}$$

其正极性端在"3"，由此可知两线圈中的总电动势为

$$e = e_1 + e_2 + e_{21} + e_{12} = L_1 \frac{\Delta i}{\Delta t} + L_2 \frac{\Delta i}{\Delta t} + 2M \frac{\Delta i}{\Delta t} = (L_1 + L_2 + 2M) \frac{\Delta i}{\Delta t}$$

两线串联后可等效为一个线圈，设总电感为 L，则有

$$e = L \frac{\Delta i}{\Delta t}$$

两式对比可得

$$L = L_1 + L_2 + 2M \tag{6-10}$$

式(6-10)表明：两线圈顺串时总的电感可用自感系数 $L_{顺} = L_1 + L_2 + 2M$ 的线圈来替代。

互感电动势 e_{21} 中的 21 表示第二个线圈中的电流变化在第一个线圈中产生的感生电动势，e_{12} 中的 12 表示第一个线圈中的电流变化在第二个线圈中产生的感生电动势。

2. 反串

在图 6-14(b) 中，两线圈串联时，同名端相连的方式叫反串。由图 6-14(b) 可知当 i 增加时，L_1 的自感电动势 e_1 的正极性端在"1"，而互感电动势 e_{21} 的正极性端在"2"，所以线圈 L_1 上的感应电动势为

$$e_1 - e_{21} = L_1 \frac{\Delta i}{\Delta t} - M \frac{\Delta i}{\Delta t}$$

同理可得，当 i 增加时，线圈 L_2 的自感电动势 e_2 的正极性在"3"，互感电动势 e_{12} 的正极性在"4"，线圈 L_2 的感应电动势为

$$e_2 - e_{12} = L_2 \frac{\Delta i}{\Delta t} - M \frac{\Delta i}{\Delta t}$$

如图 6-14(b) 所示，两线圈的总电动势为

$$e = e_1 + e_2 - e_{21} - e_{12} = (L_1 + L_2 - 2M) \frac{\Delta i}{\Delta t}$$

即反串线圈的总自感为

$$L = L_1 + L_2 - 2M \tag{6-11}$$

式(6-11)表明：两线圈反串时可用一个自感量 $L_{反} = L_1 + L_2 - 2M$ 的线圈来替代。

例 6.2   若两线圈的自感分别为 $L_1 = 0.5\mathrm{H}$ 和 $L_2 = 0.08\mathrm{H}$，耦合系数 $K = 0.75$，求两线圈顺串及反串时的等效自感量。

解：互感量

$$M = K \sqrt{L_1 L_2} = 0.75\sqrt{0.5 \times 0.08} = 0.15\mathrm{H}$$

顺串时的等效自感量为

$$L_{顺} = L_1 + L_2 + 2M = 0.5 + 0.08 + 0.3 = 0.88\mathrm{H}$$

反串时的等效自感量为

$$L_{反} = L_1 + L_2 - 2M = 0.5 + 0.08 - 0.3 = 0.28\mathrm{H}$$

6.2.3 涡流和磁屏蔽

1. 涡流

读者可以到实验室去观察一下交流继电器或变压器，我们会发现它们的铁心都是由一种被称之为硅钢片的材料叠压而成的。为什么不用整块铁心而要用较为复杂的硅钢片制作呢？

一方面硅钢片的导磁性能较好,另一方面它可以明显地减少"涡流损耗"。什么是涡流损耗呢?

在图 6-15(a)中,线圈中放有一铁心,当通入交变电流后铁心中就会有变化的磁通,在变化的磁通作用下,铁心中就会产生感应电流,这种电流叫涡流。由于金属铁心的电阻很小,涡流会很大。由于涡流的热效应,使铁心温度升高,造成电气设备的绝缘性能下降,严重时还会损坏电器设备,造成用电事故。

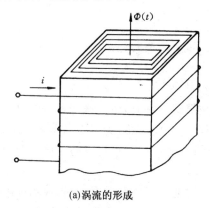
(a)涡流的形成

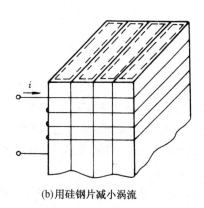
(b)用硅钢片减小涡流

图 6-15 涡流的形成及减小涡流的方法

由涡流产生的热量而造成电能的损耗叫涡流损耗。

为了减少涡流损耗,我们采用了导磁性能好、电阻率较大的硅钢片来制作变压器及电机的铁心。用经过绝缘处理的硅钢片叠压而成的铁心,有两个作用:其一,如图 6-15(b)所示,它把一个大的涡流分隔成"一片、一片"小的涡流;其二,由于薄硅钢片的截面积较小,电阻较大,所以采用硅钢片制作铁心可以有效地减少涡流及涡流损耗。

涡流有其不利的一面,也有其有益的一面,如在工业生产中,可以用涡流的热效应来冶炼金属,高频感应炉就是一种常用的冶炼设备。当高频大功率电流通过感应炉的线圈后,由于涡流的热效应,线圈中的坩埚就会产生大量的热量,使锅中的金属熔化。图 6-16 是高频感应炉的示意图。

2. 磁屏蔽

互感现象在电工与电子技术中有着广泛的应用,但是对电工仪表及电子设备等有时还要减少或避免互感现象,以提高测量精度,防止噪声。

下面介绍两种减少互感影响常用的方法。

(1)如图 6-17 所示,把两线圈垂直安置,可以有效地减少互感。在图 6-17(a)中线圈 L_1 的磁通不经过线圈 L_2 的轴线方向,与轴线方向垂直,所以线圈 L_2 不受 L_1 的影响,不产生互感电动势。在图 6-16(b)中线圈 L_2 的磁通穿过线圈 L_1 的上半部分与下半部分的磁通方向相反、大小相等,作用相互抵消,线圈 L_1 也不产生互感电动势。

图 6-16 高频感应炉

(2)采用磁屏蔽技术,为了减少互感或磁辐射对元器件的影响,可以把元件放在金属屏蔽罩内,使元件不受其他磁场的影响,或者把线圈放在屏蔽罩内,使其磁场限制在屏蔽罩内。

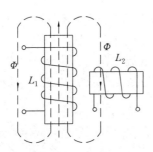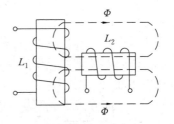

（a）磁通垂直通过线圈 L_2　　　　　（b）L_1 中磁通上下两部分相互抵消

图 6-17　消除线圈互感的方法

　　通常用铁磁材料制作屏蔽罩，当外界磁通经过被屏蔽器件时，由于铁磁材料的磁导率比空气要大得多，所以大部分磁通经过屏蔽罩，使被屏蔽器件免受干扰，为了提高屏蔽效率，可采用多层铁壳，使漏磁逐层被屏蔽掉。屏蔽罩可以防止外磁场的干扰，也可以防止屏蔽罩内磁场向外辐射。

　　如果是高频磁场，可用铜或铝制作屏蔽罩。高频磁通经过屏蔽罩时，在铜或铝屏蔽罩上会产生很大的涡流，利用涡流的去磁作用来达到磁屏蔽的作用。不选用铁磁性材料制作屏蔽罩是因为其电阻率较大，形成的涡流较小，不利于磁屏蔽。

　　思考与练习题

　　1. 在判断线圈的同名端时，可根据互感线圈中假设的磁通方向来进行，想一想，为什么？

　　2. 涡流是怎样产生的？涡流有什么利弊？

　　3. 怎样防止外磁场对元件的电磁波干扰？

　　4. 两线圈互相垂直放置为什么可以消除互感？

　　5. 写出两线圈顺串、反串的等效电感。

　　6. 把开通的手机装在封闭的两层铁盒内，再用另一部手机呼叫铁盒内的手机，打通了吗？有什么现象发生？再看看盒内手机的屏幕，你能说明所发生现象的原因吗？

6.3　变压器与电磁铁

6.3.1　变压器的基本结构

1. 变压器的分类

变压器的种类很多，根据用途可分为：

（1）用于输变电系统的电力变压器；

（2）用于实验室等场所的调压变压器；

（3）用于测量电流、电压的电压互感器、电流互感器；

（4）用于电子线路的输入、输出耦合变压器；

（5）根据用电相数还可分为单相变压器、三相变压器等。

2. 变压器的结构

变压器的种类虽然繁多，但其结构都基本相似，均由铁心和绕组（线圈）组成。

图 6-18 是两种变压器的常见结构,图 6-18(a)是绕组包着铁心,叫心式结构,图 6-18(b)是铁心包着绕组,叫壳式结构。

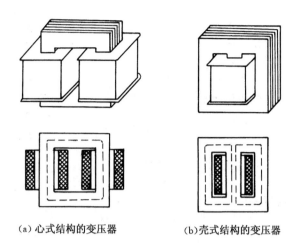

(a) 心式结构的变压器　　(b)壳式结构的变压器

图 6-18　变压器的心式结构与壳式结构

铁心构成了变压器的磁路。铁心一般都采用相互绝缘的硅钢片叠压而成,这是因为它的磁导率较大,剩磁小,涡流损耗、磁滞损耗小的缘故。硅钢片的厚度为$(0.35\sim0.5)$mm。通讯用的变压器铁心常用铁氧体铝合金等磁性材料制成。

变压器的绕组是用紫铜材料制作的漆包线、纱包线或丝包线绕成。在工作时,与电源相连的绕组叫原绕组或初级绕组,与负载相连的叫副绕组或次级绕组。在制造变压器时,低压绕组要安装在靠近铁心的内层,高压绕组装在外层,这使低压绕组和铁心之间的绝缘可靠性得到增加,同时可降低绝缘的耐压等级。变压器的高压和低压绕组之间、低压绕组与铁心之间必须绝缘良好,为获得良好的绝缘性能,除选用规定的绝缘材料外,还利用了烘干、浸漆、密封等生产工艺。

6.3.2　变压器的工作原理

图 6-19(a)是变压器工作原理示意图,原绕组的匝数为N_1,副绕组的匝数为N_2,输入电压、电流为u_1和i_1,输出电压、电流为u_2和i_2,负载为Z_L。在电路中,变压器用图 6-19(b)表示,变压器的名称用字母 T 表示。

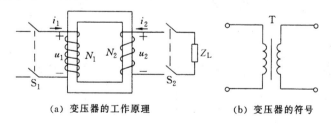

(a) 变压器的工作原理　　　　(b) 变压器的符号

图 6-19　变压器的工作原理图

1. 变压器的空载运行和变压比

在图 6-19(a)中,如果断开负载Z_L,则$i_2=0$,这时原绕组有电流i_0,该电流叫空载电流,系维持原、副绕组产生感应电动势e_1和e_2的电流。i_0要比额定运行时的电流小得多。

由于 u_1 和 i_0 是按正弦规律交变的，所以在铁心中产生的磁通 Φ 也是正弦交变的。在交变磁通的作用下，原、副绕组将产生正弦交变感应电动势。可以计算出原、副绕组感应电动势的有效值为

$$E_1 = 4.44fN_1\Phi_m$$

$$E_2 = 4.44fN_2\Phi_m$$

由于采用了铁磁材料作磁路，所以漏磁很小，可以忽略。空载电流很小，原绕组上的压降也可以忽略，这样，原副绕组两边的电压近似等于原副绕组的电动势，即

$$U_1 \approx E_1$$

$$U_2 \approx E_2$$

$$\frac{U_1}{U_2} \approx \frac{E_1}{E_2} = \frac{4.44fN_1\Phi_m}{4.44fN_2\Phi_m} = \frac{N_1}{N_2} = K \qquad (6\text{-}12)$$

式中，K 称为变压器的变压比。

当 $K>1$ 时，$U_1>U_2$，$N_1>N_2$，变压器为降压变压器；反之，$K<1$ 时，$U_1<U_2$，$N_1<N_2$，变压器为升压变压器。

在一定的输出电压范围内，从副绕组上抽头，可输出不同的电压，得到多输出变压器。

2. 变压器负载运行时的变流比

当变压器接上负载 Z_L 后，副绕组中的电流为 i_2，原绕组上的电流将变为 i_1，原、副绕组的电阻、铁心的磁滞损耗、涡流损耗都会损耗一定的能量，但该能量通常都远小于负载消耗的电能，在分析计算时，可把这些损耗忽略。这样，可以认为变压器输入功率等于负载消耗的功率，即

$$U_1 I_1 = U_2 I_2$$

由上式可得

$$\frac{I_1}{I_2} = \frac{U_2}{U_1} = \frac{N_2}{N_1} = \frac{1}{K} \qquad (6\text{-}13)$$

由式(6-13)可知，变压器带负载工作时，原、副边的电流有效值与它们的电压或匝数成反比。变压器在变换了电压的同时，电流也跟着变换。变压器除了变换电压、电流外，还可以变换阻抗。

3. 变压器的阻抗变换作用

我们可以把变压器 T 及负载 Z_L 看做原边电压 U_1 的负载 Z_1。那么 Z_1 等于什么呢？

根据交流电路的欧姆定律，电流、电压的有效值关系可表示为

$$|Z_1| = \frac{U_1}{I_1}$$

把 $U_1=KU_2$，$I_1=\frac{1}{K}I_2$，代入上式，可得

$$|Z_1| = K^2 \frac{U_2}{I_2} = K^2 |Z_2| \qquad (6\text{-}14)$$

上式表示的是副边阻抗等效到原边时的等量关系，只要改变 K，就可以得到不同的等效阻抗。阻抗变换有什么意义呢？

对于电子线路，如收音机电路，我们可以把它看成一个信号源加一个负载。要使负载获得最大功率，其条件是负载的电阻等于信号源的内阻，此时，称之为阻抗匹配，但实际电路中，负载电阻并不等于信号源内阻，这时我们就需要用变压器来进行阻抗变换。

例 6.3　在收音机的输出电路中,其最佳负载为 784Ω,而扬声器的电阻为 $R_2 = 16\Omega$,如图 6-20 所示,求变压器的变比。

解:由 $\left|\dfrac{Z_1}{Z_2}\right| = K^2$,得

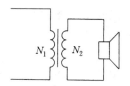

$$K = \sqrt{\frac{|Z_1|}{|Z_2|}} = \sqrt{\frac{R_1}{R_2}} = \sqrt{\frac{784}{16}} = 7$$

当变压器的变比为 7 时,即可得到最佳匹配效果。

例 6.4　电源变压器的输入电压为 220V,输出电压为 11V,
求该变压器的变比,若变压器的负载 $R_2 = 5.5\Omega$,求原、副绕组中
的电流 I_1, I_2 及等效到原边的阻抗 R_1。

图 6-20　变压器的阻抗匹配

解:

$$K = \frac{U_1}{U_2} = \frac{220}{11} = 20$$

$$I_2 = \frac{U_2}{R_2} = \frac{11}{5.5} = 2\text{A}$$

$$I_1 = \frac{1}{K}I_2 = \frac{2}{20} = 0.1\text{A}$$

$$R_1 = K^2 R_2 = 20^2 \times 5.5 = 2200\Omega$$

或者

$$R_1 = \frac{U_1}{I_1} = \frac{220}{0.1} = 2200\Omega$$

6.3.3　几种常见的变压器

1. 自耦变压器

如图 6-21 所示,自耦变压器的铁心上只有一个绕组,原、副绕组是共用的,副绕组是原绕组的一部分,它可以输出连续可调的交流电压。调节滑动端的位置(箭头表示滑动端),就改变了 N_2,即改变了输出电压 u_2。

自耦变压器也叫调压变压器,原、副绕组之间仍然满足电压、电流、阻抗变换关系。

自耦变压器在使用时,原、副绕组的电压不能接错,在使用前,输出电压要调至零,接通电源后,慢慢转动手柄调节出所需的电压。

2. 小型电源变压器

小型变压器广泛地应用于工业生产中,如在机床电路中输入 220V 的交流电,通过电源变压器可以得到 36V 的安全电压,12V 或 6V 的指示灯电压。图 6-22 是小型变压器的原理图,它在副绕组上制作了多个引出端,可以输出 3V,6V,12V,24V,36V 等不同电压。

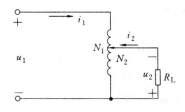

图 6-21　自耦变压器的原理图

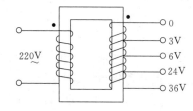

图 6-22　多电压输出变压器

3. 电压互感器

电压互感器是用来测量电网高压的一种专用变压器，它能把高电压变成低电压进行测量，它的构造与双绕组变压器相同。在使用时，原绕组并联在高压电源上，副绕组接低压电压表，如图 6-23 所示，只要读出电压表的读数 U_2，则可得到待测高压。

$$U_1 = KU_2$$

实际使用时，电压互感器的额定电压为 100V，需要根据供电线路的电压来选择电压互感器。如互感器标有 10000V/100V，电压表的读数为 66V，则

$$U_1 = KU_2 = 100 \times 66 = 6600V$$

在使用电压互感器时，副绕组的的一端和铁壳应可靠接地，以确保安全。由于低压输出端的电压较低，电流较大，所以严禁短路运行。

4. 电流互感器

电流互感器是用来专门测量大电流的专用变压器。使用时原绕组串接在电源线上，将大电流通过副绕组变成小电流，由电流表读出其电流值，接线方法如图 6-24 所示。

电流互感器的原绕组匝数很少，只有一匝或几匝，绕组的线径较粗。副绕组匝数较多，通过的电流较小，但副绕组上的电压很高，它的工作原理也满足双绕组的电流、电压变换关系，即

$$I_1 = \frac{I_2}{K}$$

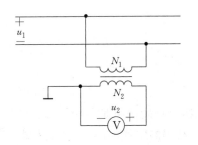

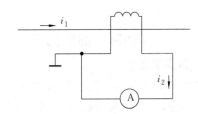

图 6-23　电压互感器　　　　　　　　　　　图 6-24　电流互感器

通常电流互感器副绕组的额定电流为 5A。如某电流互感器标有 100/5A，电流表的读数为 3A，则

$$I_1 = \frac{I_2}{K} = \frac{100 \times 3}{5} = 60A$$

电流互感器的副绕组的电压很高，使用时严禁开路。副绕组的一端和外壳都应可靠接地。

钳形表是电流互感器使用的一个例子，当电流不是很大、电路又不便分断时，可用钳形表卡在导线上，如图 6-25 所示，由钳形表上的电流表可直接读出被测电流的大小。

钳形表的量程为 $(5\sim100)A$，使用方便，但测量误差较大。

5. 三相变压器

电力的生产一般都用三相发电机，对应的电力传输则要采用三相三线制或三相四线制。为了减少电能的传输损耗，需把生产出来的电能用三相变压器升压后再输送出去，到了用户后，再用三相变压器降压后供用户使用。三相变压器的示意图如图 6-26 所示。

三相变压器的原、副绕组可根据需要分别接成星形或三角形。如 Y/Y₀，Y/△，△/Y₀，△/△ 等，斜线左方表示原绕组的接法，右方表示副绕组的接法，Y₀ 表示有中线（三相四线制），Y 表示无中线。

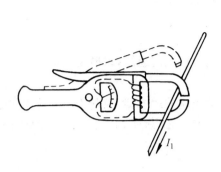

图 6-25　钳形电流表

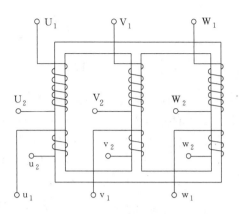

图 6-26　三相变压器原理图

6.3.4　变压器的功率和铭牌

1. 变压器的功率

当变压器带上负载后，原边输入功率为

$$P_1 = U_1 I_1 \cos\varphi_1$$

副边的输出功率(负载获得的功率)为

$$P_2 = U_2 I_2 \cos\varphi_2$$

φ_1 和 φ_2 分别为原、副两绕组电压与电流的相位差。

2. 变压器的效率

变压器在实际使用时，由于电流的热效应，绕组上有铜损 P_{Cu}，铁心中有铁损 P_{Fe}，即磁滞损耗与涡流损耗。变压器总的损耗等于铜损与铁损之和，即

$$\Delta P = P_{\mathrm{Cu}} + P_{\mathrm{Fe}} \tag{6-15}$$

由于有了铜损与铁损，变压器的输入与输出功率不再相等，我们把输出功率与输入功率比值的百分数称为变压器的效率，用 η 表示：

$$\eta = \frac{P_2}{P_1} \times 100\% \tag{6-16}$$

通常大容量变压器的效率可达 98%～99%，小容量变压器的效率在 70%～80% 之间。

3. 变压器的铭牌

变压器铭牌上标有变压器在额定负载运行情况下的额定电压、电流等，其主要数据如下：

额定容量　指次级的最大视在功率，用 S 表示。

初、次级额定电压　初级额定电压指的是初级绕组的电压规定值；次级额定电压指的是初级绕组加额定电压，次级绕组开路时的电压。用 U_1/U_2 表示初、次级绕组的额定电压。

额定电流　指规定的满载电流值。

除以上的额定值以外，还有工作频率、绝缘等级、工作温度等。

例 6.5　有一机床照明变压器，$S = 50\mathrm{VA}$，$U_1 = 380\mathrm{V}$，$U_2 = 36\mathrm{V}$，其铁心截面积为 $8.1\mathrm{cm}^2$，对应的 $B_{\mathrm{m}} = 1.1\mathrm{T}$，求原、副绕组的匝数。

解：

$$N_1 = \frac{U_1}{4.44 f B_{\mathrm{m}} S} = \frac{380}{4.44 \times 50 \times 1.1 \times 8.1 \times 10^{-4}} = 1920$$

$$N_2 = N_1 \frac{U_2}{U_1} = 1920 \times \frac{36}{380} = 182$$

6.3.5 交、直流电磁铁

铁心线圈通过电流后就会产生磁场，只要保持线圈中有电流通过，该磁场就相当于一个永久磁铁。我们把用铁心线圈制作的磁铁叫电磁铁。

电磁铁在工业生产中有着广泛的应用，如用于自动控制的继电器，控制液体流动用的电磁阀等。电磁铁的结构如图 6-27 所示，它由铁心、线圈、衔铁等组成。

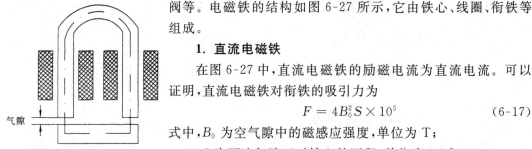

图 6-27　电磁铁结构示意图

1. 直流电磁铁

在图 6-27 中，直流电磁铁的励磁电流为直流电流。可以证明，直流电磁铁对衔铁的吸引力为

$$F = 4B_0^2 S \times 10^5 \qquad (6\text{-}17)$$

式中，B_0 为空气隙中的磁感应强度，单位为 T；

S 为两边气隙正对铁心的面积，单位为 mm^2；

F 为电磁吸力，单位为 N。

在吸引衔铁时，随着衔铁与铁心距离的靠近，气隙的磁阻越来越小，电磁吸力会越来越大。

2. 交流电磁铁

交流电磁铁的结构和直流电磁铁相似，也是由线圈与铁心组成，但交流电磁铁的铁心通常是由软磁材料硅钢片制成的。

交流电磁铁是由交流电流励磁的，所以，气隙中的磁场是交变磁场，即

$$B_0(t) = B_m \sin\omega t \qquad (6\text{-}18)$$

可以证明交流电磁铁的瞬时吸引力表达式为

$$f(t) = \frac{B_m^2 S}{\mu_0}(1 - \cos 2\omega t) \qquad (6\text{-}19)$$

式中，B_m 为交变磁场的最大值，单位为 T；

μ_0 为真空的磁导率，单位为 H/m；

S 为构成电磁铁磁极的面积（空气隙磁场的截面积），单位为 m^2。

交流电磁铁的平均吸引力为

$$\overline{F} = \frac{B_m^2 S}{4\mu_0} \approx 2B_m^2 S \times 10^5 \qquad (6\text{-}20)$$

由式（6-18）及式（6-19）可以画出交变磁场及电磁吸引力的波形，如图 6-28 所示。在图 6-28 中可以看到，交变磁场变化一周，其频率 f 有两次为零。如电源频率为 50Hz，则 1 秒内，电磁铁的吸力有一百次为零，这会造成衔铁的振动，引起噪声，造成机械损伤。为了消除这种现象，我们可在铁心上装一个铜短路环，如图 6-29 所示。由于短路环感应电流的磁场 Φ_1 要阻碍 Φ 的变化，所以磁通 Φ_1 在相位上要滞后 Φ，当磁通 $\Phi = 0$ 时，$\Phi_1 \neq 0$，即 $B_0 = 0$ 时，$f \neq 0$，由此可知，电磁吸力不会出现零值。

交流电磁铁所接的正弦电压有效值不变，所以不论气隙大小，Φ_m 基本不变，B_m 也基本不变，由式（6-20）可知平均吸力也基本不变。但气隙大，磁阻就大，这会造成吸合电流过大，因此，交流电磁铁在吸合铁磁物质时，起动吸合时，气隙要小，起动吸合的时间要短，否则会烧坏

电磁铁线圈。

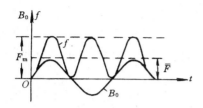

图 6-28　交流电磁铁交变磁场及平均吸引力

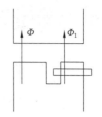

图 6-29　交流电磁铁铁心上短路环的作用

6.3.6　铁磁性物质的充磁与去磁

1. 充磁

要使没有磁性的硬磁性物质具有磁性,变为永久磁铁,或把磁性减弱了的永久磁铁恢复磁性,可以采用充磁的方法来完成。

根据磁化的原理,我们只要把硬磁材料放入通电线圈,就可以得到永久磁铁。为了使铁磁物质快速、充分地充磁,在实验室常用图 6-30 所示的方法来进行。

在图 6-30 中,绕在待充磁的磁铁上的线圈匝数为(300～600)圈(磁铁越大,圈数越多),电源电压为(24～40)V,充磁时软铁要紧接在 N、S 极上,用负极铁锤有节奏地轻敲磁铁的中心,用脉动电流充磁,直到磁饱和为止。

2. 消磁

消磁是把铁磁材料的磁场去掉。如磁带的消磁,去除直流电磁吸盘(电磁吸盘在机床电路中用以吸紧工件,进行机械加工或用于电磁起重机)的剩磁。

图 6-30　铁磁性材料的充磁方法

去磁的方法很多,可以对需去磁物体加热或剧烈震动来达到去磁目的,直流电磁吸盘可以通入反向直流电消除其剩磁。

在实际生产中应用较多的还是交变消磁法。交变消磁法是用逐渐衰减的交变磁场来消除剩磁,如图 6-31 所示。图 6-31(a)是逐渐衰减线圈中的磁场,使剩磁沿磁滞回线变为零。图 6-31(b)是将待消磁物体逐渐远离线圈的强交变磁场,达到消磁的目的。

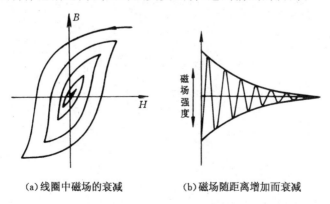

(a)线圈中磁场的衰减　　　　　　　(b)磁场随距离增加而衰减

图 6-31　用衰减磁场消磁的原理图

思考与练习题

1. 到实验、实习室及配电房去观察一下，我们所学过的变压器都应用在哪些地方？
2. 写出铁心线圈的感应电动势的有效值表达式。
3. 写出变压器的电压、电流、阻抗变比关系。
4. 变压器运行时有哪些损耗？这些损耗是怎样产生的？
5. 交、直流电磁铁有哪些区别？交流电磁铁的铁心上为什么要装短路环？
6. 怎样消除铁磁材料的磁场？

 本 章 小 结

一、磁路

1. 磁感线所通过的路径叫磁路。
2. 线圈通过电流后就会产生磁通，通过线圈的电流与线圈的匝数乘积叫磁动势。磁动势是产生磁通的原因。磁动势用 $E_m = IN$ 表示。
3. 磁通通过磁路所受到的阻碍作用叫磁阻，磁阻用 $R_m = l/\mu S$ 表示。
4. 磁路的欧姆定律用 $\Phi = E_m/R_m$ 表示，即磁通 Φ 与磁动势 E_m 成正比，与磁阻 R_m 成反比。
5. 全电流定律 $IN = \sum Hl$ 表示的是磁动势等于磁路中各段磁位差之和。
6. $\Phi = \sum \Phi_i$ 表示磁动势产生的总磁通等于各支路的磁通代数和。
7. 不显磁性的磁性物质在磁场中变得显示磁性的过程叫磁化。
8. 了解磁化曲线，掌握磁滞回线、剩磁与矫顽力。
9. 了解软磁、硬磁、矩磁材料的特点、应用以及所对应的磁滞回线。

二、线圈的互感

1. 一个线圈中的电流变化而引起另一个线圈中产生感应电动势的现象叫互感。
2. 互感系数可用 $M = \varphi_{12}/i_1 = \varphi_{21}/i_2$，或者

$$M = K \sqrt{L_1 L_2}$$

3. 互感电动势可表示为

$$e_{21} = M \frac{\Delta i_1}{\Delta t}$$

$$e_{12} = M \frac{\Delta i_2}{\Delta t}$$

4. 使两线圈感应电动势同时为正（或负）的端点叫同名端。
5. 两线圈顺串时

$$e = (L_1 + L_2 + 2M) \frac{\Delta i}{\Delta t} = L_{顺} \frac{\Delta i}{\Delta t}$$

6. 两线圈反串时

$$e = (L_1 + L_2 - 2M) \frac{\Delta i}{\Delta t} = L_{反} \frac{\Delta i}{\Delta t}$$

7. 了解涡流及涡流的应用。
8. 互相垂直安装的线圈可基本消除互感。
9. 了解金属罩的磁屏蔽技术。

三、变压器与电磁铁

1. 线圈中的感应电动势为 $E=4.44fN\Phi_m$。

2. 变压器变换电压、电流、阻抗的关系为

$$U_1/U_2 = N_1/N_2 = K$$
$$I_1/I_2 = 1/K$$
$$Z_1/Z_2 = K^2$$

当 $K>1$ 时为降压变压器，$K<1$ 时为升压变压器。

3. 了解自耦变压器、多绕组变压器、电压互感器、电流互感器、钳形电流表的结构与应用。

4. 变压器的输入功率为

$$P_1 = U_1 I_1 \cos\varphi_1$$

输出功率为

$$P_2 = U_2 I_2 \cos\varphi_2$$

$\Delta P = P_1 - P_2$ 为变压器的损耗（包括铜损、铁损）。

5. 变压器的效率为

$$\eta = \frac{P_2}{P_1} \times 100\%$$

6. 变压器铭牌上的容量表示最大视在功率、额定电流为满载时的电流、额定电压指的是空载时副绕组上的电压。

7. 直流电磁铁吸引力为

$$F = 4B_0^2 S \times 10^5$$

交流电磁铁的平均吸引力为

$$\overline{F} = B_m^2 S/4\mu_0$$

8. 了解铁磁性物质的充磁与去磁。

 习题 6

6.1 一个环形线圈，其截面积为 0.02m^2，等效周长为 0.9m，匝数为 1500，电流为 2A，试分别求介质为空气、铸钢、硅钢片时的磁场强度和磁感应强度。

6.2 一螺旋线圈，其长度为 800mm，半径为 30mm，在空气中的磁通为 $5\times10^{-5}\text{Wb}$，求该线圈的磁动势。

6.3 如图 6-32 所示的铁心为硅钢片，截面积为 $16\times10^{-4}\text{m}^2$（假设面积处处相等），等效长度为 0.5m。线圈的匝数为 500，电流为 0.3A。（1）试求磁路的磁通；（2）若保持磁通不变，在磁路中有 1mm 长的空气隙，试求所需的磁动势。

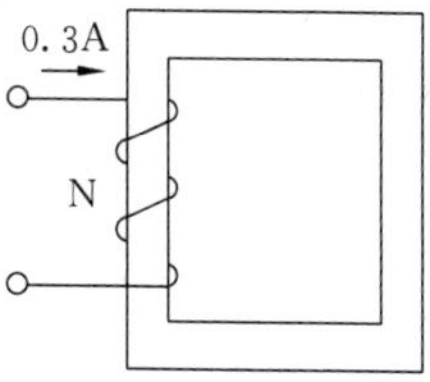

6.4 两线圈的自感分别为 $L_1=0.4\text{H}$，$L_2=0.9\text{H}$，其耦合系数为 $K=0.8$，试求这两个线圈顺串与反串时的等效自感。

6.5 试判断图 6-33 互感线圈的同名端。

图 6-32

6.6 一台变压器的原绕组匝数为 1056 匝，电压为 380V。现要在副绕组上获得 36V 的机床安全照明电压，求副绕组的匝数。若负载为两只 40W 的灯泡，不考虑变压器的损耗，求原、副绕组的电流。

6.7 机床照明灯的电压为 36V，信号灯的电压为 6V，电源电压为 220V，经降压后，给

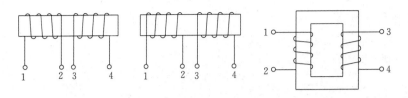

图 6-33

40W/36V 的灯泡供电,如图 6-34 所示,求:(1)两个副绕组的匝数;(2)若不考虑变压器的损耗,求原绕组的电流。

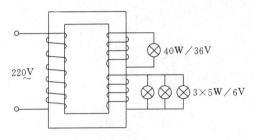

图 6-34

6.8 一晶体管收音机的输出变压器的原、副绕组匝数分别为 240 匝与 80 匝,原接扬声器阻抗为 8Ω,现改用 4Ω 的扬声器,能直接接吗? 为什么? 绕组匝数应怎样改变,才可接 4Ω 的扬声器?

6.9 电流互感器的电流比为 300/5A,若电流表的读数为 3.5A(二次测电流),求供电线路(一次绕组)中的电流。

6.10 电压互感的电压比为 10000/100V,电压表的读数为 75V,求供电线路的电压。

6.11 如图 6-35 所示,$I_2 = 3.33A$,$I_1 = 0.64A$,求:(1)原、副绕组的功率;(2)变压器的损耗及效率。此时 I_1、I_2 还满足 $I_1 = I_2/K$ 吗? 为什么?

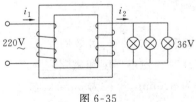

图 6-35

6.12 一直流电磁铁,接通电源后,在衔铁和铁心之间的气隙中,$B_0 = 1.4T$,衔铁和磁极相对的有效面积为 $8cm^2$,求电磁吸力。

6.13 交、直流电磁铁在吸合衔铁过程中,电磁吸力随气隙的减小是怎样变化的?

[探索与研究]

1.请在实验室选取适当的器材,分别用交流电压源与直流电压源测出图 6-36 中线圈 B 和 C 的同名端。说出测量原理。

2.你能绕制出一个互感电动势之和为零的无感线圈吗? 试试看,说明你制作的理由。

图 6-36

第7章

信号传输与系统概述

　　无线电信号的传输频率是很高的,高频信号达到几百兆赫(MHz),低频信号也达到几十到几百千赫(kHz)。如无线电广播的中频信号最低约为 500kHz,高频达到上百兆赫,电视信号传播频率在几十至几千兆赫范围;雷达信号、无线电导航信号的频率约为几十至几十万兆赫;移动通信的工作频率在几十至几百兆赫。详细的无线电波段的划分见表 7.1。

　　在广播、无线电通信系统中,人的声音频率在几百赫兹左右,那么音频信号是怎样用无线电高频信号传播出去的呢?接收机又是怎样接收无线电信号并把它还原成语言信号的呢?

　　通过本章的学习,读者对以上提出的问题会有个初步的了解。

表 7.1　无线电信号波段的划分

波段名称	频段名称	波长范围	频率范围	用　途
超长波	甚低频 VLF	$(10^4 \sim 10^5)$m	$(30 \sim 3)$kHz	海上远距离通信
长波	低频 LF	$(10^3 \sim 10^4)$m	$(300 \sim 30)$kHz	超远程无线电通信和导航
中波	中频 MF	$(2 \times 10^2 \sim 10^3)$m	$(1500 \sim 300)$kHz	无线电广播
中短波	中高频 IF	$(50 \sim 2 \times 10^2)$m	$(6 \sim 1.5)$MHz	电报通信
短波	高频 HF	$(10 \sim 50)$m	$(30 \sim 6)$MHz	无线电广播、电报通信
米波	甚高频 VHF	$(1 \sim 10)$m	$(300 \sim 30)$MHz	无线电通信、电视广播导航
分米波	特高频 UHF	$(10^4 \sim 10^5)$m	$(3000 \sim 300)$MHz	电视、雷达、无线电导航
厘米波	超高频 SHF	$(10^{-2} \sim 10^{-1})$m	$(3 \times 10^4 \sim 3 \times 10^3)$MHz	雷达、卫星通信、接力通信
毫米波	极高频 EHF	$(10^{-3} \sim 10^{-2})$m	$(3 \times 10^5 \sim 3 \times 10^4)$MHz	电视、雷达、无线电导航
亚毫米波	超极高频	10^{-3}m 以下	3×10^5 MHz 以上	无线电接力通信

7.1　谐振电路

*7.1.1　串联谐振电路

1. 串联谐振电路的特点

我们知道,在 RLC 串联电路中,如果 $X_L = X_C$,电路就发生串联谐振。其谐振角频率为

$$\omega = \omega_0 = \frac{1}{\sqrt{LC}} \tag{7-1}$$

或谐振频率为

$$f = f_0 = \frac{1}{2\pi\sqrt{LC}} \tag{7-2}$$

RLC 串联电路有如下特点:

2. 谐振时电路呈纯电阻性

因为 $X_L = X_C$,所以阻抗 $|Z| = \sqrt{R^2 + X^2} = R$,且为最小,此时

$$\varphi = \arctan \frac{X}{R} = 0$$

即电路中的电流与总电压同相位。

3. 谐振时电路中的电流

RLC 串联电路发生揩振时因为 $Z=R$，且为最小，所以电路中的电流

$$I = I_0 = \frac{U}{|Z|} = \frac{U}{R}$$

为最大。

4. 谐振时电路中的能量

在 RLC 串联谐振电路中，电阻消耗有功功率，且 $P=UI$。电感与电容不再和电源发生能量交换，此时电感和电容之间发生磁场能量和电场能量的交换。

5. 品质因数

RLC 串联电路谐振时

$$U_L = U_C = I_0 X_L = I_0 X_C$$

而

$$I_0 = \frac{U}{R}$$

所以

$$U_L = U_C = \frac{\omega_0 L}{R}U = \frac{1}{\omega_0 CR}U = QU \qquad (7\text{-}3)$$

Q 为 RLC 串联电路的品质因数，即

$$Q = \frac{\omega_0 L}{R} = \frac{1}{\omega_0 CR} \qquad (7\text{-}4)$$

串联谐振时，Q 值较大，可达几十到几百，因为 $U_L = U_C = QU$，所以，当传输信号较弱时，在电感或电容上可获得几十至几百倍的信号电压，这一特点在信号的传输与接收过程中有着广泛的应用，而在电力工程上则要防止发生串联谐振，过高的电压会损坏线圈或电容器。

例 7.1 在 RLC 串联谐振电路中，$L=5\text{mH}$，$C=20\text{pF}$，$Q=100$，总电压的有效值 $U=15.7\text{mV}$，求：(1)电路的谐振频率；(2)电流 I_0；(3)电容上的电压 U_C。

解：电路的谐振频率

$$f_0 = \frac{1}{2\pi\sqrt{LC}} = \frac{1}{2 \times 3.14 \times \sqrt{5 \times 10^{-3} \times 20 \times 10^{-12}}} \approx 5 \times 10^5\,\text{Hz}$$

电路中的电阻

$$R = \frac{2\pi f_0 L}{Q} = \frac{2 \times 3.14 \times 5 \times 10^{-3}}{100} = 314\,\Omega$$

电路中的电流

$$I_0 = \frac{U}{R} = \frac{15.7}{314} = 0.05\text{mA}$$

电容 C 上的电压

$$U_C = QU = 100 \times 15.7 \times 10^{-3} = 1.57\text{V}$$

从 $U_C = QU$ 可以看出：电路发生串联谐振时，电容或电感上的电压常会远大于电源电压。

（二）串联谐振电路的选频特性

同学们使用的收音机能收到数十个广播电台，这些电台的信号通过无线电波传到收音机

的接收电路,我们经过调谐电路,选择到所要收听的电台,其他电台的信号全被滤除掉。收音机具有选台(选频)功能,利用的就是串联谐振电路的选频特性。

1. 串联电路的选频特性

电路的品质因数 Q 是谐振电路的一个重要参数,Q 值的大小对选频有很大的影响。我们可以把电流随频率变化的关系描绘成曲线,来研究 Q 值对选频特性的影响。

可以证明,电流随频率变化的关系为

$$I(f) = I_0 \frac{1}{\sqrt{1 + Q^2 \left(\frac{f}{f_0} - \frac{f_0}{f} \right)}} \tag{7-5}$$

函数 $I(f)$ 所描绘的曲线叫谐振曲线,如图 7-1 所示,是 Q 值分别为 $50, 20, 10$ 所描绘的谐振曲线。从图中可以看到:Q 值越大,曲线越陡;Q 值越小,曲线越平坦。$Q=50$ 时曲线很陡,$f=f_0$ 时,对应的电流 $I=I_0$ 最大,$Z=R$ 最小,当 f 增大或减小时,I 迅速减小,其阻抗 Z 增加较快,说明 $f=f_0$ 的信号最容易通过,而对其他频率,特别是远离 f_0 的频率有抑制作用。当 $Q=10$ 时,曲线较平坦,在 f_0 的左右,随 f 的增加或减小,I 减小的较慢,即阻抗 Z 增加的较慢。说明 $Q=10$ 时,对 f_0 左右两边的频率抑制性较差。由此可知 Q 值越大,谐振电路的选频特性越好。

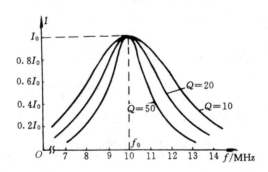

图 7-1 品质因数与 $I(f)$ 曲线的关系

在无线电通信技术中,每个接收机(如手机、电视机)都要用到谐振电路的选频特性,从各种不同频率的信号中选到所需要的信号。

2. 串联谐振的通频带

在电台或电视台播放音乐节目时,即有高音、中音,又有低音,为了使这些音频在发射或接收时不失真,发射或接收这些音频信号时就要占用一定的频带宽度。如图 7-2 所示,规定 I 下降到 I_0 的 $\frac{1}{\sqrt{2}}$ 倍或 $I = \frac{1}{\sqrt{2}} I_0 = 0.707 I_0$ 时,所对应的频带宽度 $f_2 - f_1$ 称为通频带,可以证明通频带 Δf 为

$$\Delta f = f_2 - f_1 = \frac{f_0}{Q} \tag{7-6}$$

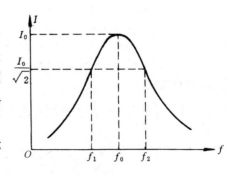

图 7-2 通频带示意图

由式(7-6)可知:品质因数 Q 越大,通频带越窄,但选频特性越好;Q 值越小,通频带越宽,

但选频特性下降。在信号的传输与接收过程中，即要考虑选频特性，又要兼顾通频带，两者要综合考虑。

例 7.2　收音机的输入回路可以看成是一个 RLC 串联选频电路，其中 C 是可调电容，其调节范围为 $42.5\text{pF} \sim 360\text{pF}$，$L = 0.233\text{mH}$，试求收音机所接收信号的频率范围。

解：最高接收频率为 $C_1 = 42.5\text{pF}$ 时，则

$$f_{02} = \frac{1}{2\pi \sqrt{LC_2}} = \frac{1}{2\pi \sqrt{0.233 \times 10^{-3} \times 42.5 \times 10^{-12}}} \approx 1600 \times 10^3 \text{Hz}$$

最低接收频率为 $C_1 = 360\text{pF}$ 时，则

$$f_{01} = \frac{1}{2\pi \sqrt{LC_1}} = \frac{1}{2\pi \sqrt{0.233 \times 10^{-3} \times 360 \times 10^{-12}}} \approx 550 \times 10^3 \text{Hz}$$

f_{01} 到 f_{02} 就是收音机所能接收的中频信号范围，即 $(550 \sim 1600)\text{kHz}$。

*7.1.2　并联谐振电路

1. RLC 并联电路

如图 7-3 所示，在 RLC 并联电路中，如果 $X_L = X_C$，则 $I_L = I_C$，但方向相反，总电流 $\dot{I} = \dot{I}_L + \dot{I}_C + \dot{I}_R$，此时电路发生并联谐振，谐振的角频率为

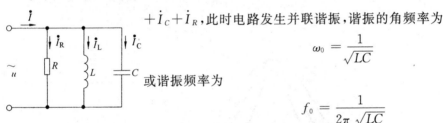

$$\omega_0 = \frac{1}{\sqrt{LC}}$$

或谐振频率为

$$f_0 = \frac{1}{2\pi \sqrt{LC}}$$

图 7-3　RLC 并联电路　并联谐振电路的特点如表 7.2 所示。

表 7.2　串、并联谐振电路的特点

	串　联	并　联
电流	$I = \dfrac{U}{R}$ 最大	$I = \sqrt{I_R^2 + (I_L - I_C)^2} = I_R$ 最小
阻抗	$|Z| = R$ 最小	$|Z| = \dfrac{U}{I}$ 最大
谐振频率	$f_0 = \dfrac{1}{2\pi \sqrt{LC}}$	$f_0 = \dfrac{1}{2\pi \sqrt{LC}}$
相位	$\varphi = \arctan \dfrac{U_L - U_C}{U_R} = 0$	$\varphi = \arctan \dfrac{I_L - I_C}{I_R} = 0$

2. 特性阻抗

在 RLC 串联与 LC 并联谐振电路中，其 $\omega_0 L$ 和 $\dfrac{1}{\omega_0 C}$ 均叫特性阻抗，用 ρ 表示

$$\rho = \omega_0 L = \frac{1}{\omega_0 C} = \frac{L}{\sqrt{LC}} = \sqrt{\frac{L}{C}} \tag{7-7}$$

特性阻抗的单位：L 的单位为 H，C 的单位为 F 时，ρ 的单位为 Ω。串联谐振电路的品质因数可以表示为

$$Q = \frac{\rho}{R} = \frac{\omega_0 L}{R} = \frac{1}{\omega_0 CR} = \frac{1}{R}\sqrt{\frac{L}{C}} \tag{7-8}$$

3. 电感与电容并联的谐振电路

LC 并联谐振电路在实际应用中较为多见。实际元件的 LC 并联电路如图 7-4(a)所示,R 为线圈的等效电阻,电容器在交流电路中的电阻可以忽略不计。

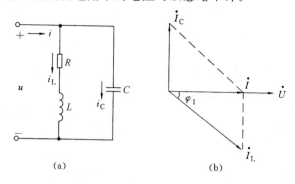

图 7-4 实际电感与电容的并联电路及并联谐振的相量图

从图 7-4(b)中可以看出,LC 并联电路谐振时,$\dot{I}_L$ 的垂直分量与 $\dot{I}_C$ 大小相等,方向相反。电路中的总电流 $\dot{I}$ 是 $\dot{I}_L$ 的水平分量 $\dot{I}_0$,与总电压同相位,所以这时电路呈纯电阻性。

可以证明,LC 并联谐振电路的谐振频率为

$$f_0 = \frac{1}{2\pi \sqrt{LC}} \sqrt{1 - \frac{CR^2}{L}} \tag{7-9}$$

在一般情况下

$$\sqrt{\frac{L}{C}} \gg R$$

即

$$\frac{CR^2}{L} \approx 0$$

所以 f_0 近似为

$$f_0 = \frac{1}{2\pi \sqrt{LC}} \tag{7-10}$$

LC 并联电路谐振时的特点如下:

(1) 由 $I_0 = I_L \cos\varphi_1$ 及 $f_0 = \frac{1}{2\pi \sqrt{LC}} \sqrt{1 - \frac{CR^2}{L}}$ 可以导出,LC 并联谐振时的总阻抗为

$$|Z| = R_0 = \frac{L}{CR} \tag{7-11}$$

且 $Z = R_0$ 呈纯电阻性。R 越小,R_0 越大,当 R 趋近于零时,R_0 为无穷大,这时就是理想的电感、电容的并联谐振电路,电路的总电流为零,不消耗有功功率,电感与电容之间进行电场能量与磁场能量的交换。

(2) 特性阻抗与品质因数。LC 并联电路发生谐振时,特性阻抗为

$$\rho = \sqrt{\frac{L}{C}}$$

品质因数为

$$Q = \frac{\omega_0 L}{R} = \frac{\rho}{R}$$

（3）总电流与总电压的数量关系。LC并联电路发生谐振时总电压与总电流的关系为

$$U = IR_0 = I\frac{L}{CR}$$

（4）在理想状态下，支路电流是总电流的 Q 倍，即

$$I_L = QI_0$$

$$I_C = QI_0$$

当外加信号源的频率等于LC并联电路的谐振频率时，谐振阻抗最大，且远大于信号源的内阻，这样就可以在电容 C 两端获得较高的信号电压，当信号源频率逐渐远离谐振频率时，LC并联电路的总阻抗会明显减小，从LC并联电路上输出的信号电压会明显减弱，这就体现了LC并联谐振电路的选频特性。电视机、收音机的中频电路就常用LC并联谐振电路作为选频电路。

并联谐振与串联谐振电路的选频特性曲线基本相同。图7-5是不同 Q 值的阻抗谐振曲线，同学们可以根据特性曲线的形状，自己分析 $|Z|$ 随 Q 值的变化及其对信号的选择性。

例7.2 在电感线圈与电容器并联的电路中，$L = 0.1\text{mH}$，$C = 100\text{pF}$，外加电压为 10V，品质因数 $Q = 100$，试求：谐振电路的总电流，各支路的电流，电感两端的电压和回路吸收的功率。

解：谐振阻抗为

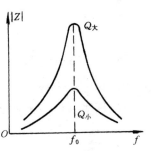

图 7-5 Q 值与阻抗谐振曲线的关系

$$R_0 = \frac{L}{CR} = \frac{L\omega_0}{CR\omega_0} = \frac{Q}{C\omega_0} = Q\rho = Q\sqrt{\frac{L}{C}}$$

$$= 100 \times \sqrt{\frac{100 \times 10^{-6}}{100 \times 10^{-12}}} = 100\text{k}\Omega$$

电路中的总电流为

$$I = \frac{E}{R_0} = \frac{10}{100 \times 10^3} = 10^{-4}\text{A} = 0.1\text{mA}$$

电容及电感支路电流分别为（电感的电阻此时忽略）

$$I_C = QI = 100 \times 0.1 = 100\text{mA}$$

$$I_L = QI = 100 \times 0.1 = 100\text{mA}$$

电感两端的电压

$$U_L = I\omega_0 L = IR_0 = 10^{-4} \times 100 \times 10^3 = 10\text{V}$$

回路吸收的功率

$$P = I^2 R_0 = (1 \times 10^{-4})^2 \times 100 \times 10^3 = 10^{-3}\text{W} = 1\text{mW}$$

7.1.3 RC串联电路的频率特性

在RC串联电路中，由于 $X_C = \frac{1}{\omega C} = \frac{1}{2\pi f C}$，当频率 f 小时，X_C 就大，对低频信号传输的阻碍作用就大，当 f 大时，X_C 就小，对高频信号传输的阻碍作用就小。利用电容器这一特性，我们就可以制成低通滤波器和高通滤波器。

1. 低通滤波电路

如图7-6所示，在RC串联电路中，在电容器上取输出电压，构成的就是低通滤波电路。通过 $U_2(\omega)$ 与 $U_1(\omega)$ 的幅值之比，可以研究出 $U_2(\omega)$ 随 ω 增加而衰减的过程，当 $\omega = 0$ 时，

电容 C 相当于开路,幅值之比 $U_2(\omega)/U_1(\omega)=1$;当 $\omega\rightarrow\infty$ 时,$X_C\rightarrow 0$,这时 $U_2(\omega)/U_1(\omega)\approx 0$。由此可见,$U_2(\omega)/U_1(\omega)$ 在(1~0)之间变化,其变化规律如图 7-7 所示。

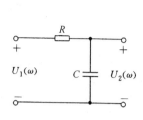

图 7-6　低通滤波电路

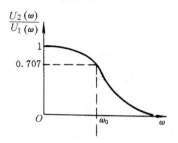

图 7-7　低通滤波器的通频带

当 $U_2(\omega)$ 下降到 $U_1(\omega)$ 的 0.707 时,所对应的频率 ω_0 叫截止频率。即 $\omega>\omega_0$ 以后,输入信号 $U_1(\omega)$ 的高频分量基本上被电容器滤除掉,而把 $0<\omega<\omega_0$ 叫低通滤波器的通频带。

2. 高通滤波器

如图 7-8 所示,在 RC 串联电路的电阻 R 上取输出电压,构成的就是高通滤波器。

当 $\omega=0$ 时,X_C 为 ∞,相当于开路,$U_2(\omega)=0$,当 $\omega\rightarrow\infty$ 时,$X_C\rightarrow 0$,$U_2(\omega)\approx U_1(\omega)$。图 7-9 是 $U_2(\omega)$ 与 $U_1(\omega)$ 的幅值之比随 ω 增加而增加的变化规律。从图中看出:$\omega=0$ 时,$U_2(\omega)/U_1(\omega)=0$;当 $\omega\rightarrow\infty$ 时,$U_2(\omega)/U_1(\omega)\approx 1$,$\omega=\omega_0$ 时,$U_2(\omega)/U_1(\omega)=0.707$,$\omega\geq\omega_0$ 的部分叫通频带,$\omega<\omega_0$ 的部分为截止区,即 $\omega<\omega_0$ 的低频分量基本被滤除掉。

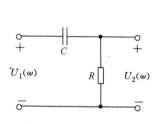

图 7-8　高通滤波电路

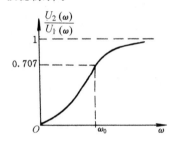

图 7-9　高通滤波器的通频带

3. 带通滤波器

低通滤波器具有抑制高频信号的特点,高通滤波器具有抑制低频信号的特点,把两者结合起来,就构成了带通滤波器。图 7-10 是带通波器的电路。可以证明输出电压的幅值 $U_2(\omega)$ 与输入电压 $U_1(\omega)$ 的幅值之比为 1:3,其变化规律如图 7-11 所示。

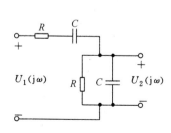

图 7-10　带通滤波电路

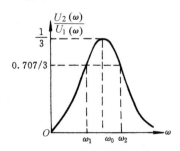

图 7-11　带通滤波器的通频带

从图 7-11 中可以看出，$\omega=\omega_0$ 时，$U_2(\omega)/U_1(\omega)$ 最大，为 1/3。低频的截止频率为 ω_1，高频的截止频率为 ω_2，此时 $U_2(\omega)/U_1(\omega)$ 为峰值时的 0.707/3，通频带为

$$\Delta\omega = \omega_2 - \omega_1$$

 思考与练习题

1. 写出 RLC 串联电路的谐振频率表达式，串联谐振有什么特点？
2. 操作收音机的选台旋钮或电感"中周"，注意某一台的声音变化，说明其原因？
3. 写出品质因数与带宽的表达式，两者对选频特性有什么影响？
4. RLC 并联谐振电路有什么特点？写出谐振频率表达式。
5. 什么叫特性阻抗？写出品质因数与特性阻抗的关系式。
6. 写出 LC 并联谐振时的总阻抗，此时阻抗呈何性质？
7. RC 串联电路怎样才能构成低通、高通滤波器？为什么？
8. 带通滤波器是怎样构成的？

* 7.2 非正弦周期信号

在直流电路与正弦交流电路中，我们已经学过了直流信号（恒定不变的信号）和正弦交流信号（按正弦规律变化的信号）。生产和生活中，我们常接触到直流电和交流电。在实际应用中还接触到非正弦信号，如可控硅的自动控制系统要用脉冲信号控制晶闸管的导通与截止，计算机及通信系统常用到数字信号或不同频率正弦信号的叠加（叠加后产生的是非正弦信号）。非正弦周期信号通常都可展开成不同频率的正弦波。

7.2.1 非正弦周期波

按正弦规律变化的交流电叫正弦交流电，不按正弦规律变化的交流电叫非正弦交流电。常见的非正弦交流电如图 7-12 所示，图 7-12(a) 为方波，图 7-12(b) 为三角波，图 7-12(c) 为锯齿波，图 7-12(d) 为尖脉冲。

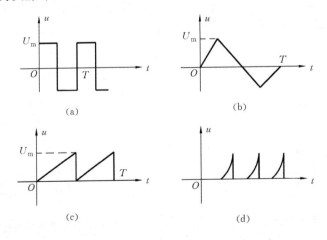

图 7-12 常见非正弦交流电的波形

非正弦周期信号多数都可用不同频率的正弦信号叠加而产生。我们先来看一下图 7-13 (a)电路中的两个正弦信号 e_1 和 e_2 及它们叠加后的信号：

$$e = e_1 + e_2 = E_{1m}\sin\omega t + E_{2m}\sin 3\omega t$$

叠加后的波形如图 7-13(b)所示，正弦量 e_1 与 e_2 叠加后的波形已不再是正弦波。电路中的非线性元件，如晶体管、电容、电感等都可以用来产生非正弦周期波。

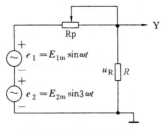

（a）两个不同频率正弦量相加

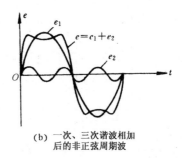

（b）一次、三次谐波相加后的非正弦周期波

图 7-13　两正弦量的叠加电路及叠加后的非正弦周期波

7.2.2　非正弦周期波的分解

在图 7-13 中，两个不同频率的正弦波合成结果为非正弦周期波，实际上，可以根据需要，用不同频率的正弦波（按照一定规律分布的正弦波级数）叠加得到不同波形的交流量。同样，非正弦周期波也可以分解成不同频率的正弦波。各种非正弦波及其谐波表达式见表 7.3。

所谓谐波，就是组成非正弦交流信号的各个交流分量，而且每一个分量都叫谐波分量。

谐波分量按其角频率 $\omega, 2\omega, 3\omega\cdots$ 依次叫一次谐波（也称基波）、二次谐波、三次谐波……。对非正弦波分解时，除了各交流分量外，有时还存在直流信号，直流信号我们可以称之为零次谐波。根据 ω 前的系数是奇数还是偶数，谐波还可以分为奇次谐波与偶次谐波。

表 7.3　常见波形及其谐波表达式

名　称	波　形	谐波表达式
矩形波		$u(t) = \dfrac{4U_m}{\pi}\left(\sin\omega t + \dfrac{1}{3}\sin 3\omega t + \dfrac{1}{5}\sin 5\omega t + \cdots\right)$
等腰三角波		$u(t) = \dfrac{8U_m}{\pi^2}\left(\sin\omega t - \dfrac{1}{9}\sin 3\omega t + \dfrac{1}{25}\sin 5\omega t + \cdots\right)$
锯齿波		$u(t) = \dfrac{U_m}{2} - \dfrac{U_m}{\pi}\left(\sin 2\omega t + \dfrac{1}{2}\sin 4\omega t + \dfrac{1}{3}\sin 6\omega t + \cdots\right)$

名　称	波　形	谐波表达式
正弦波全波整流		$u(t) = \dfrac{4U_{\mathrm{m}}}{\pi}\left(\dfrac{1}{2} - \dfrac{1}{3}\cos 2\omega t - \dfrac{1}{15}\cos 4\omega t - \dfrac{1}{35}\cos 6\omega t + \cdots\right)$
方形脉冲		$u(t) = \dfrac{U_{\mathrm{m}}}{2} + 2\dfrac{U_{\mathrm{m}}}{\pi}\left(\sin\omega t + \dfrac{1}{3}\sin 3\omega t + \dfrac{1}{5}\sin 5\omega t + \cdots\right)$
正弦半波整流波		$u(t) = \dfrac{2U_{\mathrm{m}}}{\pi}\left(\dfrac{1}{2} + \dfrac{1}{4}\sin\omega t - \dfrac{1}{3}\cos 2\omega t - \dfrac{1}{15}\cos 4\omega t + \cdots\right)$

7.2.3　非正弦周期波的有效值和平均功率

分析非正弦交流电路时，我们常常要用到电流、电压的有效值，有时还要用到平均值。

1. 有效值

非正弦交流电的有效值的定义和正弦交流电的有效值定义相同。当时间相同时，非正弦交流电的电流流经电阻 R 产生的热量与一直流电流流经相同的电阻 R 所产生的热量相同时，该直流电就叫作非正弦交流电的有效值。

若非正弦周期电流与电压的谐波分量表达式如下：

$$i = I_0 + \sqrt{2}\,I_1\sin(\omega t + \varphi_1) + \sqrt{2}\,I_2\sin(2\omega t + \varphi_2) + \cdots$$

$$u = u_0 + \sqrt{2}\,u_1\sin(\omega t + \varphi_1) + \sqrt{2}\,I_2\sin(2\omega t + \varphi_2) + \cdots$$

则有效值可由下式求得

$$I = \sqrt{I_0^2 + I_1^2 + I_2^2 + \cdots} \tag{7-12}$$

$$U = \sqrt{U_0^2 + U_1^2 + U_2^2 + \cdots} \tag{7-13}$$

可见非正弦周期波的电流、电压的有效值为各谐波分量电压或电流的有效值的平方和的平方根。

2. 平均功率

与正弦交流电路一样，在非正弦交流电路中，只有电阻才消耗有功功率，而电容、电感是不消耗有功功率的。

如果用谐波分量表示非正弦交流电，则平均功率为

$$P = U_0 I_0 + U_1 I_1 \cos\varphi_1 + U_2 I_2 \cos\varphi_2 + \cdots \tag{7-14}$$

即非正弦交流电的平均功率为各次谐波所产生的功率之和。式（7-14）中 φ_1、$\varphi_2\cdots$ 为各次谐波的电压与电流相位差。

例 7.2　某一非正弦电压和电流的零次、基波、二次谐波的表达式为

$$u = 40 + 60\sqrt{2}\sin(\omega t + 78°) + 40\sqrt{2}\sin(2\omega t + 18°)$$

$$i = 1 + 2\sqrt{2}\sin(\omega t + 18°) + \sqrt{6}\sin(2\omega t + 48°)$$

求平均功率与电流、电压的有效值。

解： 平均功率为

$$P = U_0 I_0 + U_1 I_1 \cos\varphi_1 + U_2 I_2 \cos\varphi_2$$
$$= 40 \times 1 + 60 \times 2 \times \cos60° + 40\sqrt{3} \times \cos(-30°) = 160\text{W}$$

电压有效值为

$$U = \sqrt{U_0^2 + U_1^2 + U_2^2} = \sqrt{40^2 + 60^2 + 40^2} = 10\sqrt{68} \approx 82.5\text{V}$$

电流有效值为

$$I = \sqrt{I_0^2 + I_1^2 + I_2^2} = \sqrt{1^2 + 2^2 + \sqrt{3}^2} = 2\sqrt{2} \approx 2.83\text{A}$$

3. 平均值

非正弦交流量的平均值也是一个常用的量，如在电工仪表中应用就较为广泛。现把平均值的概念简单介绍如下。

以等腰三角波为例，为了求得电压的平均值，我们可以把它分成一个个非常小的时间单元，如图 7-14 所示，一个周期共分成 n 个小区间，每个小区间的电压分别用 $U_1, U_2 \cdots U_i$ 表示，那么平均电压就可以表示成

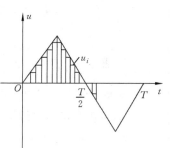

图 7-14　求周期交流信号平均值的示意图

$$\overline{U} = \frac{1}{T}\sum_{i=1}^{n} |U_i| \tag{7-15}$$

$\overline{U}$ 表示一个周期内的电压平均值，U_i 要加绝对值符号，因为该交流量的平均值为零，但是对负载的平均作用效果不为零。

常见的非正弦交流电压、电流的平均值见表 7.4。

表 7.4 几种常见的非正弦周期波的平均值与有效值

名　称	矩形波	半波整流波	全波整流波	锯齿波	方波
有效值	U_m, I_m	$\dfrac{U_m}{2\sqrt{2}}, \dfrac{I_m}{2\sqrt{2}}$	$\dfrac{U_m}{\sqrt{2}}, \dfrac{I_m}{\sqrt{2}}$	$\dfrac{U_m}{\sqrt{3}}, \dfrac{I_m}{\sqrt{3}}$	$\dfrac{U_m}{2}, \dfrac{I_m}{2}$
平均值	U_m, I_m	$\dfrac{U_m}{\pi}, \dfrac{I_m}{\pi}$	$\dfrac{2U_m}{\pi}, \dfrac{2I_m}{\pi}$	$\dfrac{U_m}{2}, \dfrac{I_m}{2}$	$\dfrac{U_m}{2}, \dfrac{I_m}{2}$

 思考与练习题

1. 什么叫基波、二次谐波？什么叫直流分量？写出表 7.3 中方形脉冲的直流分量与二次、三次谐波。

2. 写出非正弦周期波谐波分量的电流、电压有效值表达式。写出其平均功率的表达式。

*7.3　信号与系统概述

7.3.1　信号的基本知识

在日常生活中有很多信息要传递出去，如电视台各种图文节目、广播电台的新闻等，这些

要发布的信息都是通过无线电信号传输出去的。信号是消息的表现形式，信息是信号的内容。中国的古长城每隔一定的距离都有一个烽火台，当遇到敌情时，就可点燃烽火台报警。这里，点火是信号，信号的内容是遇到敌情。古时候通信技术落后，只能靠烽火台、信鸽、快马等来传递信息，随着现代科学技术的不断进步，通信技术更是日新月异的发展。现在传递信息，已发展到用数字信号来完成。除了数字信号外，我们在通信技术中还常遇到模拟信号、直流信号、随机信号等。

1．直流信号与交流信号

在电信号的传递过程中，其大小不随时间而改变的信号就是直流信号，如直流电流、直流电压等。

在电信号的传递过程中，其大小随时间而改变的信号就是交流信号，如正弦交流电流、正弦交流电压，脉冲电压等。

2．周期信号与非周期信号

周期信号指的是按照一定的规律，每间隔相等的时间就周而复始出现的信号。它们的表达式可写为

$$F(T) = F(t + nT) \qquad (n = 0, \pm 1, \pm 2 \cdots)$$

式中，T 是信号的周期，每间隔 $t = T$ 时，信号就反复出现一次。

非周期信号不具有周而复始的特性。

3．确定信号与随机信号

如果信号可表示成时间的函数，信号与时间按照一定的规律有一一对应的关系，这样的信号就是确定信号。

没有一定规律，在时间上又具有不确定性的信号，就是随机信号。如在收听收音机节目时，突然出现啸叫，就是随机信号干扰了正常信号。有的随机信号具有统计规律，有的随机信号不具有统计规律。

4．模拟信号与数字信号

模拟信号指的是时间和幅值都连续变化的信号。例如广播电台是把人的连续变化的语音变成连续变化的电信号发送出去，人的语音与电台发送的电信号就是模拟信号。图 7-15 是广播电台把音频信号变成模拟调幅信号。

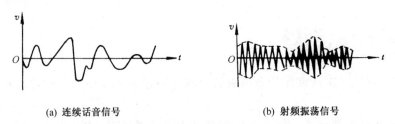

(a) 连续话音信号　　　　　　　(b) 射频振荡信号

图 7-15　调幅波信号示意图

数字信号通常指的是离散信号，即信号的幅度是限定的某些离散值，信号随时间的分布也是离散的（时间、幅度的取值都是离散的）。例如信号：

$$f(t) = \begin{cases} 1 & t = \tau \\ 0 & t = 2\tau \\ 0 & t = 3\tau \\ 1 & t = 4\tau \\ 2 & t = 5\tau \end{cases}$$

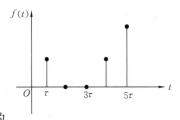

的幅值随时间的变化可描绘成图 7-16。这里的 τ 为信号间隔的最小时间宽度,而离散信号出现的时间必定为 τ 的整数倍。

图 7-16 数字信号分布图

我们常把数字信号的幅值叫电平,数字信号可以只有"0"、"1"(低电平、高电平)两个电平,也可以是多电平信号。数字信号在计算机与数字通信系统中得到了非常广泛的应用。

7.3.2 无线电信号的传输

1. 无线电波的频率与波长

我们知道,无线电波是用电磁波的形式发射出去的,它的传播速度与光速相等,即

$$C = 3.0 \times 10^8 \, \text{m/s}$$

无线电波在一个振荡周期 T 内传播的距离叫波长,用 λ 表示,单位为 m。单位时间 1 秒钟内振荡的周期数叫频率,用 f 表示,单位为 Hz(赫兹)。

频率、波长、光速之间的关系为

$$C = \frac{\lambda}{T} = f\lambda \tag{7-16}$$

由式(7-16)可知:频率越低,波长越长;频率越高,波长越短。例如 $f=50\,\text{Hz}$ 时,$\lambda=0.6\times10^7\,\text{m}$,$f=300\times10^6\,\text{Hz}$ 时,$\lambda=1\,\text{m}$。

无线电波是通过天线发射出去的,而波长越长,要求天线越长,要用无线电波发射几十、几百赫兹(Hz)的电磁波是很困难的。要想通过电磁波把音频信号发射出去,只有对音频信号进行调制,而收音机要想接收到广播信号,必须对调制信号进行解调。

(二) 调制信号与解调信号

1. 载波

音频信号要用电磁波发射是很困难的,但是我们可以把音频信号"装载"到高频信号上,然后通过高频信号把它发射出去.

在无线电通信中,通过高频振荡电路产生的高频、等幅电磁波,叫载波。载波是用来运载低频信号的。

2. 调制

用低频信号控制高频载波的过程叫调制,低频信号叫调制信号。如果载波的幅度受调制信号控制,这种调制叫调幅;如果载波的频率受调制信号控制,这种调制叫调频;如果载波的相位受调制信号控制,这种调制叫调相。

图 7-17 是调幅、调频、调相的波形图

3. 解调

从已调制的波形中将低频信号还原出来的过程叫做解调。从调幅波中解调出低频信号叫

检波，从调频波中解调出低频信号叫鉴频。关于调制、解调的理论。同学们可以参阅无线电通信或收音机、电视机等相关书籍。

7.3.3　系统与网络简介

在 20 世纪 80 年代，身在异地的两个人要取得联系，多数情况采用的是写信，信息交换间隔的时间较长，到了 20 世纪 90 年代，电话得到普及，短的信息可通过电话进行交换。到了 20 世纪末期无线电通信系统、计算机网络的形成，人们要索取信息、交换信息已进步到随时随地都可进行。

系统和网络是现代科技色彩浓厚，含义相近的两个词语。

系统是由若干相互作用和相互依赖的事物组合而成的具有特定功能的整体。

在电工、电子及相关的学科中，电路都可称做网络。在现代信息科学技术领域中，网络则泛指通信网或计算机网。从这一点来看，系统与网络没什么区别。

下面介绍几种常见的系统、网络，以加深对系统、网络及信息传输过程的认识。

图 7-18 是无线电广播与接收系统示意图，图 7-18(a)是无线电广播发射示意图，图 7-18(b)是收音机接收无线电信号示意图。

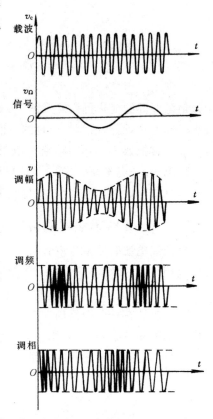

图 7-17　调幅、调频、调相的波形图

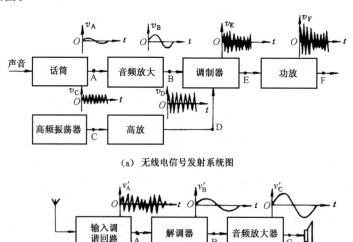

(a)　无线电信号发射系统图

(b)　无线电信号接收系统图

图 7-18　无线电广播与接收系统图

从图 7-18(a)中可以看出，无线电广播发射系统的作用是声波通过话筒转换成音频电信号 v_A，经放大后的音频信号 v_B 通过调制器控制载波形成调幅波 v_E，经放大后的信号 v_F 由天线发射出去。

由图 7-18(b)可看到,接收系统(收音机)由调谐回路选出所需的电台调制信号 v'_A,由解调器检出音频信号 v'_B,经音频放大后由喇叭还原成声频信号 v'_C。

图 7-19 是全球计算机网络示意图。

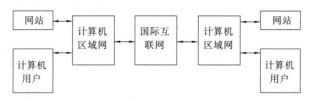

图 7-19　计算机网络示意图

在图 7-19 中国际互联网(Internet 或称因特网)与区域网、各网站、计算机用户信息都是双向传输的,也就是说一台上网的计算机可以与世界上任何一个网站或上网计算机进行信息交换。网上可以学习、购物、娱乐等等。

计算机用户是通过电话线上网的,电话线传递的是模拟信号,而计算机采用的是数字信号,所以上网的计算机都要配置一个调制解调器,把计算机发送出去的信号转变成模拟信号,而把接收到的模拟信号转变成计算机可接收的数字信号。

图 7-20 是无线电通信系统示意图。

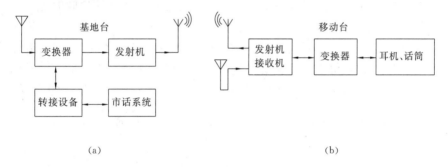

(a)　　　　　　　　　　　　　　　　　　(b)

图 7-20　无线电通信示意图

移动台指的是手机及其手机用户。

基地台是一个地区的固定通信电台,它负责该地区移动台的信息交换,它还负责通过其他地区的基地台进行跨地区的移动台信息交换。

我们把各地区基地台构成的无线电通信系统叫做蜂窝移动无线电话系统。一个地区叫做一个蜂窝,每个蜂窝内的移动台通信频率不同,但不同蜂窝内移动台的频率则可以相同,这就极大地提高了无线电通信频率的利用率。

一个地区的移动台到另一个地区,基地台会通过自动控制系统进行自动交接,使移动台到任一基地台区域都可使用,这就是所谓的漫游,现在采用的数字通信系统已可做到全省漫游、全国漫游、全球漫游。

20 世纪 90 年代初期,我国使用较多的还是模拟无线电通信系统,而 90 年代末期,数字无线电系统得到迅猛的发展,数字手机已逐步取代了模拟手机。数字通信系统是用数字信号对音频信号进行编码、解码,把音频信号变成数字信号发射出去,或者把数字信号变成音频信号,通过话筒变成人耳所能识别的语言信号。

市话系统传递的是模拟信号,数字通信传递的是数字信号,两者之间要经过转换器(用调制解调器）才能进行信息交换、传输。

目前，21世纪初期，数字通信系统不仅可以传递声频信号，而且可以传递视频信号，出现了可视手机数字通信系统与计算机网络系统实现了对接，手机可无线上英特网。人类的通信正朝着"时、空"无限的方向快速发展。

7.3.4 信号的反馈与控制

我们对一个正在运行的系统（网络）必须进行科学有效的管理，对输入、输出信号进行严密地监控，否则系统就不能有效地运行。如无线电通信系统的一个蜂窝内不能出现两个同频率的移动台；基地台对移动台的信号必须进行及时地跟踪才可知道移动台是否正在通话，是否关机，是否进入盲区（信号被屏蔽），只有这样，才能进行正常的通信联系。

我们把系统（网络）的输出信号重新引到输入端的过程叫反馈。如果反馈使输出信号得到加强，这时为正反馈，如果使输出信号减弱，则为负反馈。反馈可以自动控制系统的运行，保证

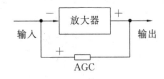

图 7-21   自动增益反馈控制电路示意图

输出信号正确、稳定；反馈可给控制者得到输出信息，反过来进一步完善系统的运行。在收音机、电视机的电路中都有一个叫"AGC"的自动增益控制电路。如图 7-21 所示，输入信号经放大器放大后，如果输出信号过强，反馈电路"AGC"则把输出信号的一部分取回到输入端，使输入信号减弱，经放大器放大后，输出信号必然也减弱。如果输出信号正好满足输出要求，则 AGC 基本不反馈输出信号。

图 7-22 是地对舰导弹攻击示意图。导弹运行轨迹是输出信号，雷达定位系统是反馈装置。计算机是控制装置，用修正信号连续控制导弹的运行。只有导弹的轨迹终点落在军舰上，攻击才能成功；或者军舰改变运动方向后，导弹的轨迹能紧跟军舰的方位，攻击才能成功。

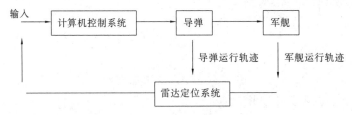

图 7-22   导弹自动控制系统示意图

  思考与练习题

1. 校内的有线广播、手机接收的信号各是什么信号？
2. 收音机的中波，电视机的视频信号哪个频率高？哪个波长长？
3. 什么是载波、调制、解调？
4. 举例说明你所见过的系统或网络的构成。
5. 举例说明信号反馈的应用。

本章小结

一、串并联谐振

1. 在RLC串联电路中,当 $X_L = X_C$ 时发生串联谐振。谐振频率

$$f_0 = \frac{1}{2\pi \sqrt{LC}}$$

谐振时 $|Z| = R$ 最小, $I = U/R$ 最大, $U_L = U_C = QU$, $Q = \omega_0 L/R = 1/(\omega_0 CR)$ 叫串联谐振电路的品质因数。

2. 品质因数 Q 越大,谐振电路的选频特性越好,但通频带越窄;品质因数 Q 越小,选频特性越差,但通频带越宽。

3. 在RLC并联电路中,当 $X_L = X_C$ 时电路发生并联谐振。谐振时 $I = I_R$ 最小, $|Z| = U/I$ 最大,谐振频率仍为

$$f_0 = \frac{1}{2\pi \sqrt{LC}}$$

4. $\rho = \omega_0 L = \frac{1}{\omega_0 C} = \sqrt{\frac{L}{C}}$ 叫特性阻抗,RLC串联电路与LC并联电路的品质因数 $Q = \frac{1}{R}\sqrt{\frac{L}{C}}$。

5. LC并联谐振时,忽略电感的电阻可得谐振频率

$$f_0 = \frac{1}{2\pi \sqrt{LC}}$$

谐振时, $|Z| = R_0 = L/CR$(R 为电感的等效电阻)。

发生并联谐振时, $I_L = I_C = QI_0$。

6. 在RC串联电路中,取 U_C 为输出电压,构成的是低通滤波器,取 U_R 为输出电压构成的是高通滤波器,把两者结合起来构成的是带通滤波器。

二、非正弦周期信号

1. 非正弦周期波可分解成不同频率的正弦波。

2. 非正弦周期波的电流有效值为

$$I = \sqrt{I_0^2 + I_1^2 + I_2^2 + \cdots}$$

非正弦周期波的电压有效值为

$$U = \sqrt{U_0^2 + U_1^2 + U_2^2 + \cdots}$$

非正弦周期波的平均功率为 $P = U_0 I_0 + U_1 I_1 \cos\varphi_1 + U_2 I_2 \cos\varphi_2 + \cdots$

三、信号与系统

1. 了解直流与交流信号,周期与非周期信号,确定与随机信号,模拟与数字信号。

2. 无线电波是按光速传播的,由 $C = f\lambda$ 可知,无线电波频率越高,波长越短。

3. 载波(高频)是用来运载低频信号的;用低频信号控制高频信号的幅度、相位、频率的过程叫调制;从调制波中检出低频信号的过程叫解调。

4. 了解系统网络的概念。

 习题7

7.1 在 RLC 串联电路中, $R = 50\,\Omega$, $L = 4\,\text{mH}$, $C = 160\,\text{pF}$,电源电压有效值为 25V,试求:

(1)谐振频率 f_0，电容两端的电压 U_C，谐振时电流 I_0，品质因数 Q 及带宽；(2)电源电压不变，频率变为 $1.1 f_0$，求此时电流和电容两端的电压。

7.2   在 RLC 并联电路中 $R=13.7\Omega$，$L=0.25\text{mH}$，$C=85\text{pF}$，求谐振频率、品质因数。

7.3   在图 7-23 中，谐振角频率 $\omega_0=50\times10^6$ 弧度/秒，品质因数 $Q=100$，总阻抗 $R_0=2000\Omega$。试求 R,L,C。

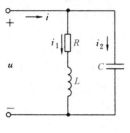

图 7-23   题 7.3 电路图

7.4   画出带通滤波器电路，说出电路的工作原理。

7.5   在某一电路中，已知端电压及总电流的谐波分量为

$$u= 50 + 60\sqrt{2}\sin(\omega t + 18°) + 20\sin(2\omega t + 25°)\text{V},$$

$$i= 1 + 2\sqrt{2}\sin(\omega t + 78°) + \sqrt{2}\sin(2\omega t - 20°)\text{A}$$

试求电压、电流的有效值及电路消耗的平均功率。

7.6   数字信号 $f(t)=\begin{cases}1 & t=2n\tau \\ 0 & t=(2n-1)\tau\end{cases}$

$n=1$、2、$3\cdots$，τ 为信号最小间隔宽度，试画出该信号的图形。

7.7   已知数字信号的最小宽度为 τ，若

$$f(t)=\begin{cases}1 & \tau \\ 0 & 2\tau,3\tau \\ 2 & 4\tau\end{cases}$$

试画出 $f(t)$ 的图形。

[探索与研究]

在图 7-24 中，选取适当的电阻电容，分别接上频率发生器与电压表。频率发生器的输出电压为 2V。改变频率发生器的频率，用示波器观察输出波形与电压的变化，根据观察到的数据说明图 7-24(a)、图 7-24(b)、图 7-24(c)三个图各有什么作用？

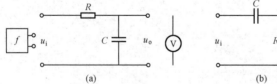
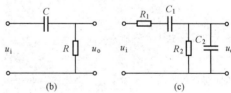

(a)   (b)   (c)

图 7-24

* 第8章

瞬 态 过 程

在 RL 和 RC 电路的充放电过程中,由于电容的电场能量,电感的磁场能量是连续变化的,这就使得电容的电压不能突变,电感的电流不能突变。那么电容器的电压、电感器的电流是遵循什么规律变化的呢? 由于电场、磁场的能量变化有一个时间过程,所以电容的电压、电感的电流从初始状态到稳定过程也要经历这一时间过程。利用这一延时性,我们可以制作时间继电器,在电子线路中,RL 和 RC 电路也得到广泛地利用,如直流稳压电路、过压保护等。

8.1 瞬态过程与换路定律

8.1.1 瞬态过程

瞬态过程也叫过渡过程。在生产和生活中,我们经常会遇到瞬态过程,如同学们在骑自行车时,停止用力踩脚踏,自行车就会从某一速度 v_0 开始在摩擦力的作用下慢慢地停下来,再如汽车在起动时,速度由零逐渐地上升到某一速度。汽车的起动、自行车的停车过程都是瞬态过程,而汽车的匀速运动、自行车的静止都被称为稳定状态。在电路中,我们常要研究电容、电感的瞬态过程。

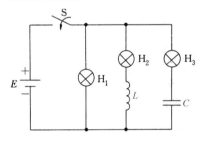

图 8-1　RL,RC 过渡过程实验图

图 8-1 是研究电感、电容在直流电路中充放电的瞬态过程的电路。通过第 3 章电容、电感的学习可知,合上开关 S 后,我们可判断出 H_1 正常发光,H_2 逐渐变亮,H_3 先亮,然后逐渐变暗,最终到不亮。

合上开关 S 后,H_1 通过稳定的电流 $I = E/R$,H_1 正常发光。对于 H_2,由于线圈的自感要阻碍通过 H_2 电流的增加,所以 H_2 的电流是逐渐增加的。H_2 由不亮逐渐变亮,直到稳定发光。而 H_3 的电流是由开始时的最大逐渐减少到零,H_3 由亮到不亮。图 8-2(a)、图 8-2(b)、图 8-2(c)分别是 H_1,H_2,H_3 中电流变化过程的曲线。i_R 是一直线,i_L 是一按指数规律上升的曲线,i_C 是按指数规律衰减的曲线。

8.1.2 换路定律

在图 8-1 中,合上 S 后,H_2 由不亮到亮,H_3 由亮到不亮,我们可以用这样的理论来解释,即电感中的电流不能发生突变,电容器两端的电压不能突变。

电感的自感电动势为 $e_L = L \dfrac{\Delta i}{\Delta t}$,如果 i 发生突变,在 Δt 为无穷小的瞬间,e_L 必然为无穷大,这是不可能发生的。

通过电容器的电流为 $i_C = C \dfrac{\Delta u_C}{\Delta t}$,如果 u_C 能发生突变,则 Δt 在无穷小的时间,i_C 必然也

为无穷大,这也是不可能的。

我们把合上开关 S 叫作换路。合上 S 前的瞬间叫 $t=0^-$,合上 S 后的瞬间叫 $t=0^+$。把电感中的电流不能发生突变,电容器两端的电压不能突变的这一规律叫换路定律,用数学公式表达为

$$\begin{cases} i_L(0^+) = i_L(0^-) \\ u_C(0^+) = u_C(0^-) \end{cases} \quad (8\text{-}1)$$

例 8.1 在图 8-3 中,稳态时灯泡正常发光,灯泡的电阻为 12Ω,求分断 S 时电路中的电流。

解:电感的直流电阻忽略不计,S 分断前

$$i(0^-) = \frac{E}{R} = \frac{6}{12} = 0.5\text{A}$$

S 分断后电感的电流不能突变

$$i(0^+) = i(0^-) = 0.5\text{A}$$

例 8.2 如图 8-4 所示,求 S 闭合时,流过电容 C 的瞬时电流。当电路达到稳态后分断 S 时,流过电容 C 的电流。

解:S 闭合时

$$u_C(0^+) = u_C(0^-) = 0$$

$$i_C = \frac{6}{4} = 1.5\text{A}$$

S 分断时

$$u_C{}'(0^-) = \frac{6 \times 2}{4+2} = 2\text{V}$$

$$u_C{}'(0^+) = U_C'(0^-) = 2\text{V}$$

$$i_C = \frac{U_C(0^+)}{2} = -1\text{A}$$

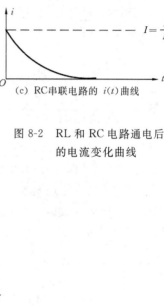

(a) 电阻的 $i(t)$ 曲线

(b) RL串联电路的 $i(t)$ 曲线

(c) RC串联电路的 $i(t)$ 曲线

图 8-2 RL 和 RC 电路通电后的电流变化曲线

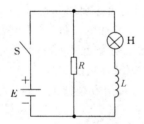

图 8-3 例题 8.1 电路图

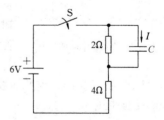

图 8-4 例题 8.2 电路图

8.2 RC 电路的过渡过程

8.2.1 RC 电路的充电过程

如图 8-5 所示,设电容器在合上 S 之前没有储存电荷。在开关 S 闭合的瞬间,因为 $u_C'(0^-)=0$,根据换路定律可知 $u_C'(0^+)=0$,通过电容器的电流为 $i(0^+)=E/R=I$,此时($t=0^+$)

电流由 $t=0^-$ 时的零跃变为 I，且 I 是最大值。随着时间的延续，电容器上积累的电荷越来越多，电流会越来越小，当电容器充满电荷后，通过电容器的电流就减小为零。

在图 8-5 中，取 $R=100\text{k}\Omega$，$C=500\mu\text{F}$，$E=10\text{V}$，合上开关 S 后，记录电流随时间 t 的变化关系，如图 8-6 所示。

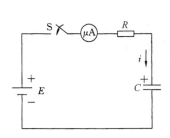

图 8-5 RC 充电电路

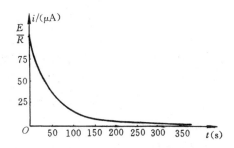

图 8-6 RC 电路充电电流的变化规律

由曲线可知，i 的变化规律是一指数曲线。$t=(0^+)$ 时，最大，$t\to\infty$ 时，$I=0$，其变化规律是一指数曲线。

用理论的方法同样可以证明，RC 电路的充电过程是按指数规律变化的，且变化规律可表示为

$$i_C = \frac{E}{R}e^{-\frac{t}{RC}} = \frac{E}{R}e^{-\frac{t}{\tau}} = Ie^{-\frac{t}{\tau}} \qquad (8\text{-}2)$$

由此还可得到电阻两端的电压为

$$u_R = i_C R = Ee^{-\frac{t}{\tau}} \qquad (8\text{-}3)$$

电容两端的电压为

$$u_C = E - u_R = E(1 - e^{\frac{t}{\tau}}) \qquad (8\text{-}4)$$

u_R 与 u_C 按指数规律变化的曲线如图 8-7 所示。

在上面各式中，$\tau=RC$ 叫充(放)电过程的时间常数，单为是秒，它反映了 RC 电路充(放)电过程的快慢。τ 越大充电越慢，τ 越小充电越快。通常可以认为 $t=5\tau$ 时，充电过程结束。

在 RC 电路充放电过程中，要计算某一时刻的 i，u_R 或 u_C 要用到指数函数，表 8.1 是常用的指数函数表。

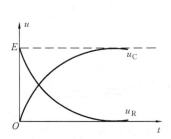

图 8-7 RC 电路充电时
u_C，u_R 的变化规律

表 8.1 常用指数函数表

t/τ	$e^{-t/\tau}$
0	1
0.2	0.819
0.4	0.670
0.5	0.607
0.6	0.549
0.693	0.500
0.8	0.449
1.0	0.368
2.0	0.135
3.0	0.0498
4.0	0.0183
5.0	0.00674

例8.3　在图8-5中，设 $E=10\text{V}, R=1\text{M}\Omega, C=10\mu\text{F}$，充电前电容器储存的电荷为零，求 $t=10\text{s}$ 及 $t=50\text{s}$ 时的 u_C 和 u_R。

解：$t=10\text{s}$ 时，时间常数为

$$\tau = RC = 1\times 10^6 \times 10 \times 10^{-6} = 10\text{s}$$

$$u_R = Ee^{-\frac{t}{\tau}} = 10 \times e^{-1} = 3.68\text{V}$$

$$u_C = E - u_R = 10 - 3.68 = 6.32\text{V}$$

请注意 $t=\tau$ 时，$e^{-1}=0.368$ 在计算中经常用到，希望同学们能记住。

$t=50\text{s}$ 时

$$u_R = Ee^{-\frac{t}{\tau}} = 10 \times e^{-\frac{50}{10}} = 0.0674\text{V}$$

$$u_C = E - u_R = 10 - 0.0674 = 9.932\text{V}$$

此时 $u_C \approx E$，充电基本结束。

8.2.2　RC 电路的放电过程

如图8-8所示，$t=0^-$ 时电路处于稳态，$u_C(0^-)=E$，在 $t=0^+$ 时分断开关 S，根据换路定律可知

$$u_C(0^+) = u_C(0^-) = E$$

$$i_C(0^+) = \frac{u_C}{R} = \frac{E}{R}$$

当放电结束时，电容器储存的电荷为零，即有

$$u_C(t \to \infty) = 0$$

$$i_C(t \to \infty) = 0$$

RC 电路放电过程中的电流及有关电压，仍然可以用实验与理论的方法证明，它们是按指数规律变化的，可用下式表示

$$i = \frac{E}{R}e^{-\frac{t}{\tau}} \tag{8-5}$$

$$u_C = u_R = Ee^{-\frac{t}{\tau}} \tag{8-6}$$

式中，$\tau=RC$，称为 RC 电路的放电时间常数。

通过电容器的电流及电容器两端的电压按指数规律变化的曲线如图8-9所示。

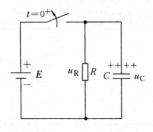

图8-8　RC 放电电路

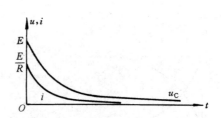

图8-9　RC 电路放电时的 u_C、i 变化规律

在图8-9中，$t=0^+$ 时，$i_C=\dfrac{E}{R}$ 最大，放电最快，随着时间的延续，电容器储存的电荷逐渐减小，放电速度也随之逐渐减小，当 $t \to \infty$ 时，电容器放电完毕，电流 $i_C=0$，$U_C=0$。$\tau=RC$ 与充电情况一样，τ 越大，放电越慢，τ 越小，放电就越快。

8.3 RL 电路的过渡过程

8.3.1 RL 电路接通直流电源

如图 8-10 所示，在 $t=0^-$ 时，电感没有充磁，储存的磁场能量为零。合上开关 S 的瞬间，即 $t=0^+$ 时，由换路定律可得

$$i(0^+) = i(0^-) = 0$$

此刻，电阻、电感两端的电压分别为

$$u_R(0^+) = i(0^+) \times R = 0$$

$$u_L(0^+) = E - u_R = E$$

在 $t=0^+$ 的瞬间，电流的变化率最大。用实验或理论的方法可以证明，在 $t=0^+$ 以后的过渡过程，电流是按指数规律上升的，即

$$i = \frac{E}{R}(1 - e^{-\frac{t}{\tau}}) \tag{8-7}$$

电阻、电感上的电压变化规律为

$$u_R = iR = E(1 - e^{-\frac{t}{\tau}}) \tag{8-8}$$

$$u_L = E - u_R = Ee^{-\frac{t}{\tau}} \tag{8-9}$$

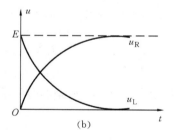

图 8-10 RL 充磁电路

图 8-11(a) 和图 8-11(b) 是根据 i, u_R, u_L 的表达式绘出的变化曲线。

在数学表达式(8-7)、式(8-8)、式(8-9)中时间常数 $\tau = \frac{L}{R}$。τ 与 L 成正比，与 R 成反比，即电阻越小，电感越大，时间常数就越大，电感充磁过程(储存磁场能量)的时间就越长。在电感一定的情况下，要想缩短充磁时间，可将电阻取大一点，反之，可将电阻取小一点。

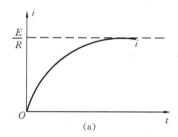

图 8-11 RL 充磁电路的 i, u_R, u_L 变化规律

8.3.2 RL 电路切断电源

如图 8-12 所示，$t=0^-$ 时，电路处于稳态，通过电感的电流 $i(0^-) = \frac{E}{R_L}$，当分断开关 S，$t=0^+$ 时电感 L 释放磁场能量的等效电路如图 8-13 所示。根据换路定律可知

$$i(0^+) = i(0^-) = E/R_L = I$$

设 $R_L \ll R$，故考虑时间常数及求 u_L 和 u_R 的过渡过程时，R_L 可忽略不计。则有

$$u_R(0^+) = i(0^+)R = IR$$

$$u_L(0^+) = u_R(0^+) = IR$$

理论和实践都可以证明，在 RL 切断电源的过渡过程中 i, u_R, u_L 都按指数规律衰减，直至减小到零。它们可分别表示为

$$i = Ie^{-\frac{t}{\tau}} \tag{8-10}$$

$$u_R = IRe^{-\frac{t}{\tau}} \tag{8-11}$$

$$u_L = u_R = IRe^{-\frac{t}{\tau}} \tag{8-12}$$

其变化曲线如图 8-14 所示。i, u_R, u_C 的衰减速度仍然由时间常数 τ 所决定。

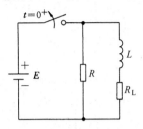

图 8-12　RL 释放磁场能量的电路

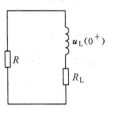

图 8-13　RL 释放磁场能量的等效电路

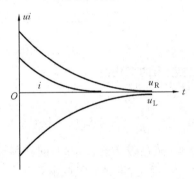

图 8-14　RL 电路释放磁场能量时 i, u_R, u_L 的变化规律

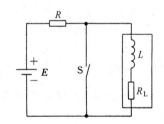

图 8-15　例题 8.4 电路图

例 8.4　图 8-15 所示的是一电磁继电器的示意图，若 $E=12\text{V}, L=10\text{H}, R=100\Omega, R_L = 500\Omega$，问开关 S 闭合后多长时间继电器可以释放（释放电流为 0.01A）？

解： 开关 S 闭合后，L 和 R_L 回路的时间常数为

$$\tau = \frac{L}{R_L} = 0.02\text{s}$$

$t=0^-$ 时，通过 L 的电流为

$$i(0^-) = I = \frac{E}{R+R_L} = 0.02\text{A}$$

$t=0^+$ 时，L 和 R_L 回路电流的变化规律为

$$i = Ie^{-\frac{t}{\tau}}$$

当 $i=0.01\text{A}$ 时

$$0.01 = 0.02e^{-\frac{t}{0.2}}$$

解得

$$0.5 = e^{-5t}$$

查表 8.1 得

$$50t \approx 0.693$$

解得

$$t = 0.012\text{s}$$

即开关 S 闭合 0.2s 时,继电器开始释放。

8.4 一阶电路的分析

只含有一个储能元件,或可等效成一个储能元件的 RL,RC 电路中关于电流、电压的解均可表示成

$$f(t) = f(\infty) + [f(0^+) - f(\infty)]e^{-\frac{t}{\tau}} \qquad (8\text{-}13)$$

式中,$f(t)$ 为电流或电压,$f(\infty)$ 为稳态值,$f(0^+)$ 是初始值,τ 是时间常数。

$f(\infty)$,$f(0_+)$,τ 称为 RC 或 RL 电路的三要素。

$[f(0_+) - f(\infty)e^{-\frac{t}{\tau}}]$ 是暂态分量。只要求出 $f(0_+)$,$f(\infty)$ 及 τ 后,就可求得 $f(t)$。

例 8.5 试用三要素法求解例题 8.3 中的 u_C 变化规律,在例题 8.3 中已求得

$$\tau = 10\text{s}$$

而

$$u_C(0^+) = 0$$
$$u_C(\infty) = E$$

把 τ,$u_C(0^+) = 0$,$u_C(\infty) = E$ 代入(8-13)式得

$$u_C = u_C(\infty) + [u_C(0^+) - u_C(\infty)]e^{-\frac{t}{\tau}} = E + (0 - E)e^{-\frac{t}{\tau}}$$
$$= E(1 - e^{-\frac{t}{\tau}}) = 10(1 - e^{-\frac{t}{10}})\text{V}$$

在例题 8.5 中,$u_C(0^+) = 0$,我们把这种储能元件初始状态没有储能的情况叫零状态,其电容器的电压、电感的电流变化过程叫零状态响应。在 RC 或 RL 电路中,有时开关在切换过程,电容 C、电感 L 并非是零状态,这时用三要素法求解电路中的电压与电流则是相当方便的。

例 8.6 在图 8-16 中,$R_1 = 1\text{k}\Omega$,$R_2 = 2\text{k}\Omega$,$C = 3\mu\text{F}$,$U_1 = 3\text{V}$,$U_2 = 5\text{V}$,$t = 0^-$ 时,电路处于稳态,求 $t = 0^+$ 时 u_C 的表达式

解:

$$u_C(0^-) = \frac{U_1 R_2}{R_1 + R_2} = 2\text{V}$$

$$u_C(0^+) = u_C(0^-) = 2\text{V}$$

$$u_C(\infty) = \frac{U_1 R_2}{R_1 + R_2} = \frac{10}{3}\text{V}$$

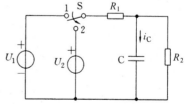

图 8-16 例题 8.6 电路图

用戴维南定理求 $t = 0^+$ 时的等效电阻,电容 C 开路,电源 U_2 短路。

$$R = \frac{R_1 R_2}{R_1 + R_2} = \frac{1 \times 2}{1 + 2} = \frac{2}{3}\text{k}\Omega$$

根据三要素法可得

$$u_C = u_C(\infty) + [u_C(0^+) - u_C(\infty)]e^{-\frac{t}{\tau}}$$
$$= \frac{10}{3} + (2 - \frac{10}{3})e^{-\frac{1}{0.002}t} = \frac{10}{3} - \frac{4}{3}e^{-500t}$$

 思考与练习题

1. 写出换路定律的表达式，叙述其含义。

2. 如图 8-17 所示，合上 S 的瞬间产生换路现象的是哪些元件？写出换路元件上的电压与电流。分断 S_2 后，L 和 C 元件上是否换路？为什么？

3. RC 电路充、放电过程中的时间常数表示的意思是什么？它和哪些量有关系？

4. 写出 RC 充、放电电路中电容器上电压随时间变化的关系式，它们是怎样按指数规律变化的？

5. RL 充、放电电路的时间常数和 RL 有什么关系？

6. 在 RL 充、放电电路中，电感的电流是怎样按指数规律变化的？

7. 一阶 RL 和 RC 电路的三要素指的是哪三个量？

8. 写出用三要素法求 RL 和 RC 电路中电流、电压的一般表达式。

 本章小结

一、换路定律

$$i_L(0^+) = i_L(0^-)$$
$$u_C(0^+) = u_C(0^-)$$

即电感的电流不能突变，电容的电压不能突变。

二、在 RC 电路的充电过程中

$$i_C = \frac{E}{R}e^{-\frac{t}{\tau}}, \quad u_R = Ee^{-\frac{t}{\tau}}, \quad u_C = E(1 - e^{-\frac{t}{\tau}}), \quad \tau = RC$$

即电路中的电流、电阻上的电压是按指数规律衰减的，电容上的电压是按指数规律上升的。

三、在 RC 放电电路中，电路中的电流、电阻上的电压、电容上的电压都是按指数规律衰减的

即

$$i = \frac{E}{R}e^{-\frac{t}{\tau}} = Ie^{-\frac{t}{\tau}}$$
$$u_C = u_R = Ee^{-\frac{t}{\tau}}$$

四、在 RL 充电电路中

$$i = \frac{E}{R}(1 - e^{-\frac{t}{\tau}})$$
$$u_R = E(1 - e^{-\frac{t}{\tau}})$$
$$u_L = Ee^{-\frac{t}{\tau}}$$
$$\tau = \frac{L}{R}$$

即电路中的电流、电阻上的电压是按指数规律上升的，电感上的电压是按指数规律衰减的。

五、在 RL 放电电路中，电路中的电流及电感、电阻上的电压都是按指数规律衰减的

六、在只有一个储能元件的 RL,RC 电路中

$$f(t) = f(\infty) + [f(0^+) - f(\infty)]e^{-\frac{t}{\tau}}$$

$f(0^+),f(\infty)$ 及 τ 称为一阶电路的三要素。

习题 1

8.1 在图 8-17 中，$t=0^+$ 时，开关 S 闭合，求此时的 i,i_1,i_2。当电路达到稳态时，i,i_1,i_2 又如何？将 10μF 的电容换成 10mH 的电感重做以上各问。

8.2 在图 8-18 中，S_2 分断，在 $t=0$ 时，S_1 闭合，求 $u_C(0^+),u_C(\infty)$ 及 u_C 的瞬时表达式。当电路达到稳态后合上 S_2，试用三要素法求 u_C 的瞬时表达式。

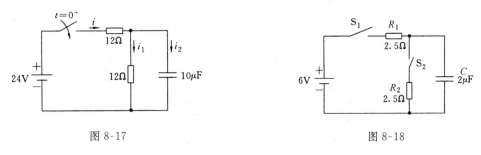

图 8-17   图 8-18

8.3 在图 8-19 中，电路处于稳态，求 S 分断后，电流 i_L 的瞬时表达式。

8.4 在图 8-20 中，电路处于稳态，在 $t=0$ 时合上开关 S，试用三要素求 i 及 u_2 的变化规律。

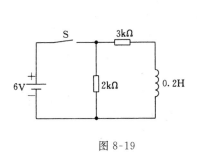

图 8-19

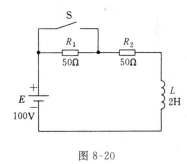

图 8-20

8.5 在 RC 串联电路中，$R=100$kΩ，$C=10\mu$F，直流电源 $E=100$V，求电路接通 1 秒时的电流及接通多长时间后电流减少到初始值的一半。

8.6 在 RL 串联电路中 $E=100$V，$R=10\Omega$，$L=2$H，求电路接通后的电流表达式？当时间 $t=\tau$ 时的电流？又 t 为何值电流为最大值的一半。

[探索与研究]

要想观察到电感、电容的瞬态过程是很困难的，请你设计两个电路分别（测量）观察电感、电容的瞬态过程。不管你是否测试成功，都请你把实验观察到的现象解释一下。

参考文献

[1] 曹建林,许传清主编.电工技术.第 1 版.北京:高等教育出版社,2000.

[2] 机械工业部统编.电工基础.第 1 版.北京:机械工业出版社,1999.

[3] 李树雄主编.电路基础与模拟电子技术.第 1 版.北京:北京航空航天大学出版社,
2000.

[4] 中国电工技术学会编.电工高新技术丛书.第 1 版.北京:机械工业出版社,2000.

[5] [日]OHM 社编.电工学入门.第 1 版.北京:科学出版社.OHM 社,2000.

[6] 周绍敏主编.电工基础.第 3 版.北京:高等教育出版社,1998.

[7] 莫铨梅主编.电工基础.第 1 版.南京:江苏科技出版社,1998.

[8] 刘志平主编.实用电工技术基础.第 1 版.北京:高等教育出版社,1989.

[9] 谭维瑜主编.电机与电气控制.第 1 版.北京:机械工业出版社,1998.

[10] 刘介才主编.工厂供电.第 3 版.北京:机械工业出版社,2000.

[11] 郑君里等主编.信号与系统.第 2 版.北京:高等教育出版社,2000.

[12] 张洪让主编.电工基础.第 1 版.北京:高等教育出版社,1990.

[13] 王军伟主编.音响设备原理与维修.第 1 版.北京:高等教育出版社,1995.

[14] 张永瑞,杨林耀,张雅兰编.电路分析基础.第 1 版.西安:西安电子科技大学出版
社,2000.

[15] 包头供电局编写组.实用电工技术问题 2500 题.呼和浩特:内蒙古人民出版社,
1990.